# Rによる統計解析

青木 繁伸 [著]

本書を発行するにあたって、内容に誤りのないようできる限りの注意を払いましたが、本書の内容を適用した結果生じたこと、また、適用できなかった結果について、著者、出版社とも一切の責任を負いませんのでご了承ください。

　本書に掲載されている会社名・製品名は一般に各社の登録商標または商標です。

　本書は、「著作権法」によって、著作権等の権利が保護されている著作物です。本書の複製権・翻訳権・上映権・譲渡権・公衆送信権（送信可能化権を含む）は著作権者が保有しています。本書の全部または一部につき、無断で転載、複写複製、電子的装置への入力等をされると、著作権等の権利侵害となる場合があります。また、代行業者等の第三者によるスキャンやデジタル化は、たとえ個人や家庭内での利用であっても著作権法上認められておりませんので、ご注意ください。
　本書の無断複写は、著作権法上の制限事項を除き、禁じられています。本書の複写複製を希望される場合は、そのつど事前に下記へ連絡して許諾を得てください。
（社）出版者著作権管理機構
（電話 03-3513-6969、FAX 03-3513-6979、e-mail: info@jcopy.or.jp）

JCOPY ＜(社)出版者著作権管理機構 委託出版物＞

# はじめに

　今まで，ずいぶん多くの統計解析システムを使用してきたものだと思う。
　1974年頃から，コンピュータを利用した統計解析に手を染めた。とはいっても，そんなに複雑なことはできるはずもなく，FORTRANを使って簡単な集計プログラムを書いて単純な集計をやった。コンピュータによる計算の需要は大きく，コンピュータの処理能力ぎりぎりいっぱいの状態で，電算機センターのコンピュータにプログラムとデータを読ませても，順番待ちで結果が得られるのは24時間以上もかかるということも普通の状態であった。そのような状態ではコンピュータの計算結果を待つ間には電卓ででも行える計算をするということも当たり前であった。当時，やっと平方根を計算できる電卓が売り出されたものの，値段は4，5万円もするという高価なものであった。それでも，卒業論文を書くために必要だということで購入した。独立性の検定なども，その電卓で行ったのだから今から考えると隔世の感がある。数年たたないうちに，SPSSという処理システムについて書かれた本を読んで，自分が書いているFORTRANプログラムと比べると，うそみたいに思えた。「こんなに簡単な記述だけで，因子分析ができるのか？」ということだ。SPSSの前にも，いわゆる科学技術計算ライブラリというのを使えば，因子分析でも何でも（？）できたのではあるが，そのライブラリを使うためのおまじないのような部分も含め，制御のためのプログラムは書かなければならないので，かなり面倒な手順，記述が必要であった。
　たぶん，それと同じことが現在のRとそれ以外の統計解析プログラムの間でいえるのだろうか。Rを使うと，複雑なことが非常に簡単にできる（ように思う）。
　しかも，Rは無料である。有名だけど統計解析プログラムでもない有料のソフト（はっきりいえばExcelだが）は頼まれても使いたくないが，Rは使うなといわれても使いたい。
　確かに，マウスでクリックするだけで統計解析ができるわけではないので最初は取っつきが悪いが，コツをつかみながら少しずつ進めれば，気づいたときにはずいぶん遠いところまで行き着くことだろう。
　Rの正統的な使用法のひとつは，モデルを構築して解析し，結果を見てさらにモデルを改良するというようなことも含めて，探索的データ解析ということであるかもしれない。一方で，実際のデータ解析においては，報告書を書くためとか，本格的なデータ解析の前段階ですべての変数について基礎的な知見を収集するためというような，ルーチン的な統計解析をしなければならないこともある。大量のデータというのはコンピュータにとってみれば大したことはないが，例えば，500項目の

変数の度数分布表を作ってヒストグラムなり，棒グラフなりを描き，すべての二変数の組み合わせで独立性の検定をしたり相関関係を調べたりということをする場合には，ある程度，機械的な統計処理が必要になる。

　本書は後者のような使用法についても紙幅を費やした。基本的には，前もってプログラムをファイルに記述しておき，それを一括して処理するというバッチ処理的な方法を推奨する。この方法をとることのメリットは，もし結果に誤りがあっても，関連部分を修正して再度バッチ処理をすれば容易に正しい結果を得ることができるということと，どのような処理をしたかという手順が残っているので結果の妥当性のチェックがいつでもできるということである。

　なお，本書は Mac OS X を使って関連授業を行う場合の教科書として書いたものなので，必然的に Mac OS X の場合についての説明が多くなっている。Windows 版の R についてはここで述べる以上に精細な解説が多くの図書においてなされているので，Windows ユーザにはご勘弁をいただきたい。しかし，Windows であれ，Mac OS X であれ，あるいは Linux であれ，インストールや使用開始時の細かな違い以外は，どのような環境であっても R の使用法は基本的にまったく同じである。本書が，R を統計解析のための便利なツールとして利用するための一助になれば幸いである。

　　2009 年 4 月

青木 繁伸

# 目次

はじめに ........................................... iii

目次 .............................................. v

## 第 1 章　R を使ってみる　1
1.1　必要なファイルをダウンロードする ........................... 1
1.2　R のインストール ........................................ 2
　　1.2.1　Mac OS X の場合 ................................... 2
　　1.2.2　Windows の場合 .................................... 3
1.3　R を起動し終了する ...................................... 4
1.4　R の環境設定をする ...................................... 6
1.5　パッケージを利用する ..................................... 7
1.6　オンラインヘルプを使う .................................... 8
1.7　作業ディレクトリを変える ................................... 9
1.8　エディタを使う .......................................... 9
1.9　結果を保存する ......................................... 10

## 第 2 章　データの取り扱い方　11
2.1　R で扱うデータ ......................................... 11
2.2　データファイルを準備する .................................. 15
2.3　R 以外のソフトウェアで作成されたファイルを読み込む ............. 16
　　2.3.1　Excel のワークシートファイルを読み込む ................. 16
　　2.3.2　SPSS のシステムファイルを読み込む .................... 17
2.4　データファイルを読み込む .................................. 17
　　2.4.1　タブなどで区切られたデータファイルを読み込む ............. 17
　　2.4.2　タブなどで区切られていないデータファイルを読み込む ........ 21
2.5　データフレームの変数を使う ................................. 23
2.6　データのチェックを行う ..................................... 24
2.7　データの修正などを行う .................................... 26

- 2.8 カテゴリー変数を定義する ..... 27
  - 2.8.1 数値で入力されたカテゴリーデータを定義する ..... 27
  - 2.8.2 カテゴリーの定義順序を変える ..... 30
- 2.9 連続変数をカテゴリー化する ..... 32
- 2.10 カテゴリー変数を再カテゴリー化する ..... 36
- 2.11 新しい変数を作る ..... 37
- 2.12 新しいデータフレームを作る ..... 39
  - 2.12.1 変数を抽出して新しいデータフレームを作る ..... 39
  - 2.12.2 ケースを抽出して新しいデータフレームを作る ..... 40
  - 2.12.3 データフレームを分割する ..... 44
- 2.13 複数のデータフレームを結合する ..... 46
  - 2.13.1 ケースを結合する ..... 47
  - 2.13.2 変数を結合する ..... 48
- 2.14 データを並べ替える ..... 50
- 2.15 そのほかのデータ操作 ..... 51
  - 2.15.1 グループ別データリストをデータフレーム形式で表す ..... 51
  - 2.15.2 対応のあるデータを2通りのデータフレーム形式で表す ..... 53
  - 2.15.3 繰り返される測定結果を2通りのデータフレーム形式で表す ..... 55
  - 2.15.4 分割表から元のデータを復元する ..... 57
  - 2.15.5 特定の平均値，標準偏差，相関係数を持つデータを生成する ..... 61
- 2.16 ファイルに保存する ..... 67
  - 2.16.1 `write.table` 関数と `read.table` 関数を使う ..... 67
  - 2.16.2 `save` 関数と `load` 関数を使う ..... 69

## 第3章　一変量統計　71

- 3.1 データを要約する ..... 71
  - 3.1.1 グループ別にデータを要約する ..... 72
- 3.2 基本統計量を求める ..... 74
  - 3.2.1 統計関数を使いやすくする ..... 74
  - 3.2.2 複数の変数の基本統計量を求める ..... 75
  - 3.2.3 グループ別に基本統計量を求める ..... 78
  - 3.2.4 グループ別に複数の変数の基本統計量を求める ..... 80
- 3.3 度数分布表を作る ..... 81
  - 3.3.1 `table` 関数を使う ..... 81

## 　　3.3.2　度数分布表を作る関数を定義する ........................... 83
## 　　3.3.3　度数分布表を簡単に作る ................................... 83
## 　　3.3.4　複数の変数の度数分布表を作る ............................. 84
## 　　3.3.5　グループ別に度数分布表を作る ............................. 86
## 　3.4　度数分布図を描く ............................................. 86
## 　　3.4.1　複数の変数の度数分布図を描く ............................. 89
## 　　3.4.2　グループ別に度数分布図を描く ............................. 90
## 　　3.4.3　グループ別にデータの分布状況を示す ....................... 93

## 第4章　二変量統計　　　　　　　　　　　　　　　　　　　　　　　　　　　97
## 　4.1　クロス集計表を作る ........................................... 97
## 　　4.1.1　二重クロス集計表を作る ................................... 97
## 　　4.1.2　三重以上のクロス集計表を作る ............................ 100
## 　4.2　相関係数を求める ............................................ 103
## 　　4.2.1　二変数間の相関係数を求める .............................. 103
## 　　4.2.2　グループ別に二変数間の相関係数を求める .................. 106
## 　　4.2.3　複数の変数間の相関係数を求める .......................... 106
## 　　4.2.4　グループ別に複数の変数間の相関係数を求める .............. 108
## 　4.3　二変数の関係を図に表す ...................................... 110
## 　　4.3.1　二変数の散布図を描く .................................... 110
## 　　4.3.2　グループ別に二変数の散布図を描く ........................ 111
## 　　4.3.3　複数の変数の散布図を描く ................................ 113

## 第5章　検定と推定　　　　　　　　　　　　　　　　　　　　　　　　　　 117
## 　5.1　比率の差の検定 .............................................. 117
## 　5.2　独立性の検定 ................................................ 119
## 　　5.2.1　$\chi^2$ 分布を利用する検定（$\chi^2$ 検定） ............ 119
## 　　5.2.2　フィッシャーの正確検定 .................................. 120
## 　5.3　平均値の差の検定（パラメトリック検定） ...................... 121
## 　　5.3.1　独立2標本の場合：$t$ 検定 .............................. 121
## 　　5.3.2　独立$k$標本の場合：一元配置分散分析 .................... 123
## 　　5.3.3　対応のある2標本の場合：対応のある場合の$t$検定 ......... 124
## 　　5.3.4　対応のある$k$標本の場合：乱塊法 ........................ 125
## 　5.4　代表値の差の検定（ノンパラメトリック検定） .................. 126

- 5.4.1 独立2標本の場合：マン・ホイットニーの $U$ 検定 .............. 126
- 5.4.2 独立 $k$ 標本の場合：クラスカル・ウォリス検定 .............. 128
- 5.4.3 対応のある2標本の場合：ウィルコクソンの符号付順位和検定 . 128
- 5.4.4 対応のある $k$ 標本の場合：フリードマンの検定 .............. 130
- 5.5 等分散性の検定 .............................................. 131
  - 5.5.1 独立2標本の場合 ....................................... 131
  - 5.5.2 独立 $k$ 標本の場合：バートレットの検定 .................. 132
- 5.6 相関係数の検定（無相関検定） ................................ 133
- 5.7 複数の対象変数について検定を繰り返す方法 .................... 135

# 第6章 多変量解析　139

- 6.1 重回帰分析 .................................................. 139
  - 6.1.1 重回帰分析の基本 ....................................... 139
  - 6.1.2 変数選択 ............................................... 146
  - 6.1.3 ダミー変数を使う重回帰分析 ............................. 149
  - 6.1.4 多項式回帰分析 ......................................... 154
- 6.2 非線形回帰分析 .............................................. 156
  - 6.2.1 累乗モデルと指数モデル ................................. 157
  - 6.2.2 漸近指数曲線 ........................................... 168
  - 6.2.3 ロジスティック曲線とゴンペルツ曲線 ..................... 175
- 6.3 従属変数が二値データのときの回帰分析 ........................ 179
  - 6.3.1 ロジスティック回帰分析 ................................. 180
  - 6.3.2 プロビット回帰分析 ..................................... 182
- 6.4 正準相関分析 ................................................ 184
- 6.5 判別分析 .................................................... 188
  - 6.5.1 線形判別分析 ........................................... 188
  - 6.5.2 正準判別分析 ........................................... 191
  - 6.5.3 二次の判別分析 ......................................... 194
- 6.6 主成分分析 .................................................. 196
  - 6.6.1 主成分負荷量について ................................... 198
  - 6.6.2 主成分が持つ情報量 ..................................... 200
  - 6.6.3 主成分得点について ..................................... 202
  - 6.6.4 主成分の意味付け ....................................... 203
  - 6.6.5 主成分負荷量が持つ意味 ................................. 206

- 6.7 因子分析 ............................................................................ 207
  - 6.7.1 バリマックス解 ........................................................... 208
  - 6.7.2 プロマックス解 ........................................................... 212
- 6.8 数量化 I 類 ......................................................................... 215
  - 6.8.1 数量化 I 類と等価な分析を行う ............................................ 215
  - 6.8.2 数量化 I 類とダミー変数を使う重回帰分析が同じである理由 .... 218
- 6.9 数量化 II 類 ........................................................................ 219
- 6.10 数量化 III 類 ...................................................................... 223
  - 6.10.1 カテゴリーデータ行列の分析 ............................................. 223
  - 6.10.2 アイテムデータ行列の分析 ............................................... 224
- 6.11 クラスター分析 ................................................................... 226
  - 6.11.1 階層的クラスター分析 ................................................... 226
  - 6.11.2 非階層的クラスター分析 ................................................. 233

# 第 7 章 統合化された関数を利用する　　237

- 7.1 共通する引数 ...................................................................... 237
- 7.2 度数分布表と度数分布図を作る ................................................. 238
- 7.3 散布図，箱ひげ図を描く ......................................................... 241
- 7.4 クロス集計表を作り検定を行う ................................................. 244
- 7.5 マルチアンサーのクロス集計を行う ........................................... 246
- 7.6 多元分類の集計を行う ........................................................... 248
- 7.7 独立 $k$ 標本の検定を行う ........................................................ 251
- 7.8 相関係数行列の計算と無相関検定を行う ..................................... 254

# 第 8 章 データ解析の実例　　257

- 8.1 各変数の度数分布 ................................................................ 258
- 8.2 群による各変数の分布の違い ................................................... 263
- 8.3 群による各変数の位置の母数の検定 ........................................... 267
- 8.4 変数間の相関関係 ................................................................ 271
- 8.5 グループの判別 ................................................................... 275

## 付録A　Rの概要　279

- A.1 データの種類 ........................................................................ 279
  - A.1.1 スカラー ..................................................................... 279
  - A.1.2 ベクトル ..................................................................... 280
  - A.1.3 行列 ........................................................................... 281
  - A.1.4 データフレーム ......................................................... 282
  - A.1.5 リスト ....................................................................... 283
- A.2 ベクトルや行列やデータフレームの要素の指定法 ................ 284
  - A.2.1 ベクトルの要素の指定例 ......................................... 284
  - A.2.2 行列, データフレームの要素の指定例 .................... 285
  - A.2.3 データフレームならではの要素の指定例 .............. 286
- A.3 演算 ........................................................................................ 287
  - A.3.1 四則演算など ........................................................... 287
  - A.3.2 関数 ........................................................................... 287
  - A.3.3 2つのデータの間の演算 ......................................... 288
- A.4 行列ならではの操作 ............................................................. 291
  - A.4.1 転置行列 ................................................................... 291
  - A.4.2 対角行列と単位行列 ............................................... 291
  - A.4.3 三角行列 ................................................................... 292
  - A.4.4 行列式 ....................................................................... 292
  - A.4.5 行列積 ....................................................................... 293
  - A.4.6 逆行列 ....................................................................... 293
  - A.4.7 固有値と固有ベクトル ........................................... 294
  - A.4.8 特異値分解 ............................................................... 294
- A.5 apply 一族 ............................................................................ 297
  - A.5.1 apply 関数 ................................................................ 297
  - A.5.2 lapply 関数と sapply 関数 .................................... 298
  - A.5.3 tapply 関数と by 関数 ........................................... 300
  - A.5.4 mapply 関数 .............................................................. 302
- A.6 制御構文 ................................................................................ 303
  - A.6.1 if, if-else, if-elseif-else ............................................ 303
  - A.6.2 for ............................................................................. 305
  - A.6.3 while ......................................................................... 305
  - A.6.4 repeat ....................................................................... 306

  A.6.5 break と next ....................................................... 306
 A.7 関数の作成 ............................................................... 307

**付録 B  R の参考図書など  309**
 B.1 参考図書 ................................................................... 309
 B.2 Web サイト ............................................................... 311

**関数一覧  313**

**索引  317**

# 第 1 章
# Rを使ってみる

　Rは多様な統計手法とデータおよび統計解析結果の可視化のための強力なグラフィックス機能を提供している。Rを使ってみようと思っている皆さんは，まさに，これを期待していることであろう。

　本章ではまず，Rを使うために必要なファイルをインターネットからダウンロードし，使えるようにする（インストールする）方法について述べる。次に，実際にRを起動し，簡単な計算を行い，終了する手順について述べる。また，Rを使っていくうえで必要となる事項として，Rの環境設定，パッケージの使用法，オンラインヘルプやエディタの使用法，作業ディレクトリの変更法について述べる。

## 1.1 必要なファイルをダウンロードする

　Rはフリーソフトウェアであり，誰でも無料で利用できる。Mac OS X やWindows や Linux などの OS で動作し，OS ごとにインストールのためのファイルが用意されている。現時点（2009年3月）での最新版は，2008年12月22日にリリースされた Version 2.8.1 である。

　Rのダウンロードは CRAN（Comprehensive R Archive Network）から行う（図1.1）。CRAN には R に関する様々な情報やファイルが蓄積されている。世界中にミラーサイトがあるが，ネットワークへの負荷を最小限にするためにいちばん近いミラーサイト（日本では筑波大学のサイト http://cran.md.tsukuba.ac.jp/ など）からダウンロードする。

▶ 図 1.1　CRAN ミラーサイトのトップページ

使用している OS に応じてページのリンクをたどり，最新版のインストールファイルを選択してダウンロードする（2009 年 3 月時点では R-2.8.1 が最新版）。Mac OS X 版なら「MacOS X」をクリックして R-2.8.1.dmg を，Windows 版なら「95 and later」をクリックして R-2.8.1-win32.exe をダウンロードする。

Linux の場合は，CRAN にある各ディストリビューションごとの説明を参考にして必要なパッケージをインストールするか，各自の環境に合ったソースを取得してコンパイルする。以降では Mac OS X と Windows におけるインストール方法について説明する。

## 1.2 R のインストール

### 1.2.1 Mac OS X の場合

1. ダウンロードした R-2.8.1.dmg をダブルクリックすると，R-2.8.1 という名前のボリュームがマウントされ，開かれる。
2. R-2.8.1 のボリュームのなかに R.mpkg というインストーラがあるのでダブルクリックする。
3. インストールが始まる。手順はほかのアプリケーションのインストールと同じである。途中でインストールのためのパスワードを聞かれる。
4. インストールが終わると，アプリケーションフォルダに R.app というアイコンができている。
5. グラフを画像ファイルとして保存する場合には PDF フォーマットであれば，ファイルサイズが小さく，文書中にペーストして拡大，縮小しても画像精度が変化しないので，本書では PDF フォーマットを推奨する。日本語を含む画像を PDF フォーマットで作成する場合には，画像中の日本語の文字化けを回避するために，ホームディレクトリにある .Rprofile というファイルに，次のような設定を記述しておく[*1]。

```
setHook(packageEvent("grDevices","onLoad"),
function(...)grDevices::pdf.options(family="Japan1"))
```

---

[*1] 「ターミナル」アプリケーションを起動し，コマンドラインに vi .Rprofile などと入力する。.Rprofile が既にあればファイルの内容を編集する。.Rprofile がない場合には，vi .Rprofile で中身を作った後で保存すれば作成される。
よくわからない場合には，とりあえず R のコンソールに以下のように入力してみよう。
```
cat('setHook(packageEvent("grDevices","onLoad"),function(...)
grDevices::pdf.options(family="Japan1"))\n',
file='~/.Rprofile')
```
入力するとすぐに有効になるわけではないので，実際の解析処理をする前のインストールの初期段階で行い，直後に R をいったん終了する。次回以降は，R を起動するたびにこの設定が読み込まれて，日本語を含む場合にも文字化けのない PDF 画像ファイルを作れるようになる。
なお，この設定ができるのは R-2.8.1 以降のバージョンなので，最新のバージョンを使用するように注意したい。

6. GUI で使うなら，アプリケーションフォルダの R.app のアイコンをダブルクリックすれば R が起動する．Dock に入れておくと便利であろう．コマンドラインから使う場合には，ターミナルを起動してコマンドラインに R と入力すればよい．
7. 最初に R を起動したら，1.4 節（6 ページ）に示すように R の環境設定メニューで追加の設定をしておくとよい．

## 1.2.2 Windows の場合

1. ダウンロードした R-2.8.1-win32.exe をダブルクリックすると，インストーラが起動するので，指示に従って応答する．基本的には，すべて［次へ］を選べばよい[*2]．
2. インストールが終わると，デスクトップに R のアイコンができている．
3. http://www.ohmsha.co.jp/data/link/978-4-274-06757-0/ から以下の3つのファイルをダウンロードし，C:/Program Files/R/R-2.8.1/etc/にある同じ名前のファイルに上書きコピーする．
   - Rconsole
   - Rdevga
   - Rprofile.site

3つのファイルのダウンロードと上書きコピーの仕方がよくわからないというときには，取りあえずインターネットに接続されていることを確認して，R を立ち上げてコンソールに以下のとおり入力する[*3]．

```
version <- "2.8.1"
for (i in c("Rconsole", "Rdevga", "Rprofile.site"))
download.file(
paste("http://www.ohmsha.co.jp/data/link/978-4-274-06757-0/", i, sep=""),
paste("C:/Program Files/R/R-", version, "/etc/", i, sep=""))
```

なお，1 行目の「2.8.1」は R のバージョン番号なので，実際にインストールしたバージョン番号で置き換えること．

Windows の場合も，日本語を含む画像を PDF フォーマットで作る場合は，Mac OS X の場合のインストール手順 5. の箇所に記述した内容を含む .Rprofile というファイルを作る必要がある[*4]．ファイルを作成するフォルダは「マイドキュメント」である．インストールが終わったらまずそこに .Rprofile があるかどうか確

---

[*2] うまくいかない場合には，http://androids.happy.nu/ja/research-tools の下から 2 番目にある，R User Configuration version 0.08 を試してみてほしい．
[*3] プロキシの設定を必要とする環境では，7 ページの脚注を参照のこと．
[*4] Windows に限らず，.Rprofile には，R を起動後最初に実行すべき内容を書いておくことができる．PDF ファイルについての記述も，そのようなもののうちの 1 つということである．

認しよう。作成と編集は「メモ帳」で十分である。.Rprofile が既にあった場合には，［ファイル］→［開く］で，［ファイルの種類］を「すべてのファイル」にしてファイルを選択し［開く］ボタンをクリックする。ファイルを編集後，［ファイル］→［上書き保存］する。.Rprofile がない場合には「メモ帳」を起動しファイルを作った後，［ファイル］→［名前を付けて保存］を選び，ファイル名を「.Rprofile」，［ファイルの種類］を「すべてのファイル」として保存する。

## 1.3 Rを起動し終了する

R のアイコンをダブルクリックすると R が起動し，R コンソール（以下，コンソール）と呼ばれる図 1.2 のようなウインドウが開く。

```
R version 2.8.1 (2008-12-22)
Copyright (C) 2008 The R Foundation for Statistical Computing
ISBN 3-900051-07-0

R はフリーソフトウェアであり、「完全に無保証」です。
 一定の条件に従えば、自由にこれを再配布することができます。
配布条件の詳細に関しては、'license()' あるいは'licence()' と入力してください。

R は多くの貢献者による共同プロジェクトです。
 詳しくは'contributors()' と入力してください。
また、R や R のパッケージを出版物で引用する際の形式については
 'citation()' と入力してください。

'demo()' と入力すればデモをみることができます。
'help()' とすればオンラインヘルプが出ます。
'help.start()' で HTML ブラウザによるヘルプがみられます。
'q()' と入力すれば R を終了します。

[Workspace restored from /Users/foo/bar/.RData]

> |
```

▶ 図 1.2　R のコンソール

コンソールのいちばん下の行頭に，「>」に続けてカーソルが表示される。「>」はプロンプトと呼ばれ，この後にユーザが様々な命令（関数）を記述する。例えば 8 の平方根を計算したければ，sqrt(8) と入力した後，［return］キーを押すと，計算結果として 2.828427 が表示される。なお，「#」記号から行末まではコメントとみなされる（何が書いてあっても R の実行には影響しないので，本書では補足説明

などを書くことにする)。

```
> sqrt(8)         # 8の平方根
[1] 2.828427
> 3+(10-5)/2      # 四則演算
[1] 5.5
```

なお，結果の前に表示される [1] は，この行の最初に表示されるものが1番目の要素であることを表している。ベクトルのような複数の要素を持つもので，表示が複数行にわたるとき，その行の先頭に表示されるのが何番目の要素であるかを表すものである。

```
> 1:25            # 1から25までの整数を要素とするベクトル
 [1]  1  2  3  4  5  6  7  8  9 10 11 12 13 14 15 16 17 18 19 20 21
[22] 22 23 24 25
```

Rの終了方法は，Mac OS X では主に以下の4通りがある[*5]。

1. メニューバーで [R] → [R を終了] を選ぶ。
2. コンソールの左上にあるクローズボタンをクリックする。
3. ツールバーの [終了] アイコンをクリックする。
4. コンソールに「q()」と入力する。

Rを終了するとき，ワークスペースのイメージファイルを保存するかどうか問われる[*6]。

上記の 1.〜3. により終了する場合は以下のようなウインドウが出る。現在の状態を保存して次回の起動以降でも引き継いで処理を行えるようにしたいなら，[保存] をクリックする。

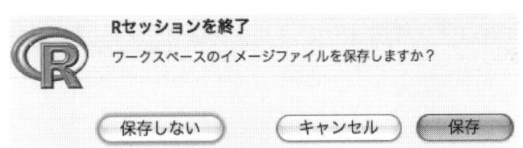

4. により終了する場合は，以下のようになる。保存するなら [y] キー，保存しないなら [n] キー，キャンセルなら [c] キーを押す。

```
> q()
Save workspace image? [y/n/c]:
```

---

[*5] Windows の場合はメニューバーで [ファイル] → [終了] を選ぶか，コンソール右上のクローズボタンをクリックするか，コンソールに「q()」を入力する。

[*6] Windows の場合は [作業スペースを保存しますか?] というダイアログが表示される。

## 1.4 Rの環境設定をする

Rを快適にそして便利に使うために，適切な環境設定をしておくとよい。

Mac OS Xの場合には，メニューバーから［R］→［環境設定］→［起動］で表示される図1.3のような画面で設定を行う。

例えば，作業ディレクトリとしてよく使うディレクトリがあれば，図1.3のように，［ディレクトリ］の項目の［常に適用］にチェックマークを付けておくとよい。

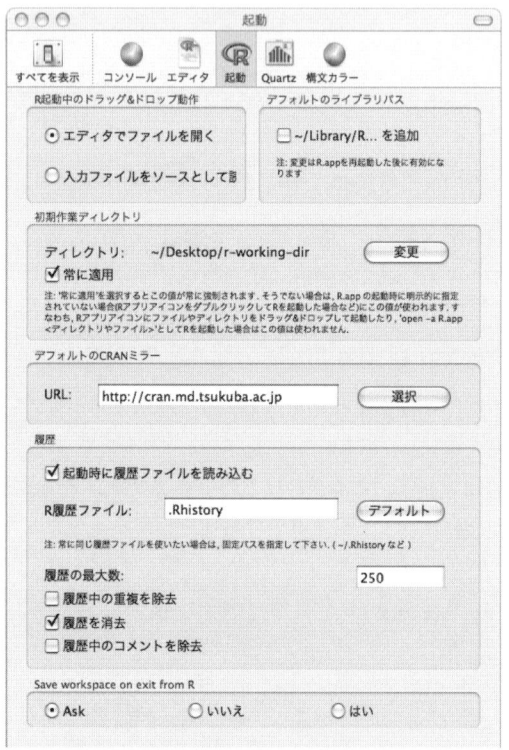

▶図1.3 Rの環境設定（Mac OS Xの場合）

Windowsの場合には，メニューバーから［編集］→［GUIプリファレンス...］で表示される図1.4のようなウインドウで設定を行う。

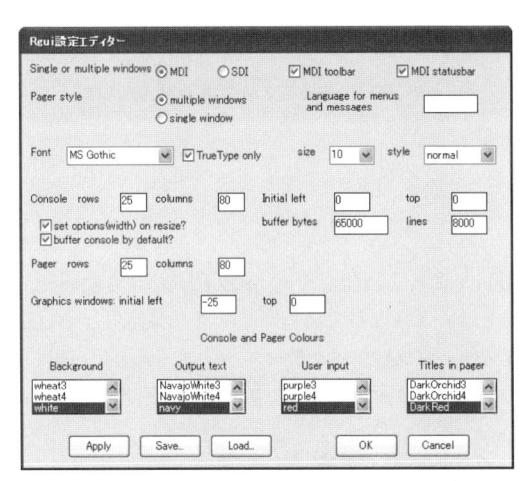

▶ 図 1.4　R の環境設定（Windows の場合）

## 1.5　パッケージを利用する

R には統計解析およびグラフィック描画のための関数がたくさん用意されている。これらの関数は，R をインストールしたときから利用可能になっているもの以外にもたくさんある。もし，自動的にインストールされない関数を使いたいときには，その関数を含むパッケージを追加インストールする。

追加インストールは，メニューバーから［パッケージとデータ］→［パッケージインストーラ］を選び，［CRAN(バイナリ)］でインストールするパッケージを選んでから，［インストール/アップデート］により行う[7][8]。

追加インストールしたパッケージはいつでも呼び出して使える。必要になったときに，library(パッケージ名) のようにする。例えば以下の例では，逆行列を求める関数 ginv が含まれている MASS パッケージパッケージを呼び出している。

---

[7] Windows の場合は，メニューバーで［パッケージ］→［CRAN ミラーサイトの設定］［ダウンロードサイトの選択］［パッケージのインストール］のようにする。

[8] プロキシの設定を必要とする環境では，R を起動してすぐに，CRAN ミラーサイトとプロキシの IP アドレスおよびポート番号を以下のようにして設定する（プロキシの IP アドレスはユーザの環境に合わせて正しく指定すること。http_proxy, ftp_proxy のいずれか一方しか使わないときには，両方を指定する必要はない）。
```
options(CRAN="http://cran.md.tsukuba.ac.jp")
Sys.setenv("http_proxy"="http://example.org:8080")
Sys.setenv("ftp_proxy"="http://example.org:8080")
```

```
1  > x <- matrix(1:4, 2, 2)
2  > ginv(x)
3   エラー: 関数 "ginv" を見つけることができませんでした
4  >
5  > library(MASS)
6  > ginv(x)
7       [,1] [,2]
8  [1,]   -2  1.5
9  [2,]    1 -0.5
```

この例では,1行目で$2 \times 2$行列xをmatrix関数により定義し,2行目でginv関数を使って逆行列を求めようとしているが,エラーが発生している。そこで5行目で,library関数を使ってMASSパッケージパッケージを呼び出している。ginv関数はMASSパッケージパッケージのなかにあるので,今度はちゃんと計算できる。

## 1.6 オンラインヘルプを使う

Rに用意されている関数などのヘルプは,Rコンソールに「help(関数名)」または「? 関数名」と入力することで得られる。オンラインヘルプの使用法そのものを知るために,まずは「? help」と入力してみることをお勧めする。このオンラインヘルプには,

- 関数がどのパッケージに含まれているか
- 関数の説明
- 使用法
- 引数(関数に与えるもの)の説明
- 関数が何を計算して返すか
- 作者
- 参考文献など
- 使用例

などが含まれている。

オンラインヘルプを使いたいが関数名の一部しか覚えていないというような場合には,まずapropos関数を使って目的とする関数を検索することができる。例えば,oneで始まる関数にどのようなものがあるかを調べるには次のようにする[9]。

```
> apropos("^one.*")          # 1つだけ見つかる
[1] "oneway.test"
```

---

[9] apropos関数の使用法も,help関数で調べればよい。

## 1.7 作業ディレクトリを変える

　Rは，特に指定しない場合には作業ディレクトリを対象としてファイルの入出力を行う。よく使う自作関数のプログラムやデータは，1つの場所に格納しておくとよい。データ解析などの場合には，そのデータ専用のディレクトリのなかに，関連するプログラムやデータをまとめて格納しておくとよい。そして，そのディレクトリをRの作業ディレクトリに指定する。

　作業ディレクトリの指定は，メニューバーで［その他］→［作業ディレクトリの変更］を選んでも，コンソールからsetwd関数で指定してもよい[10]。

　現在の作業ディレクトリを確認するには，メニューバーで［その他］→［現在の作業ディレクトリを調べる］を選んでも，getwd関数を使ってもよい[11]。

```
> getwd( )                      # 現在の作業ディレクトリを得る
[1] "/Users/foo/bar"

> setwd("/Users/foo/wd")        # 作業ディレクトリを変える
> getwd( )                      # 正しく変更されたか確認してみる
[1] "/Users/foo/wd"
```

## 1.8 エディタを使う

　本来Rはコンソールに指示を入力して，結果が表示されるという繰り返しでデータ解析を行うものである。探索的なデータ解析の場合にはこのような方法のほうが自然である。しかし一方では，ある程度ルーチン的なデータ解析をしなければならない場合もある。このような場合には，データ解析のための指示を前もってファイルに作成しておき，後でRにその指示を読ませながら結果をファイルに書き出すという方法をとるのが便利である。この方法であれば，どのような処理をして得られた結果なのかはっきり残るので，計算ミス（プログラムミス）が見つかった場合にも，その部分を修正して再度Rで実行すればよい。また，分析を追加する場合にも，データの前処理部分を共有できるので効率がよい。

　データ処理の指示を列挙していくだけではなく，例えば汎用性のある部分は新しい関数として定義しておけば，その後の同様のデータ処理にいつでも使える。

　このようなプログラムファイルは，ユーザが使い慣れたエディタで作ることができる。作成したプログラムを実行するには，実行したい部分を選択してコピーし，Rのコンソールにペーストして［return］キーを押す。

---

[10] Windowsの場合は，メニューバーで［ファイル］→［ディレクトリの変更...］を選ぶ。もちろんsetwd関数を使うこともできる。

[11] Windowsの場合は，メニューバーで［ファイル］→［ディレクトリの変更...］を選べば，現在の作業ディレクトリがわかる。作業ディレクトリを確認するだけで，変更する必要がなければ，［キャンセル］ボタンをクリックすればよい。もちろんgetwd関数を使ってもよい。

また，Rにもエディタが備え付けられている。メニューバーの［ファイル］→［新規ファイル］でエディタ画面が開く。このエディタで作成されたプログラムを実行するには，Mac OS Xの場合には，実行したい部分を選択して［command］キーを押しながら［return］キーを押す（以下，「command + return」と表記する）[12]。この操作により選択部分がコンソールに転記され，実行される。

いずれの方法で作成されたプログラムも，作業ディレクトリに保存しておけばいつでも呼び出して使える。呼び出し方はそれぞれのエディタに読み出して前述のように実行することもできるし，コンソールから「source("プログラムファイル名")」と入力することで実行することもできる。

結果が思わしくない場合には，プログラムの修正と実行，確認を繰り返すことになる。

## 1.9 結果を保存する

コンソールに表示される結果は，必要部分をコピーして別のファイル（例えばMS Wordの文書）にペーストすればよい。あるいは［ファイル］メニューから［保存］または［名前を付けて保存...］を選べば[13]，その時点までにコンソールに出力されたものすべてが指定したファイルへ保存される。

Rには出力結果を吐き出すためのsinkという関数もあるが，使用法に注意が必要であることと，結果は保存されるがその結果が生み出されたコンソールへの入力は保存されないことなどの難点があるので，Rに慣れてから使ってみてほしい[14]。

そのほかにも，2ページの脚注*1のようにして，cat関数を使って必要なものを必要な出力先に書き出すということもできる。

---

[12] Windowsの場合には「Ctrl + R」。なお，全体を選択する場合は，Mac OS Xの場合には「command + A」，Windowsの場合には「Ctrl + A」である。
[13] Windowsの場合には［ファイル］メニューから［ファイルを保存...］を選ぶ。
[14] 使い方は「? sink」で調べればよい。

# 第2章
# データの取り扱い方

本章ではまず，Rで扱えるデータとRの動作，コンソールに表示されるものについて説明する。Rでは，分析の対象とされるデータはデータフレームとして扱うことが多いので，分析に使う統計データをどのように準備するか，また，それをコンピュータにデータフレームとしてどのように読み込むかについて述べる。次いで，カテゴリーデータの扱い方や，新しい変数の作成法，データの保存法などのデータフレーム上のデータの取り扱いについて説明する。

## 2.1 Rで扱うデータ

例えば，10人の学生の身長や体重のデータのように，同じ種類のデータのまとまりを統計学では変数（変量）と呼ぶ。Rにおける変数にはスカラー，ベクトル，行列，さらには統計処理の結果なども含めて多種類あるので，変数より広い意味を持たせてオブジェクトと呼ばれることもある。

Rで統計データを扱う最も単純な方法はベクトルを使う方法である。10人の学生の身長と体重のデータは，それぞれ10個の要素を持つ数値ベクトルとして取り扱い，それぞれのベクトルに名前（変数名）を付けて区別する。変数の名前の付け方には，以下のような規則がある。

- 変数の名前は英文字で始まり，英数字とピリオドで構成される。
- 英文字は大文字と小文字が区別される。
- 名前は日本語（漢字，ひらがな，カタカナ）でもよい。
- 名前の間に空白を含めてはいけない。単語の区切りには，ピリオドを使う。
- 文字数については制限はないが，あまり長いと結果の出力のときに見づらくなる可能性がある。変数の意味がすぐにわかるような短い単語にするのがよい。

ここでは，身長と体重のデータを表すベクトルにheightとweightという名前を付けることにする。まず，それぞれ10個の要素を持つベクトルと変数を結びつけなければならない。通常は「変数にデータを代入する」と言われるが，Rでは「変数にデータを付値する」と言われることが多い。付値は次のように行われる。

```
> height <- c(161.6, 178.2, 169.8, 161.7, 171.3,
+             162.9, 184.0, 172.7, 172.3, 165.4)
> weight <- c(49.8, 56.7, 61.7, 55.9, 64.6,
+             56.1, 62.7, 61.6, 63.3, 67.6)
```

行の先頭が「>」（プロンプト）である行は，キーボードからの入力である．入力は複数の行に分けて入力することができ，入力の途中で［return］キーを押すと改行され，次の行の先頭が「+」に変わり入力の継続を促す．

付値は「<-」で表す．「<-」の左に変数名を書き，右には変数に付値するもの（今の場合は10個の要素を持つベクトル）を書く．

ベクトルを表現するためには，cという関数を使う．c関数は2つ以上のベクトルの要素（数値など）をカンマで区切って並べたものを「( )」（括弧）で囲んで記述する．「( )」のなかにカンマで区切って列挙されるものを引数（ひきすう）と呼ぶ．

なお，10個の要素を持つベクトルにおいて，同じ学生のデータは，先頭から数えて同じ位置になければならない．

プロンプトに続いて変数名だけを書くと，その時点で変数に付値されている内容が表示される．

```
> height
 [1] 161.6 178.2 169.8 161.7 171.3 162.9 184.0 172.7 172.3 165.4
> weight
 [1] 49.8 56.7 61.7 55.9 64.6 56.1 62.7 61.6 63.3 67.6
```

これらのデータについて様々な統計処理ができる．変数を引数として統計関数を引用すれば，計算結果が返される．引数を1つとる関数としては，データの個数を求めるlength関数，平均値を求めるmean関数，標準偏差を求めるsd関数などがある．

```
> length(height)          # データの個数
[1] 10
> mean(height)            # 平均値
[1] 169.99
> sd(height)              # 標準偏差
[1] 7.367866
```

また，引数を2つとるような関数としては，2変数間の相関係数を求めるcor関数や，散布図を描くplot関数などがある．

```
> cor(height, weight)     # 相関係数
[1] 0.4030774
> plot(height, weight)    # 散布図
(グラフィックウインドウに散布図が描かれる)
```

身長と体重のほかにたくさんのデータがあっても，同じようにしてベクトルを変数に付値することで，データ処理を行う基盤を作ることができるが，変数が増える

につれてだんだんと大変なことになり限界に近づく。

　たくさんのベクトルをまとめて扱えるものとして「行列」がある。統計学の教科書を開くと1回くらいは「データ行列」という言葉が出てくるかもしれない。統計学で扱うデータは，ちょうど Excel のワークシートのようなものである。行を観察対象，列を変数（測定値）とし，それぞれのセル（ます目）にデータを記述するという具合にしてたくさんのデータを表現する。先ほどの height と weight を 10 行 2 列の行列の形にするには，cbind 関数を使う。この関数は，変数ベクトルを列方向に束ねるものである。cbind 関数の使用法を (2.1) に示す。引数として渡す変数ベクトルは，「変数ベクトル名」をカンマで区切って列挙する。そのようにすれば，行列における変数名（列名）が「変数ベクトル名」と同じになる。もし，変数名として別の名前を付けたいならば，「変数名=変数ベクトル名」のように指定すればよい。

```
行列名 <- cbind(変数ベクトル名1, 変数ベクトル名2, ... ,
               変数ベクトル名n)
```
(2.1)

　以下の例では Height, Weight が変数名，height, weight が変数ベクトル名である。cbind の結果を taikaku というオブジェクト（行列）に付値し，表示している。付値を行う式全体を「( )」で囲むと，付値した後，その結果（付値されたオブジェクトの内容）をコンソールに表示する。

```
> height <- c(161.6, 178.2, 169.8, 161.7, 171.3,
+             162.9, 184.0, 172.7, 172.3, 165.4)
> weight <- c(49.8, 56.7, 61.7, 55.9, 64.6,
+             56.1, 62.7, 61.6, 63.3, 67.6)
> ( taikaku <- cbind(Height=height, Weight=weight) )
      Height Weight
 [1,]  161.6   49.8
 [2,]  178.2   56.7
 [3,]  169.8   61.7
 [4,]  161.7   55.9
 [5,]  171.3   64.6
 [6,]  162.9   56.1
 [7,]  184.0   62.7
 [8,]  172.7   61.6
 [9,]  172.3   63.3
[10,]  165.4   67.6
```

　データ行列を表すのだから，「行列」であれば統計解析には十分と思うかもしれないが，実はそれでは不十分である。例えば，身長と体重のほかに血液型も調べられていたとして，血液型を文字として入力し，数値である身長および体重と一緒に行列に付値してみよう。

```
> bt <- c("A", "AB", "AB", "O", "AB", "AB", "AB", "AB", "O", "B")
> taikaku <- cbind(Height=height, Weight=weight, BloodType=bt)
```

付値した後に行列の内容を表示すると，身長や体重の数値が" "（ダブルクオート）でくくられていることがわかる．これは，身長や体重のデータが数値データではなく文字データになってしまっていることを表している．

```
> taikaku
      Height   Weight   BloodType
 [1,] "161.6"  "49.8"   "A"
 [2,] "178.2"  "56.7"   "AB"
 [3,] "169.8"  "61.7"   "AB"
 [4,] "161.7"  "55.9"   "O"
 [5,] "171.3"  "64.6"   "AB"
 [6,] "162.9"  "56.1"   "AB"
 [7,] "184"    "62.7"   "AB"
 [8,] "172.7"  "61.6"   "AB"
 [9,] "172.3"  "63.3"   "O"
[10,] "165.4"  "67.6"   "B"
```

「行列」は，すべての列が同じデータ型を持っていなければならない．数値データと文字データという異なったデータを保持するために，数値データより水準の低い文字データにそろえられてしまうのである．

身長や体重が文字データであれば，それらの平均値を計算することはできない．血液型を数値として入力した場合には（普通はそうすることが多いだろうが），数値データが文字列になるという問題は生じないが，今度は逆に血液型の平均値が計算できてしまうという問題が生じる．

これらの問題をすべて解決するために，Rでは「行列」ではなく「データフレーム」というものを使う．データフレームは異なるデータ型をまとめて取り扱うことができる．データフレームを作るには，行列を作るcbind関数ではなく，data.frame関数を使う．data.frame関数の使用法はcbind関数と似ている．(2.2)のように，引数として「変数ベクトル名」をカンマで区切って列挙する．そのようにすれば，データフレームにおける変数名（列名）が「変数ベクトル名」と同じになる．もし，変数名として別の名前を付けたいならば，「変数名=変数ベクトル名」のようにすればよい．

---

データフレーム名 <- data.frame(変数ベクトル名1, 変数ベクトル名2,
                ... , 変数ベクトル名n)                       (2.2)

---

以下の例ではHeight, Weight, BloodTypeが変数名，height, weight, btが変数ベクトル名である．data.frameの結果をtaikaku2というオブジェクト（データフレーム）に付値している．

```
> taikaku2 <- data.frame(Height=height, Weight=weight, BloodType=bt)
> taikaku2                               # 表示してみる
   Height Weight BloodType
1   161.6   49.8         A
2   178.2   56.7        AB
3   169.8   61.7        AB
4   161.7   55.9         O
5   171.3   64.6        AB
6   162.9   56.1        AB
7   184.0   62.7        AB
8   172.7   61.6        AB
9   172.3   63.3         O
10  165.4   67.6         B
```

前述の cbind 関数によって行列に付値した結果と比較してみると，文字として入力したはずの血液型のデータの表示形式が違うことに気づくだろう。data.frame により付値した血液型は" "（ダブルクオート）でくくられていないので，文字データとして付値されたのではないことがわかる。このようにして作成した血液型のデータは，factor 型と呼ばれるデータ型になっている（factor 型については 2.8 節（27 ページ）で説明する）。

## 2.2 データファイルを準備する

　小規模なデータであれば 2.1 節のようにベクトルからデータフレームを作って間に合うこともあるが，大規模なデータの場合には事前にデータファイルとして用意しておくのが普通である。

　アンケート調査票などから新たにデータファイルを作る際には，ユーザが慣れ親しんだソフトウェアで作るのが効率的であろう。また，既に何らかの形式でデータファイルが作られていることもあるだろう。

　いずれの場合であっても，結果として作られたデータファイルを直接 R が読める場合には問題がない[1]。

　もし，R で読めない場合にはデータファイルを作ったソフトウェアで，テキストファイル形式（CSV ファイルはその一種）で保存したものを用意すれば R で読むことができる。

　R が読める最も単純なデータファイルは，次のような約束事に従って作られたものである。

- 数値をタブ，カンマ，空白で区切ったテキストファイルである。
- 行は観察対象で，列は変数を表すものとする。
- 1 行目は変数の名前を記述する。

---

[1] Excel については 2.3.1 項，SPSS については 2.3.2 項を参照。STATA, SAS, Epi Info, Minitab, Octave, Systat, DBF, ARFF などのデータ入出力については foreign パッケージを参照のこと。

- 欠損値は空白のままにしておいたり特定の数値や文字を入力しておくのではなく，必ず「NA」で表す。
- 名義尺度変数や順序尺度変数の値は，数値でなくてアルファベット（単語）で入力してもよい。

## 2.3 R以外のソフトウェアで作成されたファイルを読み込む

### 2.3.1 Excelのワークシートファイルを読み込む

Excelのワークシートファイルからデータを直接読み込むには，gdataパッケージにあるread.xls関数を使用する（数式が含まれていてもかまわない）。また，複数のシートを含む場合にも読み込むシート番号を指定できる（sheet引数で指定する。デフォルトはsheet=1）。ただし，日本語には十分に対応していないので，日本語を含まないようにデータを作るのがよい。

read.xls関数の使用法は (2.3) に示すとおりである。

```
library(gdata)
データフレーム名 <- read.xls("Excelワークシートファイル名")
```
(2.3)

複数のワークシートがある場合にどのワークシートから読み込むか，変数名の有無などは，以下のようにして指定する。

```
> library(gdata)                          # gdataパッケージを使う用意
> ( df <- read.xls("test.xls") )          # 1枚目のワークシートを読む例
Converting xls file to csv file... Done.
Reading csv file... Done.
  x1 x2 x3 x4 x5
1  0  5  2  0  9
2  8  9  0  5  3
3  4  4  6  8  4
4  4  5  5  2  7
```

以下の例は，1行目に変数名がない，2枚目のワークシートを読む例である。変数名がないのでV1, V2, V3という仮の名前が付けられる。

```
> read.xls("test.xls", sheet=2, header=FALSE)
Converting xls file to csv file... Done.
Reading csv file... Done.
  V1 V2 V3
1  1  2  4
2  5  7 54
```

### 2.3.2 SPSS のシステムファイルを読み込む

SPSS のシステムファイルからデータを直接読み込むには，foreign パッケージにある read.spss 関数が使える．使用法は (2.4) に示すとおりである．

```
library(foreign)
データフレーム名 <- read.spss("SPSS システムファイル名",     (2.4)
                    to.data.frame=TRUE)
```

read.spss 関数は，デフォルトではデータフレームではなくリストを返すので，必ず to.data.frame=TRUE を指定しなければならない．

以下に示す例で，VAR3 は元は文字型データであるが，factor 型の変数として読み込まれている．

```
> library(foreign)                     # foreignパッケージを使う用意
> ( d <- read.spss("test.sav",         # SPSSシステムファイルから読み込む
+                  to.data.frame=TRUE) )
  VAR1 VAR2    VAR3
1    2  1.2 A
2    4  3.6 C
3    5  2.1 D
4    3  5.7 B
```

## 2.4 データファイルを読み込む

### 2.4.1 タブなどで区切られたデータファイルを読み込む

数値がタブなどで区切られているデータファイルから数値を読み込み，データフレームに格納する関数は，(2.5) の read.table である．データファイル名を " "（ダブルクオート）でくくること，TRUE は大文字で書くことに注意する．

```
データフレーム名 <- read.table("データファイル名", header=TRUE)     (2.5)
```

● データファイルの例

idol.dat というデータファイルに，身長 (Height)，体重 (Weight)，血液型 (BloodType) について 60 人のデータが用意されている．1 行目は変数名，2 行目以降がデータである．それぞれの行には，3 つのデータがタブで区切って入力されている．身長と体重は数値として入力されており，血液型は A, B, O, AB という文字で入力されている．欠損値は，身長，体重，血液型ともに，文字 NA で入力されている（上から 3 番目のデータは体重が欠損値，10 番目のデータは血液型が欠損値である）．

▶ idol.datデータファイルの中身（先頭の1〜10行）
```
Height Weight BloodType
159    45     B
160    45     A
167    NA     B
160    45     O
155    45     O
162    43     O
167    48     AB
158    40     A
163    42     O
158    45     NA
 :
```

このデータをread.table関数によりデータフレームに読み込んで表示すると，以下のようになる．

```
> ( df <- read.table("idol.dat", header=TRUE) )
   Height Weight BloodType
1     159     45         B
2     160     45         A
3     167     NA         B
4     160     45         O
5     155     45         O
6     162     43         O
7     167     48        AB
8     158     40         A
9     163     42         O
10    158     45       <NA>
 :
```

左端の1〜10の数値は，行に付けられた名前である．データファイル中では欠損値は一律にNAで表したが，データフレームの表示においては，数値データの欠損値は3番目のケースのWeightのようにNAで表され，カテゴリーデータの欠損値は10番目のケースのBloodTypeのように<NA>で表現される．

● **エンコーディングに関するトラブル**

データファイルに日本語（漢字，ひらがな，カタカナ，全角記号など）が含まれている場合，read.table関数の後にエラーメッセージが出たり，エラーメッセージは出ないがデータフレームを表示してみると文字化けしていたりすることがある．これはRが想定している文字コードとデータファイルの文字コードに相違があることが原因である．Rの想定する文字コードはOSにより決まっている．Mac OS Xの場合にはutf-8，Windowsの場合にはcp932である．

例えば，以下のようにしてidol2.datというファイルを読み込もうとしたときにエラーが出たとする．

```
> df <- read.table("idol2.dat", header=TRUE)
以下にエラーmake.names(col.names, unique = TRUE) :
  <90>g<92><b7>に不正なマルチバイト文字があります
```

対処法は2つある。1つは，データファイルの文字コードを OS に合わせて utf-8 または cp932 に変換する。もう1つは，(2.6) のようにデータファイルの文字コードを encoding 引数で指定して，3つの関数をこの順番に使う方法である。このとき，3箇所に出てくる名前は同じでなければならない。

```
名前 <- file("データファイル名", open="r", encoding="文字コード")
データフレーム名 <- read.table(名前, header=TRUE)                    (2.6)
close(名前)
```

idol2.dat というファイルが Windows で作られたもので，文字コードが cp932 だったとわかれば，それを正しく読み込むためには以下のように file 関数の引数に encoding="cp932"を加えなければならない。

```
> fn <- file("idol2.dat", open="r", encoding="cp932")
> df <- read.table(fn, header=TRUE)
> close(fn)
> df                        # 表示してみる
   身長 体重 血液型
1   159   45      B
2   160   45      A
3   167   NA      B
4   160   45      O
5   155   45      O
6   162   43      O
7   167   48     AB
8   158   40      A
9   163   42      O
10  158   45   <NA>
   ⋮
```

● **Excel のワークシートや Web ページからのデータの入力**

Excel のワークシートの一部分のデータを読みとる場合には，データファイルに保存せずにデータフレームへ読み込むことができる。以下では Excel のワークシートからデータを抽出する場合を示すが，インターネットのページなどからデータを読み込むこともできる。

Windows の場合は非常に簡単である。図 2.1 のような読み込みたい部分をコピーし（クリップボードにコピーされる），read.table 関数を使うときに，(2.5) の"データファイル名"のところを "clipboard"とするだけである。つまり，"clipboard"という一時的なファイルから読み込むという具合である。

```
> df <- read.table("clipboard", header=TRUE)    # Windows の場合に限る
```

Mac OS X やそのほかの OS では，この方法は使えない。その代わりに，以下のような手順に従う。

1. 図 2.1 のような Excel のワークシートの読み込み対象とする部分（`A1:C6`）をクリップボードにコピーする。
2. コンソールに `read.table(stdin( ), header=TRUE)` と入力し，[return] キーを押す。
3. プロンプトとして「`0:`」が出るので，先ほどコピーしたものをペーストする。
4. コンソールはまだ入力が完了していないので，ペーストされた最後の行の右端でカーソルが点滅している。
5. [return] キーを押して，その行の入力を終了する。
6. プロンプトとして新たな行番号が出るが，入力が終了したことを示すためにもう 1 回 [return] キーを押す。
7. 入力が終了しプロンプトが表示される。

| | A | B | C | D |
|---|---|---|---|---|
| 1 | x | sqrt | sin | |
| 2 | 1 | 1 | 0.841471 | |
| 3 | 2 | 1.414214 | 0.909297 | |
| 4 | 3 | 1.732051 | 0.14112 | |
| 5 | 4 | 2 | -0.7568 | |
| 6 | 5 | 2.236068 | -0.95892 | |
| 7 | | | | |
| 8 | | | | |
| 9 | | | | |

▶図 2.1　Excel のワークシートから読み込むデータ範囲の例

実際の実行の状況は以下のようになる。

```
> df <- read.table(stdin(), header=TRUE)     # 手順2
0: x    sqrt    sin                          # 手順3
1: 1    1       0.841470985
2: 2    1.414213562     0.909297427
3: 3    1.732050808     0.141120008
4: 4    2       -0.756802495
5: 5    2.236067977     -0.958924275         # 手順4, 5
6:                                           # 手順6
>                                            # 手順7
> df                                         # 表示してみる
  x     sqrt        sin
1 1 1.000000  0.8414710
2 2 1.414214  0.9092974
3 3 1.732051  0.1411200
4 4 2.000000 -0.7568025
5 5 2.236068 -0.9589243
```

## 2.4.2 タブなどで区切られていないデータファイルを読み込む

場合によっては，タブやカンマや空白で区切られていない数値が並んでいるデータファイルもある。このようなデータファイルを対象にするときには，2 通りの入力方法がある。

最も単純な入力方法は，Excel の「データ区切り」機能などを使って数値を切り分け，テキストファイルとして出力した後に，read.table 関数により読み込むという方法である。この場合には，数値を区切った後で，1 行目に変数名を追加しておくとよい。

もう 1 つの方法は，(2.7) のように read.fwf 関数を使う方法である。

```
データフレーム名 <- read.fwf("ファイル名", width=読み込み書式,
                            header=TRUE)
```
(2.7)

read.fwf 関数を使う場合も，データファイルに日本語が含まれ，文字コードが OS の想定するものと異なる場合には (2.8) のようにしなければならない。encoding 引数の文字コードの指定で，引用符のなかに書けるのは Mac OS X の場合は utf-8，Windows の場合は cp932 などである。

```
名前 <- file(description="ファイル名", open="r",
             encoding="文字コード")
データフレーム名 <- read.fwf(名前, width=読み込み書式,
                            header=TRUE)
close(名前)
```
(2.8)

読み込み書式（読み込む文字数）は，数字の列を何桁ずつに区切って数値として読み込むかを表すもので，width=c(5, 3, -6, 1) のように指定する。負の数値が指定されている場合はその絶対値をとった数値分の文字を読み飛ばすことを意味する（データフレームには含まれない）。つまり，width=c(5, 3, -6, 1) という指示は，「最初の 5 文字，次の 3 文字を読み込み，次の 6 文字は読み飛ばして，その次の 1 文字を読み込む」ことを意味する。読み込む桁位置が空白なら，読み込み結果は欠損値 NA になる。header=TRUE を指定しておくと，データファイルの 1 行目には，タブ（sep 引数で指定できる）で区切って変数の名前を付けておくことができる。

なお，日本語（漢字，ひらがな，カタカナ，全角記号など）を使う場合には，データファイルの対応する文字位置の空白はすべて全角スペースで埋めること，width に指定する数はバイト数ではなく文字数であることに注意しなければならない。

また，一度に読めるデータファイルの行数はデフォルトで 2000 行である。大き

なデータファイルを一度に読み込むときには，buffersize 引数で入力行数を指定する必要がある（大きなメモリが必要になる）．

以下のような内容を含む，fixed.dat というファイルからデータフレームに読み込むとする．

```
▶ fixed.dat データフレームの中身
Var1    Var2    CHAR    JPN     A1      A2      A3      A4
123456789012aa東京1234
123.4567.890bb大阪5 78
```

このファイルの 1 行目はタブで区切られた変数名，2 行目以降の各行は「6 桁の数値データが 2 つ，2 桁の英文字データが 1 つ，2 桁の日本語データが 1 つ，1 桁の数値データが 4 つ」となっている．読み込み書式は，width=c(6, 6, 2, 2, 1, 1, 1, 1) のように指定する．

```
> con <- file(description="fixed.data", open="r", encoding="euc-jp")
> df <- read.fwf(con, width=c(6, 6, 2, 2, 1, 1, 1, 1), header=TRUE)
> close(con)
> df                                              # 表示してみる
      Var1      Var2 CHAR JPN A1 A2 A3 A4
1 123456.00 789012.00   aa 東京  1  2  3  4
2    123.45     67.89   bb 大阪  5 NA  7  8
```

Windows の場合には，以下のようにすることで読み込みが可能である．width で指定する数値は，バイト数で数えるので，例えば漢字 1 文字を読み込む場合には 2 を指定する．また，この方法をとる場合には，日本語が入るフィールドには半角空白や半角英数記号があってもかまわない．

上に示した fixed.dat というファイルを読み込む例を示す．「2 桁の日本語データ」を読み込むには，「2 文字」ではなく「4 バイト」読み込むことになるので，width=c(6, 6, 2, 4, 1, 1, 1, 1) のように指定する．

```
> lc <- Sys.getlocale("LC_CTYPE")        # 現在の LC_CTYPE を保存しておく
> Sys.setlocale("LC_CTYPE", "C")         # LC_CTYPE を C に変更する
[1] "C"
> df <- read.fwf("fixed.dat", width=c(6, 6, 2, 4, 1, 1, 1, 1),
+                header=TRUE)
> Sys.setlocale("LC_CTYPE", lc)          # LC_CTYPE を元に戻す
[1] "Japanese_Japan.932"
> df                                     # データフレームの内容を表示してみる
      Var1      Var2 CHAR JPN A1 A2 A3 A4
1 123456.00 789012.00   aa 東京  1  2  3  4
2    123.45     67.89   bb 大阪  5 NA  7  8
```

## 2.5 データフレームの変数を使う

2.4.1項（17ページ）のidol.datをdfという名前のデータフレームに付値したデータがあるとする。1行目は変数名，左端の列は行の名前であるから，データフレームdfは60行3列のデータ行列を表している。

```
> ( df <- read.table("idol.dat", header=TRUE) )
   Height Weight BloodType
1     159     45        B
2     160     45        A
3     167     NA        B
4     160     45        O
5     155     45        O
6     162     43        O
7     167     48       AB
8     158     40        A
9     163     42        O
10    158     45     <NA>
 ⋮     ⋮      ⋮       ⋮
59    167     45        A
60    153     NA        A
```

データは，全体としても，また，一部だけでも参照できる。データ解析では変数を指定する際に，データフレーム名$変数名またはデータフレーム名[, 変数のある列番号]またはデータフレーム名[変数のある列番号]のようにする。

次の例では，データフレーム中のWeightという名前の変数（2列目の変数）を引用する3通りの指定法を示す。df$Weightとdf[, 2]は同じ結果になるが，df[2]は表示形式が違う。前二者はベクトル，後者は1列だけのデータフレームである。カンマがあるかないかという引用法のちょっとした違いではあるが，実際に使用する場合にはどちらのほうでもよい場合もあるし，どちらか一方でなければならない場合もあるので注意しておこう。

```
> df <- read.table("idol.dat", header=TRUE)

> df$Weight                           # 変数名で指定（ベクトルになる）
 [1] 45 45 NA 45 45 43 48 40 42 45 40 42 41 47 48 42 44 45 47 53 NA 45
[23] 48 43 45 41 NA 45 41 45 40 42 43 47 47 42 49 41 49 42 37 43 41 42
[45] 45 50 45 NA 36 39 47 46 NA 44 42 44 43 43 45 NA

> df[, 2]                             # 列番号で指定（ベクトルになる）
 [1] 45 45 NA 45 45 43 48 40 42 45 40 42 41 47 48 42 44 45 47 53 NA 45
[23] 48 43 45 41 NA 45 41 45 40 42 43 47 47 42 49 41 49 42 37 43 41 42
[45] 45 50 45 NA 36 39 47 46 NA 44 42 44 43 43 45 NA

> df[2]                               # 列番号で指定（データフレームになる）
   Weight
1      45
2      45
  ⋮
59     45
60     NA
```

データフレーム名 [, 変数のある列番号] という記法は，大規模かつ繰り返しを含む自動的な分析の場合に便利であろう．例えば，データフレームの各変数を対象として統計処理を施す場合，for 文を使って以下のようにすることができる．

```
df <- read.table("huge.dat", header=TRUE)
for (i in ベクトル) {
    df[,i]を参照する処理
}
```

多くの場合は sapply 関数や lapply 関数を使うことによって同じことができるが，繰り返される処理が複雑な場合には for 文を使って書くほうがすっきり表現できる場合もある．

## 2.6 データのチェックを行う

データファイルからデータを読み込んだ後，まず行うべきことは，データファイルに入っている数値に問題がないか確認することである．コンピュータに読み込まれたデータには，アンケート調査票からコーディングを行う段階でのミスや，データをコンピュータに入力するときのミス，read.fwf 関数を使って読み込んだ場合には，桁指定のミスなどがあり得る．このようなミスを根絶するのは難しいが，読み込んだデータの単純集計により，あり得ないデータをチェックすれば大部分の誤りは排除できる．例えば，年齢が 3 歳なのに身長が 186 センチメートルであるとか，生年月日が xx 年 2 月 30 日のようなデータは，複数の変数を組み合わせて集計することによって発見できる．

読み込んだ個々の変数がどのような値を持つかをチェックするには，(2.9) のように table 関数を用いればよい．table 関数は変数がとる値の度数集計を行うのであるが，特に指定しない場合には，欠損値などはカウントしない．しかし，データのチェックの段階では欠損値がいくつあったかということも必要な情報である．そこで，欠損値の頻度もカウントするために，exclude=NULL という指定が必要なのである．

```
table(データフレーム名$変数名, exclude=NULL)
    または                                              (2.9)
table(データフレーム名 [, 列番号], exclude=NULL)
```

先ほどの idol.dat というデータファイルから読み込んだデータについて，どのような数値が読み込まれるのかをチェックしてみよう．結果をよく見て，あり得ない値（体重がマイナスの数値であるとか，血液型が A, B, O, AB 以外の文字）が存在しないか，欠損値が欠損値として読み込まれているかをチェックしよう．

## 2.6 データのチェックを行う

以下の例では Weight は 36 から 53 の値をとり，<NA>で表されている欠損値が 6人分あることがわかる．血液型におかしな値はなく，欠損値は 3 人分あることがわかった．

```
> df <- read.table("idol.dat", header=TRUE)
> table(df$Weight, exclude=NULL)      # Weightという変数のとる値を表示する
 36  37  39  40  41  42  43  44  45  46  47  48  49  50
  1   1   1   3   5   8   6   3  13   1   5   3   2   1
 53 <NA>
  1   6
> table(df[, 2], exclude=NULL)        # 2列目の変数のとる値を表示する
 36  37  39  40  41  42  43  44  45  46  47  48  49  50
  1   1   1   3   5   8   6   3  13   1   5   3   2   1
 53 <NA>
  1   6
> table(df$BloodType, exclude=NULL)   # BloodTypeの集計結果を表示する
   A   AB    B    O <NA>
  25    3   13   16    3
> table(df[,3], exclude=NULL)         # 3列目の変数のとる値を表示する
   A   AB    B    O <NA>
  25    3   13   16    3
```

複数の変数のチェックをいちいち変数名や列番号を指定しながら行うのは大変であるが，for 文を使えば，一括してチェックすることもできる．しかし，sapply 関数を使うと，面倒な指定をしなくても結果のなかに変数名が含まれるので便利である．sapply 関数の第 3 引数の exclude=NULL は第 2 引数で指定した table 関数に対する引数である．

```
> df <- read.table("idol.dat", header=TRUE)
> sapply(df, table, exclude=NULL)
$Height

 152  153  155  156  157  158  159  160  161  162  163  164  165  167
   1    4    4    5    4    9    2    8    3    6    5    1    2    5
 168 <NA>
   1    0

$Weight

 36  37  39  40  41  42  43  44  45  46  47  48  49  50
  1   1   1   3   5   8   6   3  13   1   5   3   2   1
 53 <NA>
  1   6

$BloodType

   A   AB    B    O <NA>
  25    3   13   16    3
```

連続変数のデータをチェックする場合には，データのとる値の範囲に応じて若干の工夫が必要である．例えば iris データセットの最初の 4 列のデータは小数点以下 1 桁までの連続変数であるが，小数点以下を四捨五入して集計してみればだいたいどの程度の値が入っているかがわかる．ここで，小数点以下を四捨五入するに

はround関数を使う。

```
> table(round(iris[,1]), exclude=NULL)   # round関数で整数部分について集計
   4    5    6    7    8 <NA>
   5   47   68   24    6    0
> table(round(iris$Sepal.Width), exclude=NULL)
   2    3    4 <NA>
  19  106   25    0
```

## 2.7 データの修正などを行う

　データのチェックを行って入力ミスなどが見つかった場合は，元のデータファイルを修正するほうが好ましい。しかし，何らかの理由で，入力したデータフレームの内容を直接修正したいこともあろう。そのような場合には（2.10）のように，fix 関数を用いればよい。図 2.2 に示すようなワークシート形式でデータを修正したり，変数やケースを追加，削除することもできる。データを修正した場合，その結果を後で使いたい場合には 2.16 節（67 ページ）に示す方法でファイルとして保存しておかなければならない。

---

fix(データフレーム名) (2.10)

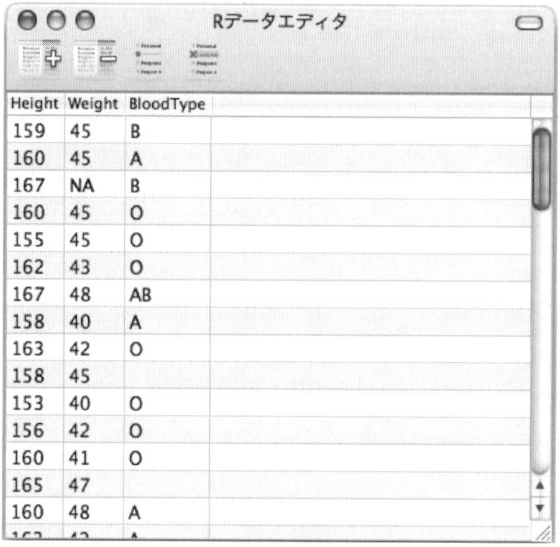

---

▶図 2.2　fix 関数の使用例

## 2.8 カテゴリー変数を定義する

2.4.1 項（17 ページ）で例として挙げた idol.dat では，血液型がデータファイルのなかでは A，B，O，AB のように文字データとして書かれており，それをデータフレームに読み込んで表示した場合には「文字列」として表示された．しかし，これらは文字型データではなく，R の内部ではカテゴリー変数を表すための factor という形式で記憶されている[*2]．データファイル中のカテゴリー変数がとる値としての文字は，文字データではなく factor 型のデータとして読み込まれるのである．

これに対して，データファイルのなかに，例えば男は 1，女は 2 のように，カテゴリー変数が数値データとして入力されていることも多い．しかし，この場合にはカテゴリーデータではなく数値データとして読み込まれる．したがって，読み込まれた数値データを R が factor 型のデータとして扱うためには，前処理が必要になる．数字も文字であるから，数字のまま factor に変換することもできるが，分析結果を見やすくするためには，それぞれの数値が何を表すかを文字で表現しておくとよい．

例えば，成績の A，B，C，D とか，年齢層を表す若年，中年，高年などのように，カテゴリー変数であるが順序が付いているデータがある．これらは統計学では順序尺度変数とされ，カテゴリー変数（名義尺度変数）より水準の高いデータであり，適用できる統計手法もより多くなる．R では順序尺度変数は「順序の付いた factor」として扱う．単なるカテゴリー変数を表す factor との違いはわずかであるが，丁寧に作られた統計解析関数においては，順序尺度変数に対応している統計手法を名義尺度に適用しようとしたり，あるいは順序尺度であることを設定し忘れたまま適用しようとしたときに，適切に警告を発して誤用を防ぐこともできる．

### 2.8.1 数値で入力されたカテゴリーデータを定義する

データファイルのなかに数値として用意されているカテゴリーデータは，入力した直後の状態では数値データにすぎない．これをカテゴリーデータとして認識させるためには，(2.11) のように，factor 関数を使ってカテゴリー変数を定義する．

```
変数名 <- factor(変数名, levels=水準を表す数値,
                labels=水準の意味を表す文字列)
```
(2.11)

また，順序の付いたカテゴリーデータ（順序尺度変数）について factor 関数を使うときには，(2.12) のように ordered=TRUE を明示する．

---

[*2] 文字データは，表示されるときには文字列の前後にダブルクオートが付いているので，factor 型のデータと容易に区別できる．

> 変数名 <- factor(変数名, levels=水準を表す数値,
+                 labels=水準の意味を表す文字列, ordered=TRUE)     (2.12)

　変数名は，データフレーム名$変数名の形式で表す．例えば，dfデータフレームのBloodという変数は，df$Bloodとする．右辺のfactor関数中の変数について定義したものを左辺の変数に付値することになるので，左辺の変数名を別のものにすることができる．もしデータフレーム中にその変数がなければ，新たに作成されることになる．

　水準を表す数値とは，データファイルのなかに記述した数値である．例えば，血液型のデータとして，A型，B型，O型，AB型をそれぞれ1, 2, 3, 4で入力しているとすれば，水準を表す数値は1, 2, 3, 4である．連続する数値はlevels=1:4のように指定することもできる．これはlevels=c(1, 2, 3, 4)と書くのと同じことを表す．連続する数値でない場合には，後者のようにc関数を使う記述法を用いることになる．

　水準の意味を表す文字列とは，水準を表す数値それぞれが実際に何を表すかをわかりやすく表現したものである．levelsに書いた$n$番目の数値と，labelsに書く$n$番目の文字列が対応する．先ほどの血液型の場合だと，labels=c("A型", "B型", "O型", "AB型")のようになる．データファイル中の3という数値はO型を表すというように対応付けるのである．

　血液型が1〜4の整数値で表現されている小規模なデータフレームで，factor関数の使用法を見てみよう．変数df$Bloodを表示してみると，血液型は1〜4の数値で表示される．

```
> ( df <- data.frame(Blood=c(1, 3, 2, 1, 4, NA, 2, 1)) )
  Blood
1     1
2     3
3     2
4     1
5     4
6    NA
7     2
8     1

> df$Blood
[1]  1  3  2  1  4 NA  2  1
```

df$Bloodの1〜4がA型，B型，O型，AB型に対応しているので，levels=1:4およびlabels=c("A型", "B型", "O型", "AB型")とする．

```
> df$Blood2 <- factor(df$Blood, levels=1:4,
+                     labels=c("A型", "B型", "O型", "AB型"))
```

変数 df$Blood2 を表示してみると，データ中にどのようなカテゴリーがあるかという情報が Levels: という表題を持つ行に示されている。この表示順は levels で指定した順である。unclass 関数を使って df$Blood2 を整数値で表示してみると，factor 型の変数には levels の指定順に整数値が割り当てられていることがわかる。

```
> df$Blood2
[1] A型  O型  B型  A型  AB型 <NA> B型  A型
Levels: A型 B型 O型 AB型

> ( df$int2 <- unclass(df$Blood2) )
[1] 1 3 2 1 4 NA 2 1
attr(,"levels")
[1] "A型"  "B型"  "O型"  "AB型"
```

levels の指定順を 1, 3, 4, 2 に変えて df$Blood3 に付値してみよう。

```
> df$Blood3 <- factor(df$Blood, levels=c(1, 3, 4, 2),
+                     labels=c("A型", "O型", "AB型", "B型"))
```

df$Blood3 を表示してみると，当然ではあるがデータの表示自体は df$Blood2 と同じである。しかし，変更に対応して labels の順も変わり，A 型，O 型，AB 型，B 型になる。Levels: の順もそれと同じになる。df$Blood2 と定義順を変えた変数 df$Blood3 は factor 変数としては同じであるが，unclass 関数を使って df$Blood3 を整数値として表示してみると，割り当てられている整数値は異なることがわかる。例えば，df$Blood3 の O 型には 2 が割り当てられているが，df$Blood2 では 3 である。

```
> df$Blood3
[1] A型  O型  B型  A型  AB型 <NA> B型  A型
Levels: A型 O型 AB型 B型

> ( df$int3 <- unclass(df$Blood3) )
[1] 1 2 4 1 3 NA 4 1
attr(,"levels")
[1] "A型"  "O型"  "AB型" "B型"
```

データフレーム全体を表示すると，df$Blood2 と df$Blood3 の違いがはっきりわかるであろう。

```
> df
  Blood Blood2 int2 Blood3 int3
1     1    A型    1    A型    1
2     3    O型    3    O型    2
3     2    B型    2    B型    4
4     1    A型    1    A型    1
5     4   AB型    4   AB型    3
6    NA   <NA>   NA   <NA>   NA
7     2    B型    2    B型    4
8     1    A型    1    A型    1
```

● **順序の付いたカテゴリーデータを定義する**

次に，本来は順序が付いているデータの例として，以下のような成績データを考えてみよう。

```
> seiseki <- c("不可", "不可", "可", "良", "可", "優",
+              "良", "可", "良", "不可")
> seiseki
 [1] "不可" "不可" "可"   "良"   "可"   "優"   "良"   "可"   "良"
[10] "不可"
```

以下に示すように，factor にする際に ordered=TRUE を付ける場合は，Levels: の行に示されるカテゴリー間に順序を示す不等号が付いている。

```
> ( x <- factor(seiseki, levels=c("不可", "可", "良", "優"),
+               ordered=TRUE) )
 [1] 不可 不可 可   良   可   優   良   可   良   不可
Levels: 不可 < 可 < 良 < 優     # 順序が付いている
```

そして，「x >= "可"」のような比較演算が可能である（40 ページ参照）。演算の結果は，合格（可以上）なら TRUE，不合格（不可）なら FALSE となる。

```
> x >= "可"
 [1] FALSE FALSE  TRUE  TRUE  TRUE  TRUE  TRUE  TRUE  TRUE FALSE
```

これに対して，ordered=TRUE を付けない場合には，カテゴリー間に順序はない。このため，比較演算をしようとすると，「>= という演算は，因子 (factor) に対しては無意味である」という警告が出され，結果は NA になる。

```
> ( y <- factor(seiseki, levels=c("不可", "可", "良", "優")) )
 [1] 不可 不可 可   良   可   優   良   可   良   不可
Levels: 不可 可 良 優           # 順序は付いていない
> y >= "可"
 [1] NA NA NA NA NA NA NA NA NA NA
Warning message:
In Ops.factor(y, "可") : >=  因子に対しては無意味です
```

## 2.8.2 カテゴリーの定義順序を変える

データファイルのなかに文字列で記入されているカテゴリーデータは，read.table 関数で読み込まれると，文字列を「R 内部の辞書順」に並べて 1 から始まる整数値が割り当てられる。しかし，整数値ではなく factor（カテゴリーデータ）として扱われるため，平均値を求めるなどの操作はできない。カテゴリーを表す文字列は度数分布表やグラフ中で使われるが，並び順が辞書順であると不都合なこともある。統計データに限らず，男は 1，女は 2 と表現され，順序も男→女の順のことが多い。データファイル中に性別として「男」，「女」という文字で準備されていて，それを read.table で読み込むと，R のなかでは女が 1，男が 2 のよ

うになる.「male」,「female」を使っても同じように「female」,「male」の順になる.理由は,辞書順で「女」は「男」より前,「female」も「male」より前であるためである.前項で述べたように,順序尺度の場合には並び順は最重要事項である.そこで,このような場合には (2.13) により並び順を指定できるようになっている.水準を表す文字列だけでは必ずしもわかりやすいとは言えないので,labels 引数を使って各水準にラベルを付けるようにしておくとよい.データファイルを準備する場合には長い(詳しい)文字列で入力するのは面倒なので頭文字 (m/f) や省略形 (hi/lo) で入力するが,分析結果の出力を見るときは長い(詳しい)文字列 (male/female, high/low) のほうがわかりやすい.両方の兼ね合いであり,labels がぜひとも必要というわけではない.

変数名 <- factor(変数名, levels=水準を表す文字列,
                 labels=水準の意味を表す文字列)                    (2.13)

2.4.1 項(17 ページ)の idol.dat を例に,カテゴリーデータの定義順を変更する方法を見てみよう.このデータファイルには血液型のデータが文字列で記入されている.データファイルを読み込んで血液型のデータを表示してみると,表示が辞書順になっていることがわかる.

```
> df <- read.table("idol.dat", header=TRUE)

> df$BloodType                      # 入力後の df$BloodType の状態
 [1] B    A    B    O    O    O    AB   A    <NA> O    O    O
[14] <NA> A    A    O    B    B    O    A    A    O    A    O    B
[27] B    B    O    B    A    A    A    AB   O    A    A    B    B
[40] B    A    B    A    A    AB   A    O    A    A    O    A
[53] A    B    <NA> A    O    A    A    A
Levels: A AB B O                    # 辞書順になっている
> unclass(df$BloodType)              # 割り当てられている数値を見てみる
 [1]  3  1  3  4  4  4  2  1  4 NA  4  4  4 NA  1  1  4  3  3  4  1  1
[23]  4  1  4  3  3  3  4  3  1  1  1  2  4  1  1  3  3  3  1  1  3  1
[45]  1  2  1  4  1  1  3 NA  4  1  1  1
attr(,"levels")
[1] "A"  "AB" "B"  "O"
> table(df$BloodType)                # 度数分布を見る
                                     # 分析結果の表示のときにも辞書順である
 A AB  B  O
25  3 13 16
```

カテゴリーの順序を変更する場合には,(2.13)のように,factor 関数の levels 引数と labels 引数で指定する.血液型の一般的な表示順である A, B, O, AB の順で定義してみよう.

```
> df$BloodType <- factor(df$BloodType, levels=c("A", "B", "O", "AB"),
+                         labels=c("A 型", "B 型", "O 型", "AB 型"))
> df$BloodType                          # どのように変更されたか見てみる
 [1] B 型  A 型  B 型  O 型  O 型  O 型  AB 型 A 型  O 型  <NA>  O 型
[12] O 型  O 型  <NA>  A 型  A 型  O 型  B 型  B 型  O 型  A 型  A 型
[23] O 型  A 型  O 型  B 型  B 型  B 型  O 型  B 型  A 型  A 型  A 型
[34] AB 型 O 型  A 型  A 型  A 型  B 型  B 型  A 型  B 型  A 型  A 型
[45] A 型  AB 型 A 型  A 型  A 型  O 型  A 型  A 型  A 型  B 型  <NA>
[56] A 型  O 型  A 型  A 型  A 型
Levels: A 型 B 型 O 型 AB 型                # levelsで定義した順になっている
> unclass(df$BloodType)                 # 割り当てられている数値を見てみる
 [1]  2  1  2  3  3  3  4  1  3 NA  3  3  3 NA  1  1  3  2  2  3  1  1
[23]  3  1  3  2  2  2  3  2  1  1  1  4  3  1  1  1  2  2  1  2  1  1
[45]  1  4  1  1  1  3  1  1  1  2 NA  1  3  1  1  1
attr(,"levels")
[1] "A 型"  "B 型"  "O 型"  "AB 型"          # levelsで定義した順である
> table(df$BloodType)                   # 度数分布を見る

 A 型  B 型  O 型 AB 型                     # levelsで定義した順である
  25   13   16    3
```

## 2.9 連続変数をカテゴリー化する

連続変数のカテゴリー化は，度数分布表やクロス集計表を作るときに必要になる。ここでは，任意の区間幅に分割するカテゴリー化を行う cut 関数を使う方法について述べる。カテゴリー化は (2.14) のように行う。

```
変数名 <- cut(変数名, breaks=分割点のベクトル, right=FALSE,
              labels=水準の意味を表す文字列ベクトル,                (2.14)
              ordered_result = TRUE)
```

変数名は，データファイル名$変数名の形式で表す。例えば，データフレーム df の変数 Weight は，df$Weight とする。右辺の cut 関数中の変数について定義したものを左辺の変数に付値することになるので，左辺の変数名を別のものにすることができる。もしデータフレーム中にその変数がなければ，新たに作成される。

分割点のベクトルとは，データを分割する複数の数値である。例えば Weight というデータがあって，40kg 未満，40kg 以上 50kg 未満，50kg 以上という 3 区間に分割する場合，作成される区間は，

1. [データファイル中にある最小値, 40)
2. [40, 50)
3. [50, データファイル中にある最大値]

となり[*3]，データを区切る数値は，

---

[*3] 区間を表す [40, 50) は 40 以上 50 未満を表す。

1. データファイル中にある最小値
2. 40
3. 50
4. データファイル中にある最大値

の4個である。データファイル中にある最小値，最大値は前もって知ることもできるが，マイナス無限大を表す-Infとプラス無限大を表すInfを使って定義することができる。Rでは，数値ベクトルはc(数値1, 数値2, ..., 数値n)のように表現する。

right=FALSEは，「区間の下限点は区間に含まれるが，上限点は区間に含まれない」ようにすることを意味する。デフォルトでは「区間の下限点は区間に含まれず，上限点が区間に含まれる」という常識とは異なった定義（right=TRUE）になっているので，right=FALSEを指定することを忘れてはならない。

labelsは，それぞれの区間に付ける名前である。cut関数で作られる変数のクラスはfactorである。データフレームを表示するときにはlabelsで定義した文字列が使われる。

ordered_result=TRUEは結果として得られるfactorが順序を持っていることを表す。連続変数をカテゴリー化するのであるから，常にこの指定をしておくほうがよい。統計手法によっては，順序を持たないfactorには適用できないが，順序を持つfactorには適用できるからである。

以下のような簡単なデータフレームで，両者の違いを見てみよう。

```
> df <- data.frame(Weight=c(35, 38, 40, 46, 54, 62))
> df$Weight
[1] 35 38 40 46 54 62
```

まず，ordered_result=TRUEを指定して，順序付きの新しいfactor変数であるdf$Weight2を作る。

```
> df$Weight2 <- cut(df$Weight, right=FALSE, breaks=c(-Inf, 40, 50, Inf),
+                   labels=c("軽い", "普通", "重い"),
+                   ordered_result=TRUE)
> df$Weight2
[1] 軽い 軽い 普通 普通 重い 重い
Levels: 軽い < 普通 < 重い          # 順序が付いている
```

次に，もう1つの変数df$Weight3を作る。デフォルトではordered_result=FALSEである。

```
> df$Weight3 <- cut(df$Weight, right=FALSE, breaks=c(-Inf, 40, 50, Inf),
+                   labels=c("軽い", "普通", "重い"),
+                   ordered_result=FALSE)
> df$Weight3
[1] 軽い 軽い 普通 普通 重い 重い
Levels: 軽い 普通 重い              # 順序は付いていない
```

データフレームを表示してみるだけでは，Weight2 と Weight3 は同じように見えるが，class 関数でそれぞれのクラスを見ると，df$Weight2 のクラスは"ordered" "factor"となっており，順序付きの factor であることがわかる。これに対し，df$Weight3 のクラスは"factor"とだけなっており，単なる factor であることがわかる。

is.ordered 関数によっても，順序付きかどうかがわかる。

```
> df                                 # データフレームを表示する
  Weight Weight2 Weight3
1     35    軽い    軽い             # 同じように見えるが，
2     38    軽い    軽い             # Weight2は順序尺度変数
3     40    普通    普通             # Weight3は名義尺度変数
4     46    普通    普通
5     54    重い    重い
6     62    重い    重い

> class(df$Weight2)                  # クラスを調べる
[1] "ordered" "factor"               # 順序付きの factor である
> is.ordered(df$Weight2)             # 順序が付いているか調べる
[1] TRUE                             # 順序が付いている

> class(df$Weight3)                  # クラスを調べる
[1] "factor"                         # ただの factor である
> is.ordered(df$Weight3)             # 順序が付いているか調べる
[1] FALSE                            # 順序は付いていない
```

等間隔の区間に分けてカテゴリー化するには，2.11 節（37 ページ）に示す計算式による方法を使うほうがよい。例えば，センチメートル単位で表現されている身長のデータ（df$Height）を，階級幅 5 センチメートルでカテゴリー化する場合には floor(df$Height/5)*5 とすればよい。5 を掛けているのは，作成した変数が級限界の開始値をとるようにするためである（例えば，153 センチメートルの人は floor(153/5) が 30 になり，floor(153/5)*5 は 150 になるので，150〜154 の階級に分類される）。以下の例では，150 以上の人が 5 人，155 センチメートル以上の人が 24 人などのように，カテゴリー化されている。なお，このようにして作られる変数は factor になるのではなく，数値ベクトルのままである。順序付きの factor にするには，28 ページの (2.12) のようにする。

## 2.9 連続変数をカテゴリー化する

```
> df <- read.table("idol.dat", header=TRUE)
> ( Height5 <- floor(df$Height/5)*5 )
 [1] 155 160 165 160 155 160 165 160 155 150 155 160 165 160 160
[17] 155 155 160 165 165 160 160 155 155 155 160 155 160 160 150 160
[33] 155 160 165 160 160 155 165 150 155 160 155 155 165 155 160
[49] 150 155 160 160 155 160 155 155 160 160 165 150
> class(Height5)
[1] "numeric"                           # 数値ベクトルである
> is.ordered(Height5)
[1] FALSE                               # 順序付きのfactorではない
> table(Height5)                        # 度数分布を調べる
Height5
150 155 160 165
  5  24  23   8
```

等間隔にカテゴリー化する場合にも，前述のように cut 関数を使うことができる。breaks 引数に指定する分割点ベクトルを seq 関数で作ればよい。ただし，対象とする変数の最小値と最大値をカバーするようにしないと，集計漏れや，結果に度数 0 のカテゴリーが含まれるようになるので注意が必要である。

よって，身長データのカテゴリー化は以下のようにして行う。

```
> Height5.1 <- cut(df$Height, breaks=seq(150, 170, by=5),
+                  right=FALSE, ordered_result=TRUE)
> table(Height5.1)
Height5.1
[150,155) [155,160) [160,165) [165,170)
        5        24        23         8
```

breaks 引数がデータの範囲をカバーしないと，集計漏れが生じる。以下の例では，範囲を 150～165 センチメートルとしたため，165 センチメートル以上の 8 人が漏れている。

```
> Height5.2 <- cut(df$Height, breaks=seq(150, 165, by=5),
+                  right=FALSE, ordered_result=TRUE)
> table(Height5.2)
Height5.2
[150,155) [155,160) [160,165)
        5        24        23
```

データの範囲より広い範囲のカテゴリー化をすると，度数 0 のカテゴリーが含まれる。以下の例では，170 センチメートル以上というカテゴリーが作られるが，該当者は 0 である。

```
> Height5.3 <- cut(df$Height, breaks=seq(150, 175, by=5),
+                  right=FALSE, ordered_result=TRUE)
> table(Height5.3)
Height5.3
[150,155) [155,160) [160,165) [165,170) [170,175)
        5        24        23         8         0
```

## 2.10 カテゴリー変数を再カテゴリー化する

Rの内部ではカテゴリーデータはfactorとして格納されている。細かくカテゴリー化したデータに対して，いくつかのカテゴリーをまとめて新しいカテゴリー分けにするなど，再カテゴリー化を行う場合がある。このような再カテゴリー化は(2.15)のように行う。

> 1. カテゴリーの名前と順序を確認する。
>    levels(変数名)
> 2. カテゴリー変数の定義をやり直す。
>    levels(変数名) <- カテゴリーの再定義

(2.15)

実際に例を使ってカテゴリー変数を再カテゴリー化してみよう。Rにはsampleという関数が用意されており、テスト用の乱数データを生成することができる。この関数を使って，以下のように，各月の省略名（Jan〜Dec）を30個生成する。これを変数xにfactorで付値しておく。なお，1行目のset.seed関数は，読者が実行するときに再現性を保証するため，乱数の初期値を設定するためのものである（以下，同様）。

```
> set.seed(123)
> month <- sample(month.abb, 30, replace=TRUE)  # 月の省略名を無作為抽出
> ( x <- factor(month, levels=month.abb) )      # factor として付値する
 [1] Apr Oct May Nov Dec Jan Jul Nov Jul Jun Dec Jun Sep Jul Feb Nov
[17] Mar Jan Apr Dec Nov Sep Aug Dec Aug Sep Jul Aug Apr Feb
Levels: Jan Feb Mar Apr May Jun Jul Aug Sep Oct Nov Dec
```

これを，Dec, Jan, Febを冬，Mar, Apr, Mayを春，Jun, Jul, Augを夏，Sep, Oct, Novを秋として再カテゴリー化しよう。まず，割り当てられているカテゴリーの名前と順序を確認する。

```
> levels(x)
 [1] "Jan" "Feb" "Mar" "Apr" "May" "Jun" "Jul" "Aug" "Sep" "Oct" "Nov"
[12] "Dec"
```

直接xを再カテゴリー化してもよいが，元のxも使いたいときのためにyにコピーし，yを再カテゴリー化する。次に，旧カテゴリーと対応する位置に新しいカテゴリーを定義する。最後に再カテゴリー化できているか確認しておこう。

```
> y <- x                                                    # yにコピーを作る
> levels(y) <- c("冬", "冬", "春", "春", "春", "夏",          # 再カテゴリー化
+                "夏", "夏", "秋", "秋", "秋", "冬")
> y                                                         # 結果を表示する
 [1] 春 秋 春 秋 冬 冬 夏 秋 夏 夏 冬 夏 秋 夏 冬 秋 春 冬 春 冬 秋 秋
[23] 夏 冬 夏 秋 夏 夏 春 冬
Levels: 冬 春 夏 秋
> levels(y)
[1] "冬" "春" "夏" "秋"
> table(x, y)                                               # 変換結果の確認
     y
x     冬 春 夏 秋
  Jan  2  0  0  0
  Feb  2  0  0  0
  Mar  0  1  0  0
  Apr  0  3  0  0
  May  0  1  0  0
  Jun  0  0  2  0
  Jul  0  0  4  0
  Aug  0  0  3  0
  Sep  0  0  0  3
  Oct  0  0  0  1
  Nov  0  0  0  4
  Dec  4  0  0  0
```

## 2.11 新しい変数を作る

データフレームに含まれない新しい変数の作成は，(2.16) のように行う。右辺の計算式は，データフレーム名$変数名またはデータフレーム名 [, 変数のある列番号] の形式のデータフレームに含まれる変数や，データフレームには含まれない一般の変数，および定数などで構成される。左辺の新しい変数名がデータフレーム名$変数名の形式の場合には，データフレームに変数名が存在しない場合には新しく作られ，存在する場合には計算された数値で置き換えられる。

新しい変数名 <- 計算式 (2.16)

もし，新しく作る変数をデータフレームに含める場合には transform 関数を用いて (2.17) のようにするとよい。左辺のデータフレーム名と右辺のデータフレーム名は同じでもよいが，作成に失敗する可能性を考えると別の新しいデータフレーム名にしたほうがよいだろう。新しく作られるデータフレームは，新しく作られる変数とそれ以外の元の変数を含むものになる。transform の第 1 引数は元のデータフレーム名，第 2 引数以降は「変数名=計算式」の形をしたものである。「変数名=計算式」が複数個ある場合はカンマで区切って列挙できるが，新しく作る変数を元にしてさらに別の変数を作るという操作は一度ではできない。変数名が存在しない場合には新しく作られ，既に存在する場合には変数の値は計算結果で置き換えられ

る。この計算式のなかに出てくるデータフレーム中の変数はデータファイル名$変数名ではなく，単に変数名でよい。

---

データフレーム名 <- transform(データフレーム名, 変数名=計算式)　　　(2.17)

---

計算式のなかに出てくる変数のいずれか1つでも欠損値（NA）の場合には，結果（左辺の変数に付値される値）は欠損値（NA）になる。

計算式には，Rで定義されている演算子や関数などがすべて使える（287ページの付録A.3節を参照）。

以下のようなデータフレームを元にして，BMI（Body Mass Index）の値を表す新たな変数 BMI と，それを小数点以下1桁までに丸めた変数 BMI2 を作る例を見てみよう。

```
> ( df <- read.table("idol.dat", header=TRUE) )
   Height Weight BloodType
1     159     45         B
2     160     45         A
3     167     NA         B
4     160     45         O
5     155     45         O
6     162     43         O
7     167     48        AB
8     158     40         A
9     163     42         O
10    158     45       <NA>
 ⋮
```

transform 関数を使うが，BMI2 は BMI から作られるので，transform 関数を一度使うだけでは計算できない。まず，新しく BMI を作りデータフレームに付け加える。次いで，BMI2 を作る。小数点以下1桁に丸めるには round 関数の2番目の引数に 1 を指定すればよい。

```
> df2 <- transform(df, BMI=Weight/(Height/100)^2)
> df2 <- transform(df2, BMI2=round(BMI, 1))
> df2                                               # 結果を表示する
   Height Weight BloodType      BMI BMI2
1     159     45         B 17.79993 17.8
2     160     45         A 17.57812 17.6
3     167     NA         B       NA   NA
4     160     45         O 17.57812 17.6
5     155     45         O 18.73049 18.7
6     162     43         O 16.38470 16.4
7     167     48        AB 17.21109 17.2
8     158     40         A 16.02307 16.0
9     163     42         O 15.80790 15.8
10    158     45      <NA> 18.02596 18.0
 ⋮
```

## 2.12 新しいデータフレームを作る

本節では，作成したデータフレームから，いくつかの変数だけを含むデータフレームや，選択したケースだけを含むデータフレームを新しく作る方法について述べる。

作成したデータフレームは，その場で使うだけではなく，ファイルに保存しておけば後で使うことができる（2.16 節を参照）。

### 2.12.1 変数を抽出して新しいデータフレームを作る

必要な変数の抽出を指示するには（2.18）のようにする。

新しいデータフレーム名 <- データフレーム名 [変数のリスト]　　　　　　　　(2.18)

変数のリストは，抽出したい変数の列番号のベクトルである。R でベクトルを表すのは，c(数値 1, 数値 2, ..., 数値 n) という形式である。

```
> df <- read.table("idol.dat", header=TRUE)
> df2 <- transform(df, BMI=Weight/(Height/100)^2)
> df2 <- transform(df2, BMI2=round(BMI, 1))
> df2
   Height Weight BloodType      BMI BMI2
1     159     45         B 17.79993 17.8
2     160     45         A 17.57812 17.6
3     167     NA         B       NA   NA
4     160     45         O 17.57812 17.6
5     155     45         O 18.73049 18.7
6     162     43         O 16.38470 16.4
7     167     48        AB 17.21109 17.2
8     158     40         A 16.02307 16.0
9     163     42         O 15.80790 15.8
10    158     45      <NA> 18.02596 18.0
  :

> ( df3 <- df2[c(2, 3, 5)] )  # 2,3,5列目のデータを取り出す
   Weight BloodType BMI2
1      45         B 17.8
2      45         A 17.6
3      NA         B   NA
4      45         O 17.6
5      45         O 18.7
6      43         O 16.4
7      48        AB 17.2
8      40         A 16.0
9      42         O 15.8
10     45      <NA> 18.0
  :
```

## 2.12.2　ケースを抽出して新しいデータフレームを作る

必要なケースを含むデータフレームを作る場合，必要なケースが「何行目から何行目まで」というようにわかっている場合には（2.19）のように指定する。

```
新しいデータフレーム名 <- データフレーム名 [ケースのリスト,]            (2.19)
```

ケースのリストは，抽出したいケースの行番号のベクトルである。「]」の前にある「,」を忘れないように注意すること。

```
> df <- read.table("idol.dat", header=TRUE)
> ( df2 <- df[11:15,] )                    # 11〜15行目のデータを取り出す
   Height Weight BloodType
11    153     40         O
12    156     42         O
13    160     41         O
14    165     47       <NA>
15    160     48         A
> ( df3 <- df[c(23, 36, 57),] )            # 23,36,57行目のデータ
   Height Weight BloodType
23    160     48         O
36    162     42         A
57    157     43         O
```

しかし，このような単純な場合は少なく，たいていの場合は「ある変数がこれこれの条件を満たすケース（行）」ということになる。条件は単純な場合も複雑な場合もある。また，条件を構成する変数が欠損値を含む場合もあるので，ちょっと面倒なことになる。

条件を記述するために必要なのは，比較演算と論理演算である。

比較演算とは表 2.1 に示す 6 種類の演算である。表中の a, b はデータフレーム名$変数名，データフレーム名 [, 変数のある列番号]，定数または，それらを含む式である。

▶ 表 2.1　比較演算

| 意味 | 記述 | 例 |
|---|---|---|
| a は b と等しい | a == b | df$性別 == "男" |
| a は b と等しくない | a != b | df$性別 != "男" |
| a は b より大きい | a > b | df$年齢 > 15 |
| a は b より小さい | a < b | df$年齢 < 65 |
| a は b より大きいか等しい | a >= b | df$金額 >= 10000 |
| a は b より小さいか等しい | a <= b | df$金額 <= 1000 |

論理演算は，表 2.2 に示した 3 種類であり，複雑な条件に対して，比較演算を組み合わせて作られる。表中の A, B は比較演算である。なお，比較演算は論理演算より先に行われるので，比較演算の部分は本来は括弧でくくる必要はないが，間違いを防ぐためにここでは括弧を付けておく。

▶ 表 2.2　論理演算

| 意味 | 記述 | 例と解釈 |
|---|---|---|
| A かつ B | A & B | (df$年齢 >= 15) & (df$年齢 < 65)<br>年齢が 15 歳以上 65 歳未満のもの |
| A または B | A \| B | (df$職業 == "主婦") \| (df$職業 == "学生")<br>職業が「主婦」か「学生」のもの |
| A ではない | ! A | !(df$職業 == "自由業")<br>職業が「自由業」でないもの |

比較演算と論理演算を使って構成される条件は，データフレームの各行ごとのデータによって TRUE（真）か FALSE（偽）のいずれかの結果を持つ，要素数が $n$ 個の論理ベクトルになる。$i$ 番目の結果（ベクトルの要素）は，データフレームの $i$ 行に対応する。

2.4.1 項（17 ページ）の idol.dat を例に、実際に比較演算と論理演算を使用してみよう。

```
> ( df <- read.table("idol.dat", header=TRUE) )
   Height Weight BloodType
1     159     45         B
2     160     45         A
3     167     NA         B
4     160     45         O
5     155     45         O
6     162     43         O
7     167     48        AB
8     158     40         A
9     163     42         O
10    158     45       <NA>
 :
> df$BloodType == "A"                # 血液型がAか？
 [1] FALSE  TRUE FALSE FALSE FALSE FALSE FALSE  TRUE FALSE    NA FALSE
> df$BloodType != "B"                # 血液型がBでないか？
 [1] FALSE  TRUE FALSE  TRUE  TRUE  TRUE  TRUE  TRUE  TRUE    NA  TRUE
> df$Height > 160                    # 身長が160より大きいか？
 [1] FALSE FALSE  TRUE FALSE FALSE  TRUE  TRUE FALSE  TRUE FALSE FALSE
 :
> df$Height < 160                    # 身長が160より小さいか？
 [1]  TRUE FALSE FALSE FALSE  TRUE FALSE FALSE  TRUE FALSE  TRUE  TRUE
 :
```

```
> df$Height >= 155                       # 身長が155以上か？
 [1] TRUE  TRUE  TRUE  TRUE  TRUE  TRUE  TRUE  TRUE  TRUE  TRUE  FALSE
  ⋮
> df$Height <= 155                       # 身長が155以下か？
 [1] FALSE FALSE FALSE FALSE TRUE  FALSE FALSE FALSE FALSE FALSE TRUE
  ⋮
> df$Weight >= 45 & df$Weight < 50       # 体重が45以上，かつ，50未満か？
 [1] TRUE  TRUE  NA    TRUE  TRUE  FALSE TRUE  FALSE TRUE  TRUE  FALSE
  ⋮
> df$Weight < 45 | df$Weight >= 50       # 体重が45未満，または，50以上か？
 [1] FALSE FALSE NA    FALSE FALSE TRUE  FALSE TRUE  FALSE FALSE TRUE
  ⋮
> !(df$Height < 160)                     # 「身長が160未満である」の否定
 [1] FALSE TRUE  TRUE  TRUE  FALSE TRUE  FALSE FALSE TRUE  FALSE FALSE
  ⋮
```

話を (2.19) のケースのリストに戻す．比較演算と論理演算の結果，要素が TRUE である行が，ケースとして抽出すべき行である．条件を満たすケース（行）を抽出するためには subset 関数を用いて (2.20) のようにする．条件式の部分には，比較演算や論理演算を用いて条件を書くが，式中にはデータフレーム名$変数名ではなく変数名を使うことができる．subset 関数を使うと，条件を構成する変数が欠損値 NA を持つケースは除かれる（選ばれない）．

---

新しいデータフレーム名 <- subset(データフレーム名, 条件式)          (2.20)

---

df というデータフレームに読み込んだデータのなかで，Weight が 50 以上，かつ，60 未満のものだけを取り出して df2 というデータフレームに付値するには，以下のようにすればよい．条件を満たすものは 2 例だったことがわかる．

```
> df <- read.table("idol.dat", header=TRUE)
> ( df2 <- subset(df, Weight>=50 & Weight<60) )
   Height Weight BloodType
20    168     53         O
46    167     50         AB
```

subset 関数で条件を満たすケースを取り出すという操作は，多変量解析において欠損値（NA）を含むケースを除外して完全なケースだけを分析に使用するといった際にも必要になる．そのようなときのために complete.cases 関数がある．complete.cases 関数は，データフレームを行（ケース）単位にみて，欠損値 NA が 1 つも含まれていない完全なデータであれば TRUE，1 つでも欠損値があれば FALSE という結果をベクトルで返す．

## 2.12 新しいデータフレームを作る

```
> df <- read.table("idol.dat", header=TRUE)
> complete.cases(df)
 [1] TRUE  TRUE  FALSE TRUE  TRUE  TRUE  TRUE  TRUE  TRUE  FALSE TRUE
[12] TRUE  TRUE  FALSE TRUE  TRUE  TRUE  TRUE  TRUE  TRUE  FALSE TRUE
[23] TRUE  TRUE  TRUE  TRUE  FALSE TRUE  TRUE  TRUE  TRUE  TRUE  TRUE
[34] TRUE  TRUE  TRUE  TRUE  TRUE  TRUE  TRUE  TRUE  TRUE  TRUE  TRUE
[45] TRUE  TRUE  TRUE  FALSE TRUE  TRUE  TRUE  TRUE  FALSE TRUE  FALSE
[56] TRUE  TRUE  TRUE  TRUE  FALSE
```

確かに，3 行目や 10 行目のケースは NA を含んでいる．

```
> df[3,]                            # 3行目を表示する
  Height Weight BloodType
3    167     NA         B
> df[10,]                           # 10行目を表示する
   Height Weight BloodType
10    158     45      <NA>
> df[!complete.cases(df),]          # 欠損値を含む行をすべて表示する
   Height Weight BloodType
3     167     NA         B
10    158     45      <NA>
14    165     47      <NA>
21    167     NA         A
27    162     NA         B
48    161     NA         O
53    158     NA         A
55    155     42      <NA>
60    153     NA         A
```

したがって，欠損値を含まない行を取り出すためには，(2.20) の条件式のところに complete.cases(データフレーム名) のように書けばよい．具体的な使用法は以下のようになる．

```
> ( df2 <- subset(df, complete.cases(df)) )
   Height Weight BloodType
1     159     45         B
2     160     45         A
4     160     45         O
5     155     45         O
6     162     43         O
7     167     48        AB
8     158     40         A
9     163     42         O
11    153     40         O
12    156     42         O
         ⋮
58    160     43         A
59    167     45         A
```

subset 関数は細かな操作ができるが，欠損値を持つケースを除くだけという単純な場合には na.omit 関数のほうが簡単にできる．na.omit(データフレーム名) のようにするだけでよい．

```
> ( df2 <- na.omit(df) )
   Height Weight BloodType
1     159    45        B
2     160    45        A
4     160    45        O
5     155    45        O
6     162    43        O
7     167    48        AB
8     158    40        A
9     163    42        O
11    153    40        O
12    156    42        O
         ⋮
58    160    43        A
59    167    45        A
```

## 2.12.3 データフレームを分割する

1つのデータフレームを複数のデータフレームに分割する場合にはsplit関数を使う。split関数の使用法を(2.21)に示す。1つのデータフレームから2.12.2項の方法で1グループずつ取り出して新しいデータフレームを作ることもできるが、split関数を使えば簡単に複数のデータフレームに分割することができる。

$$
\begin{aligned}
&変数\ \text{<- split(データフレーム名, 群変数名)} \\
&変数\ \text{<- split(データフレーム名,} \\
&\qquad\qquad \text{list(群変数名1, 群変数名2, ..., 群変数名n))}
\end{aligned}
\tag{2.21}
$$

群変数名は、それぞれのケースがどの群に含まれるかを表す変数である。群変数は同じデータフレーム中のfactor変数であることが多いだろうが、データフレームの行に対応する任意のベクトル変数であってもよい。データフレーム中の変数の場合にはデータフレーム名$変数名の形式で指定しても、データフレーム名[, 列番号]の形式で指定してもよい。グループ分けは2つ以上の変数で行うこともできる。2つ以上の変数を使用する場合には群変数名をlist関数を使ってリストとして指定する。結果は群別のデータフレームを要素とするリストになる。リストの要素名として群変数の値（factorの水準名）が使われる。群変数が欠損値のものは、結果のどのデータフレームにも含まれない。

以下の例では、idol.datを血液型で4つのデータフレームに分割している。

```
> df <- read.table("idol.dat", header=TRUE)
> ( result <- split(df, df$BloodType) )
$A                                      # A型
   Height Weight BloodType
2     160    45        A
8     158    40        A
15    160    48        A
         ⋮
59    167    45        A
60    153    NA        A
```

```
$AB                              # AB型
   Height Weight BloodType
7     167     48       AB
34    162     47       AB
46    167     50       AB

$B                               # B型
   Height Weight BloodType
1     159     45        B
3     167     NA        B
18    158     45        B
        :
43    157     41        B
54    161     44        B

$O                               # O型
   Height Weight BloodType
4     160     45        O
5     155     45        O
6     162     43        O
        :
51    163     47        O
57    157     43        O
```

分割したそれぞれのデータフレームを対象として，sapply 関数などにより統計処理を行うことができる．

```
> sapply(result, nrow)           # 各データフレームの行数を見る
 A AB  B  O
25  3 13 16
> sapply(result, summary)        # 各データフレームの概要を表示する
$A
    Height          Weight         BloodType
 Min.   :152.0   Min.   :36.00    A :25
 1st Qu.:157.0   1st Qu.:42.00    AB: 0
 Median :159.0   Median :43.00    B : 0
 Mean   :159.3   Mean   :42.91    O : 0
 3rd Qu.:162.0   3rd Qu.:45.00
 Max.   :167.0   Max.   :49.00
                 NA's   : 3.00
     :

$O
    Height          Weight         BloodType
 Min.   :153.0   Min.   :40.0     A : 0
 1st Qu.:156.8   1st Qu.:42.0     AB: 0
 Median :160.0   Median :44.0     B : 0
 Mean   :159.3   Mean   :44.4     O :16
 3rd Qu.:161.2   3rd Qu.:46.0
 Max.   :168.0   Max.   :53.0
                 NA's   : 1.0
> a  <- result$A                 # 4つのデータフレームに付値する
> b  <- result$B
> o  <- result$O
> ab <- result$AB

> ab                             # 内容を表示する
   Height Weight BloodType
7     167     48       AB
34    162     47       AB
46    167     50       AB
```

以下は，身長 df$Height と体重 df$Weight が中央値以下であるかどうかで 4 つのデータフレームに分割する例である。それぞれの変数ごとに中央値以下かどうかを表す変数 h2, w2 を作り，split の第 2 引数に list(h2, w2) のように指定している（median 関数については第 3 章で説明する）。

```
> h2 <- df$Height <= median(df$Height, na.rm=TRUE)
> w2 <- df$Weight <= median(df$Weight, na.rm=TRUE)
> ( df2 <- split(df, list(h2, w2)) )

$FALSE.FALSE              # 身長も体重も中央値より大きいグループ
   Height Weight BloodType
7     167     48       AB
14    165     47     <NA>
20    168     53        O
           :
52    162     46        A
59    167     45        A

$TRUE.FALSE               # 身長は中央値以下で，体重は中央値より大きいグループ
   Height Weight BloodType
1     159     45        B
2     160     45        A
4     160     45        O
           :
45    156     45        A
47    158     45        A

$FALSE.TRUE               # 身長は中央値より大きく，体重は中央値以下のグループ
   Height Weight BloodType
6     162     43        O
9     163     42        O
16    163     42        A
32    161     42        A
36    162     42        A
42    163     43        A
54    161     44        B

$TRUE.TRUE                # 身長も体重も中央値以下のグループ
   Height Weight BloodType
8     158     40        A
11    153     40        O
12    156     42        O
           :
57    157     43        O
58    160     43        A
```

## 2.13 複数のデータフレームを結合する

データフレームの結合には，図 2.3 に示すように 2 通りある。1 つは，同じ変数セットを持つ異なるグループのデータフレームを結合する場合である。これを「ケースの結合」と呼ぶことにしよう。もう 1 つは，同じケースに関する 2 組のデータフレームを結合する場合である。これを，「変数の結合」と呼ぶことにする。

## 2.13 複数のデータフレームを結合する

|  | 身長 | 体重 |
|---|---|---|
| 大山 | 184.2 | 95.7 |
| 中川 | 176.3 | 63.8 |
| 小野 | 173.5 | 76.4 |

|  | 身長 | 体重 |
|---|---|---|
| 北野 | 171.6 | 67.3 |
| 東山 | 168.4 | 59.4 |
| 南川 | 157.7 | 58.6 |
| 西田 | 175.1 | 67.1 |

|  | 年齢 | 性別 |
|---|---|---|
| 北野 | 35 | 男 |
| 東山 | 39 | NA |
| 南川 | 31 | 女 |
| 西田 | 28 | 男 |

ケースの結合

変数の結合

|  | 身長 | 体重 |
|---|---|---|
| 大山 | 184.2 | 95.7 |
| 中川 | 176.3 | 63.8 |
| 小野 | 173.5 | 76.4 |
| 北野 | 171.6 | 67.3 |
| 東山 | 168.4 | 59.4 |
| 南川 | 157.7 | 58.6 |
| 西田 | 175.1 | 67.1 |

|  | 身長 | 体重 | 年齢 | 性別 |
|---|---|---|---|---|
| 北野 | 171.6 | 67.3 | 35 | 男 |
| 東山 | 168.4 | 59.4 | 39 | NA |
| 南川 | 157.7 | 58.6 | 31 | 女 |
| 西田 | 175.1 | 67.1 | 28 | 男 |

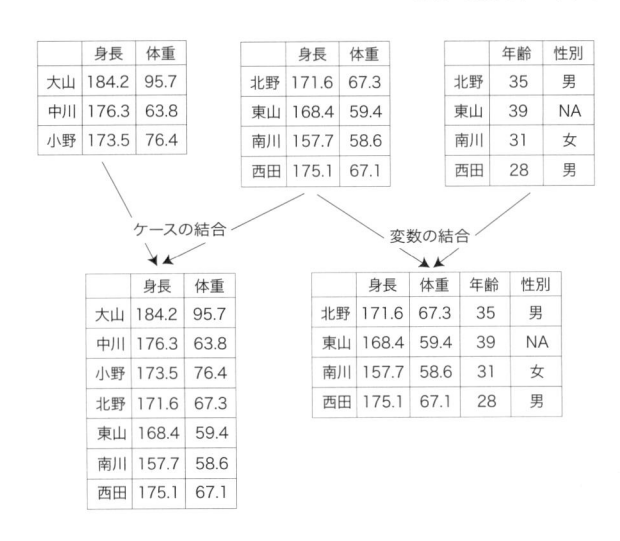

▶ 図 2.3 データフレームの結合

図 2.3 の上段に示す 3 種類のデータセットから，以下のような 3 つのデータフレームが作られる．これ以降ではこれらのデータフレームを例にして，図 2.3 の下段に示すような 2 種類のデータセットを表現するデータフレームの作成方法について説明する．

```
taikaku1 <- data.frame(
    身長=c(184.2, 176.3, 173.5),
    体重=c(95.7, 63.8, 76.4))
dimnames(taikaku1) <- list(c("大山", "中川", "小野"), c("身長", "体重"))
taikaku2 <- data.frame(
    身長=c(171.6, 168.4, 157.7, 175.1),
    体重=c(67.3, 59.4, 58.6, 67.1))
dimnames(taikaku2) <- list(c("北野", "東山", "南川", "西田"),
                           c("身長", "体重"))
age.sex <- data.frame(年齢=c(35, 39, 31, 28),
                      性別=c("男", "<NA>", "女", "男"))
dimnames(age.sex) <- list(c("北野", "東山", "南川", "西田"),
                          c("年齢", "性別"))
```

### 2.13.1 ケースを結合する

「ケースの結合」とは，図 2.3 の例では，ともに「身長」と「体重」の 2 列からなるデータフレームを 1 つのデータフレームにまとめることである．

データフレームは同じ列数を持ち，同じ列には同じ変数が同じ変数名で記録されていなければならない．これを結合するのは単に rbind 関数を用いればよい．rbind 関数の引数に複数のデータフレーム名を列挙することにより，複数個のデータフレームを 1 回の操作で結合することができる．

```
> taikaku1                                              # 最初のデータフレーム
      身長 体重
大山 184.2 95.7
中川 176.3 63.8
小野 173.5 76.4
> taikaku2                                              # 2番目のデータフレーム
      身長 体重
北野 171.6 67.3
東山 168.4 59.4
南川 157.7 58.6
西田 175.1 67.1
> ( taikaku <- rbind(taikaku1, taikaku2) )   # 両方を結合したデータフレーム
      身長 体重
大山 184.2 95.7
中川 176.3 63.8
小野 173.5 76.4
北野 171.6 67.3
東山 168.4 59.4
南川 157.7 58.6
西田 175.1 67.1
```

### 2.13.2 変数を結合する

「変数の結合」とは，図 2.3 の例では，対象者についての「身長と体重」と「年齢と性別」という 2 種類の変数セットからなるデータフレームを 1 つのデータフレームにまとめることである．

同じ対象者のデータが両方のデータフレームに入っていて，その対象者の順序も同じならば，data.frame 関数により単に列を追加すればよい．data.frame 関数の引数に複数のデータフレームを列挙することにより，複数個のデータフレームを 1 回の操作で結合することができる．

```
> taikaku2                                              # 体格のデータフレーム
      身長 体重
北野 171.6 67.3
東山 168.4 59.4
南川 157.7 58.6
西田 175.1 67.1
> age.sex                                               # 年齢と性別のデータフレーム
     年齢 性別
北野   35   男
東山   39  <NA>
南川   31   女
西田   28   男
> ( data <- data.frame(taikaku2, age.sex) )  # 両方を結合したデータフレーム
      身長 体重 年齢 性別
北野 171.6 67.3   35   男
東山 168.4 59.4   39  <NA>
南川 157.7 58.6   31   女
西田 175.1 67.1   28   男
```

## 2.13 複数のデータフレームを結合する

　もし，それぞれのデータフレームに含まれる対象者が完全に同じでない（一方にしか含まれていない）とか，対象数や対象者の順番が異なるというような場合には，単純に data.frame 関数で結合するわけにはいかない。そのような場合であっても，2つのデータフレームに共通する項目（最も一般的には個人番号など）があれば，それを手がかりに対応付けを行う merge 関数を使うことができる。共通する項目の指定は，変数名や列番号で行うことができるが，結合される2つのデータフレームで同じ変数名にしておけば特に指定する必要はなく，共通する変数名によって対応付けが行われる。merge 関数による場合には，それぞれのデータフレーム中でのケースの順序は一致していなくてもかまわないし，片方にだけ存在するケースがあってもよい。ただし，特に指定しない場合には両方のデータフレームに共通するケースのみからなるデータフレームができるので，どちらか一方にしか存在しないケースも結果に含まれるようにするためには，(2.22)のように，all=TRUE を指定しなければならない。

```
新データフレーム名 <- merge(データフレーム名1, データフレーム名2,
                          all=TRUE)
```
(2.22)

```
> # データフレームx
> ( x <- data.frame(id=c(101, 102, 106, 105, 103),
+                   a=c(2, 2, 5, 2, 2),
+                   b=c(4, 2, 5, 2, 1)) )
   id a b
1 101 2 4
2 102 2 2
3 106 5 5
4 105 2 2
5 103 2 1
> # データフレームy
> ( y <- data.frame(id=c(101, 102, 103, 104, 105, 106),
+                   v=c(91, 92, 94, 92, 95, 92),
+                   w=c(18, 19, 19, 16, 18, 20)) )
   id  v  w
1 101 91 18
2 102 92 19
3 103 94 19
4 104 92 16
5 105 95 18
6 106 92 20
> # 2つのデータフレームを結合する（mergeする）
> # all=TRUEを指定すれば，データフレームyのidが104のデータも含まれる
> ( z1 <- merge(x, y, all=TRUE) )
   id  a  b  v  w
1 101  2  4 91 18
2 102  2  2 92 19
3 103  2  1 94 19
4 104 NA NA 92 16
5 105  2  2 95 18
6 106  5  5 92 20
```

```
> # all=TRUEを指定しないと，データフレームyのidが104のデータは含まれない
> ( z2 <- merge(x, y) )
   id a b  v  w
1 101 2 4 91 18
2 102 2 2 92 19
3 103 2 1 94 19
4 105 2 2 95 18
5 106 5 5 92 20
```

## 2.14 データを並べ替える

場合によっては，データフレームの特定の列の値について小さい順（大きい順）に並べ替える必要があるかもしれない．並べ替えは order 関数を用いて (2.23) のように行う．

デフォルトではデータを小さい順に並べ替えるが，order 関数の引数で decreasing=TRUE を指定すると大きい順に並べ替えることができる．

複数の変数が指定されたときには，まずは 1 番目の変数で並べ替えるが，もし 1 番目の変数が同順位のものは 2 番目の変数の大きさに従って並べ替え，2 番目の変数も同順位のものは 3 番目の変数の大きさで，というように並べ替えが行われる．

```
変数 <- order(データフレーム名$変数名)
新データフレーム名 <- データフレーム名 [変数,]
```
(2.23)

```
> df <- read.table("idol.dat", header=TRUE)
> odr2 <- order(df$Height)            # Height列についての順序添え字
> ( df2 <- df[odr2,] )                # 並べ替えを行い新データフレームに付値
   Height Weight BloodType
49    152     36         A
11    153     40         O
31    153     40         A
40    153     42         B
60    153     NA         A
5     155     45         O
 ⋮
46    167     50        AB
59    167     45         A
20    168     53         O
```

```
> odr3 <- order(df$Weight, df$Height)   # WeightとHeightで並べ替える
> ( df3 <- df[odr3,] )
   Height Weight BloodType
49    152     36         A
41    155     37         A
50    156     39         A
11    153     40         O
31    153     40         A
8     158     40         A
26    155     41         B
 ⋮
20    168     53         O
60    153     NA         A          # デフォルトではNAは後ろにまとめられる
53    158     NA         A
 ⋮
21    167     NA         A
```

## 2.15 そのほかのデータ操作

ある分析関数を使うとき，既存のデータ形式のままでは適用できないことがある。そのような場合にはデータを分析目的に合うように編集しなければならない。本節では，データの編集についていくつかの例を紹介しておこう。

### 2.15.1 グループ別データリストをデータフレーム形式で表す

例えば性別や年代別のデータの場合，グループ別のデータを用意するには図 2.4 のような 2 通りの表現方法がある。左側の List のように，それぞれのデータベクトルをリストとして 1 つにまとめる場合と，右側の DataFrame のように，データを記述する列とグループを記述する列を使ってデータフレームとしてまとめる場合である。

```
> List                                              > DataFrame
$Male                                                  身長  性別
[1] 172 169 183 168 183 170 167 179 169 172         1   172   Male
                                                    2   169   Male
$Female                                             3   183   Male
[1] 153 155 147 152 143 159 146                     4   168   Male
                                                    5   183   Male
                                                    6   170   Male
                                                    7   167   Male
                                                    8   179   Male
                                                    9   169   Male
                                                    10  172   Male
                                                    11  153 Female
                                                    12  155 Female
                                                    13  147 Female
                                                    14  152 Female
                                                    15  143 Female
                                                    16  159 Female
                                                    17  146 Female
```

▶ 図 2.4 グループ別のデータの 2 通りの表現（左：データベクトルをリストとして 1 つにまとめる方法、右：データを記述する列とグループを記述する列を使う方法）

リスト形式の List からデータフレーム形式の DataFrame を作成するには，stack 関数を使って (2.24) のようにする．

```
データフレーム名 <- stack(リスト名)                                    (2.24)
```

```
> male <- c(172, 169, 183, 168, 183, 170, 167, 179, 169, 172)
> female <- c(153, 155, 147, 152, 143, 159, 146)
> ( List <- list(Male=male, Female=female) )      # リストにする
$Male
 [1] 172 169 183 168 183 170 167 179 169 172

$Female
[1] 153 155 147 152 143 159 146

> ( DataFrame <- stack(List) )                    # 展開する
   values    ind
1     172   Male
2     169   Male
3     183   Male
4     168   Male
5     183   Male
6     170   Male
7     167   Male
8     179   Male
9     169   Male
10    172   Male
11    153 Female
12    155 Female
13    147 Female
14    152 Female
15    143 Female
16    159 Female
17    146 Female
```

データフレーム形式の DataFrame からリスト形式の List を作成するには，unstack 関数を使って (2.25) のようにする．

```
リスト名 <- unstack(データフレーム名)                                  (2.25)
```

```
> ( List <- unstack(DataFrame) )
$Female
[1] 153 155 147 152 143 159 146

$Male
 [1] 172 169 183 168 183 170 167 179 169 172
```

## 2.15.2　対応のあるデータを2通りのデータフレーム形式で表す

対応のある $k$ 種類（$k \geq 2$）のデータを表現するデータフレームは図 2.5 のように 2 通りある．左側のデータフレーム x では，対照と処理 1，処理 2 の 3 群における測定値が 3 つの列に入っている．右側のデータフレーム d では，3 群の測定値はすべて 1 つの列に入っており，その測定値が対照，処理 1，処理 2 のどれに対する値であるかを表す情報が別の列に入っている．前者を「アンスタック形式」，後者を「スタック形式」と呼ぶことにしよう．

```
> x                          > d
  対照 処理1 処理2               Y    G
1   32   18   27           1   32  対照
2   32   16   19           2   32  対照
3   30   23   17           3   30  対照
4   14   15   13           4   14  対照
5   32   28   19           5   32  対照
                           6   18  処理1
                           7   16  処理1
                           8   23  処理1
                           9   15  処理1
                          10   28  処理1
                          11   27  処理2
                          12   19  処理2
                          13   17  処理2
                          14   13  処理2
                          15   19  処理2
```

▶図 2.5　対応のあるデータの 2 通りの表現（左：アンスタック形式，右：スタック形式））

　一方の形式のデータフレームからもう一方の形式のデータフレームを作成する方法についてまとめておこう．

　アンスタック形式のデータフレームからスタック形式のデータフレームを作成するには，stack 関数を使って（2.26）のようにする．

---
スタック形式データフレーム名 <- stack(アンスタック形式データフレーム名)

(2.26)

---

　引数として指定するデータフレームは，展開する必要のある列のみを含むものとする．もし，不要なものがある場合には，必要な列だけを抽出したデータフレームを指定するか，select 引数で必要な列を指定する．

```
> ( d <- stack(x) )            # 3列全部をstackする
   values  ind
1      32  対照
2      32  対照
3      30  対照
4      14  対照
5      32  対照
6      18  処理1
7      16  処理1
8      23  処理1
9      15  処理1
10     28  処理1
11     27  処理2
12     19  処理2
13     17  処理2
14     13  処理2
15     19  処理2

> stack(x[2:3])                # 2, 3列のみをstackする
   values  ind
1      18  処理1
2      16  処理1
3      23  処理1
4      15  処理1
5      28  処理1
6      27  処理2
7      19  処理2
8      17  処理2
9      13  処理2
10     19  処理2

> stack(x, select=c(1,3))      # 1, 3列のみをstackする
   values  ind
1      32  対照
2      32  対照
3      30  対照
4      14  対照
5      32  対照
6      27  処理2
7      19  処理2
8      17  処理2
9      13  処理2
10     19  処理2
```

スタック形式のデータフレームからアンスタック形式のデータフレームを作成するには，unstack 関数を使って（2.27）のようにする．

---

アンスタック形式データフレーム名 <- unstack(スタック形式データフレーム名)

(2.27)

```
> ( x <- unstack(d) )
  対照 処理1 処理2
1   32    18    27
2   32    16    19
3   30    23    17
4   14    15    13
5   32    28    19
```

### 2.15.3　繰り返される測定結果を2通りのデータフレーム形式で表す

例えば，A〜Jの10都道府県における4〜7月の4時点でのある観察値といった，同じ対象について繰り返し測定されるデータの表現方法は，図2.6のように2通りある。左側のデータフレーム Wide では，1つの観察対象について繰り返される複数の観察値が1行に複数ある。これに対して右側のデータフレーム Long では，各行には観察値が1つしかなく，ほかの列にそのデータがどの対象のどの時点のものであるかのデータがある。前者を「wide」形式，後者を「long」形式と呼ぶことにしよう。

```
> Wide                                         > Long
   Pref Value.4 Value.5 Value.6 Value.7           Pref time Value
1     A      39      47      35      34        1     A    4    39
2     B      45      41      41      39        2     B    4    45
3     C      44      37      40      35        3     C    4    44
4     D      44      34      37      50        4     D    4    44
5     E      37      38      35      46        5     E    4    37
6     F      46      41      47      40        6     F    4    46
7     G      38      44      50      30        7     G    4    38
8     H      32      34      42      41        8     H    4    32
9     I      36      33      34      32        9     I    4    36
10    J      44      47      44      41        10    J    4    44
                                               11    A    5    47
                                               12    B    5    41
                                                     ：
                                               37    G    7    30
                                               38    H    7    41
                                               39    I    7    32
                                               40    J    7    41
```

▶ 図 2.6　繰り返される測定データの2通りの表現（左：「wide」形式，右：「long」形式）

「wide」形式は本質的には前項と同じ対応のあるデータなので，stack 関数と unstack 関数を使えば「long」形式と相互に変換できる。しかし，reshape 関数を使えばさらに柔軟な処理を行うことができる。

「wide」形式のデータフレームを準備するときには，対象を表す変数列（例では Pref）を作っておく。また，展開する変数の名前は「名前.番号」の形式にしておかなければならない。

「wide」形式のデータフレームから「long」形式のデータフレームを作成するには，reshape 関数を使って (2.28) のようにする。

```
新データフレーム名 <- reshape(データフレーム名, idvar=データ識別変数,
                          varying=展開する変数,                      (2.28)
                          direction="long")
```

引数として指定するデータフレームは，展開する必要のある列のみを含むものとする．もし，不要なものがある場合には，必要な列だけを抽出したデータフレームを指定するか，drop引数で不要な列を除外指定する．idvar引数はデータがどの対象からのものなのかを表すものであり，名前または番号で複数個指定できる．varying引数は縦方向に展開される変数を表し，名前または番号で複数個指定できる．

```
> ( Long <- reshape(Wide, idvar="Pref", varying=2:5, direction="long") )
    Pref time Value
A.4  A    4    39
B.4  B    4    45
C.4  C    4    44
D.4  D    4    44
E.4  E    4    37
F.4  F    4    46
G.4  G    4    38
H.4  H    4    32
I.4  I    4    36
J.4  J    4    44
A.5  A    5    47
B.5  B    5    41
       :
G.7  G    7    30
H.7  H    7    41
I.7  I    7    32
J.7  J    7    41
```

「long」形式のデータフレームから「wide」形式のデータフレームを作成するには，reshape関数を使って (2.29) のようにする．

```
新データフレーム名 <- reshape(データフレーム名, idvar=データ識別変数,
                          timevar=時点を表す変数,                   (2.29)
                          direction="wide")
```

```
> ( Wide <- reshape(Long, idvar="Pref", timevar="time",
+                   direction="wide") )
   Pref Value.4 Value.5 Value.6 Value.7
1    A    39      47      35      34
2    B    45      41      41      39
3    C    44      37      40      35
4    D    44      34      37      50
5    E    37      38      35      46
6    F    46      41      47      40
7    G    38      44      50      30
8    H    32      34      42      41
9    I    36      33      34      32
10   J    44      47      44      41
```

## 2.15.4 分割表から元のデータを復元する

クロス集計表，特に多重クロス集計表しかない場合に，データに対して別の統計手法を適用する場合には，元のデータを復元することが必要な場合もある．

● **二重クロス集計表から元のデータを復元する**

(1) rep, row, col 関数を併せて使う方法

二重クロス集計表から元のデータを復元するには，セルを特定する 2 つの factor 変数の値を，セルの度数分繰り返せばよいのであるが，以下のようにすれば簡単に復元できる．

```
> f <- matrix(c(2,3,1,4,3,5,4,3,2,1,2,4), nrow=3, byrow=TRUE)
> f                      # 以下のような二重クロス集計表を生成するデータを復元する
     [,1] [,2] [,3] [,4]
[1,]    2    3    1    4
[2,]    3    5    4    3
[3,]    2    1    2    4
> ( x <- rep(row(f), f) )         # 1番目の変数
 [1] 1 1 2 2 2 3 3 1 1 1 2 2 2 2 2 3 3 3 3 1 2 2 2 2 3 3 1 1 1 1 2 2 2
[33] 3 3
> ( y <- rep(col(f), f) )         # 2番目の変数
 [1] 1 1 1 1 1 1 1 2 2 2 2 2 2 2 2 2 2 2 2 3 3 3 3 3 3 3 4 4 4 4 4 4 4
[33] 4 4
> df <- data.frame(X=x, Y=y)      # データフレームにする
> df
   X Y
1  1 1
2  1 1
3  2 1
4  2 1
5  2 1
6  3 1
    ⋮
32 3 4
33 3 4
34 3 4
> table(x, y)                     # 正しく復元されたか確認する
   y
x   1 2 3 4
  1 2 3 1 4
  2 3 5 4 3
  3 2 1 2 4
> xtabs(~X+Y, df)
   Y
X   1 2 3 4
  1 2 3 1 4
  2 3 5 4 3
  3 2 1 2 4
```

## (2) data.frame, lapply 関数を併せて使う方法

table 関数や xtabs 関数で集計された結果が付値されるオブジェクトは "table" クラスである。例えば前述のようにして復元した x, y を集計した結果に対して data.frame 関数を適用すると以下のような形式のデータフレームが得られる。

```
> ( df2 <- data.frame(table(x, y)) )      # データフレーム形式に変換する
   x y Freq
1  1 1    2
2  2 1    3
3  3 1    2
4  1 2    3
5  2 2    5
6  3 2    1
7  1 3    1
8  2 3    4
9  3 3    2
10 1 4    4
11 2 4    3
12 3 4    4
```

オブジェクト f は行列であったが,以下のように,dimnames 関数で行と列の名前を付け,"table" クラスにすれば同じ形式になる。

```
> f <- matrix(c(2,3,1,4,3,5,4,3,2,1,2,4), nrow=3, byrow=TRUE)
> dimnames(f) <- list(X=paste("R", 1:3, sep=""),    # 行名を付ける
+                     Y=paste("C", 1:4, sep=""))    # 列名を付ける
> f                                                  # 表示してみる
    Y
X    C1 C2 C3 C4
  R1  2  3  1  4
  R2  3  5  4  3
  R3  2  1  2  4
> class(f)                                  # ここまででは,fは行列である
[1] "matrix"
> class(f) <- "table"                       # fをtableクラスにする
> ( df3 <- data.frame(f) )                  # データフレーム形式に変換する
    X  Y Freq
1  R1 C1    2
2  R2 C1    3
3  R3 C1    2
4  R1 C2    3
5  R2 C2    5
6  R3 C2    1
7  R1 C3    1
8  R2 C3    4
9  R3 C3    2
10 R1 C4    4
11 R2 C4    3
12 R3 C4    4
```

この形式はまだ元データを復元したものにはなっていないが,以下のようにして元データに復元できる。

例えば,df2[,"Freq"] は Freq という名前の列 (この場合3列目) にある数値,最後の [-3] は結果の最後の列 (この場合3列目) を除くことを表している。

```
> data.frame(lapply(df2, function(i) rep(i, df2[,"Freq"])))[-3]
   x y
1  1 1
2  1 1
3  2 1
4  2 1
5  2 1
6  3 1
   ⋮
32 3 4
33 3 4
34 3 4
> data.frame(lapply(df3, function(i) rep(i, df3[,"Freq"])))[-3]
    X  Y
1  R1 C1
2  R1 C1
3  R2 C1
4  R2 C1
5  R2 C1
6  R3 C1
   ⋮
32 R3 C4
33 R3 C4
34 R3 C4
```

● **多重クロス集計表から元のデータを復元する**

多重クロス集計表の場合は，前項後半（58 ページ）に述べた「(2) data.frame, lapply 関数を併せて使う方法」の拡張である。data.frame により作成される復元の中間段階のデータフレームは，1 列目から最終列の 1 つ前までは集計に使われた変数の値，最終列はそれぞれの変数の値の組み合わせのセルの集計値である。

例えば，R に用意されている HairEyeColor データセットは，単にプリントすると以下のようになる。

```
> HairEyeColor
, , Sex = Male

       Eye
Hair    Brown Blue Hazel Green
  Black    32   11    10     3
  Brown    53   50    25    15
  Red      10   10     7     7
  Blond     3   30     5     8

, , Sex = Female

       Eye
Hair    Brown Blue Hazel Green
  Black    36    9     5     2
  Brown    66   34    29    14
  Red      16    7     7     7
  Blond     4   64     5     8
```

これを data.frame 関数で変換して以下のようなデータフレームにする。

```
> ( HEC <- data.frame(HairEyeColor) )
     Hair   Eye    Sex  Freq
1   Black Brown   Male    32
2   Brown Brown   Male    53
3     Red Brown   Male    10
4   Blond Brown   Male     3
      :
30  Brown Green Female    14
31    Red Green Female     7
32  Blond Green Female     8
```

さらにこれを変換して元のデータを復元する。

```
> (HEC2 <- data.frame(lapply(HEC, function(i) rep(i, HEC[,"Freq"])))[-4])
     Hair   Eye    Sex
1   Black Brown   Male
2   Black Brown   Male
3   Black Brown   Male
4   Black Brown   Male
      :
590 Blond Green Female
591 Blond Green Female
592 Blond Green Female
```

応用例として，Titanic データセットを使い，船室クラス，性別，年齢が乗船客の生死にどのように関係したかを 6.3.1 項（180 ページ）のロジスティック回帰分析により検討する例を紹介しておく。

```
> TITANIC <- data.frame(Titanic)
> TITANIC <- data.frame(lapply(TITANIC,
+                       function(i) rep(i, TITANIC[,"Freq"])))[-5]
> ans <- glm(Survived~Class+Sex+Age, data=TITANIC, family=binomial)
> summary(ans)

Call:
glm(formula = Survived ~ Class + Sex + Age, family = binomial,
    data = TITANIC)

Deviance Residuals:
    Min       1Q   Median       3Q      Max
-2.0812  -0.7149  -0.6656   0.6858   2.1278

Coefficients:
            Estimate Std. Error z value Pr(>|z|)
(Intercept)   0.6853     0.2730   2.510   0.0121 *
Class2nd     -1.0181     0.1960  -5.194 2.05e-07 ***
Class3rd     -1.7778     0.1716 -10.362  < 2e-16 ***
ClassCrew    -0.8577     0.1573  -5.451 5.00e-08 ***
SexFemale     2.4201     0.1404  17.236  < 2e-16 ***
AgeAdult     -1.0615     0.2440  -4.350 1.36e-05 ***
---
Signif. codes:  0 '***' 0.001 '**' 0.01 '*' 0.05 '.' 0.1 ' ' 1

(Dispersion parameter for binomial family taken to be 1)

    Null deviance: 2769.5  on 2200  degrees of freedom
Residual deviance: 2210.1  on 2195  degrees of freedom
AIC: 2222.1

Number of Fisher Scoring iterations: 4
```

生死を分けた条件において，一等，二等船室よりは三等船室，女性よりは男性，子供よりは大人が不利だったことがわかる。

## 2.15.5 特定の平均値，標準偏差，相関係数を持つデータを生成する

Rには様々な分布関数に従う乱数を発生させる関数が用意されている。これらを使うと，特定の平均値と標準偏差を持つ1変量データ，特定の平均値と標準偏差および相関係数行列（分散共分散行列）を持つ多変量データを生成することができる。元データを分析する場合に，平均値，標準偏差，相関係数（分散共分散）の情報だけを用いる分析手法は数多い。元データがない場合（2次データの再分析など）であっても，ここで述べる方法を使えば様々な分析方法を試すことができる。また，シミュレーションデータの作成に応用することもできる。

### ● 特定の平均値と標準偏差を持つ1変量データを生成する

rnorm関数を用いれば正規乱数を生成できる。引数のmean, sdによって母平均と母標準偏差を指定すれば「任意の母平均と母標準偏差を持つデータ」を生成できる。

```
> set.seed(123)
> ( x <- rnorm(14, mean=5, sd=2) )    # 母平均5，母標準偏差2の正規乱数14個
 [1] 3.879049 4.539645 8.117417 5.141017 5.258575 8.430130 5.921832
 [8] 2.469878 3.626294 4.108676 7.448164 5.719628 5.801543 5.221365
> mean(x)                              # 標本平均は母平均とは一致しない
[1] 5.405944
> sd(x)                                # 標本標準偏差も一致しない
[1] 1.706726
> y <- rnorm(10000, mean=5, sd=2)     # 同じ母正規集団から1万個生成
> mean(y)
[1] 4.995278
> sd(y)
[1] 1.997774
> z <- rnorm(10000000, mean=5, sd=2)  # 1千万個生成
> mean(z)                              # だんだん母数に近くなってくる
[1] 5.000215
> sd(z)
[1] 2.000035
```

生成する乱数の個数を増やしていけば，指定した母平均と母標準偏差に近づいていく。しかし，正規母集団からの乱数であるから，標本平均と標本標準偏差は母数とは異なる。「指定した平均値，標準偏差と正確に一致するデータ」を得るには以下のようにする。

まず，必要な個数の正規乱数を発生させる。次に，得られた乱数ベクトルの平均値，標準偏差を求め，それを使ってデータを標準化する（平均値=0，標準偏差=1にする）。最後に，このデータに所与の標準偏差を掛け，さらに所与の平均値を加えることにより，正確に望む平均値と標準偏差を持つデータベクトルになる。

```
> set.seed(123)
> ( u <- rnorm(14) )      # まずは正規乱数を発生する（母平均0，母標準偏差1）
 [1] -0.56047565 -0.23017749  1.55870831  0.07050839  0.12928774
 [6]  1.71506499  0.46091621 -1.26506123 -0.68685285 -0.44566197
[11]  1.22408180  0.35981383  0.40077145  0.11068272
> ( v <- (u-mean(u))/sd(u) )     # 「データの標準化」（平均値0，標準偏差1）
 [1] -0.8946339 -0.5075792  1.5886983 -0.1552252 -0.0863456  1.7719224
 [7]  0.3022680 -1.7202914 -1.0427270 -0.7600913  1.1965715  0.1837928
[13]  0.2317883 -0.1081476
> mean(v)                        # 平均値は正確に0になる（誤差範囲内で）
[1] -6.938894e-18
> sd(v)                          # 標準偏差も正確に1になる
[1] 1
> #「データの標準化の逆」を行う
> ( w <- 12.34*v+567.89 )        # 標準偏差12.34，平均値567.89に逆変換する
 [1] 556.8502 561.6265 587.4945 565.9745 566.8245 589.7555 571.6200
 [8] 546.6616 555.0227 558.5105 582.6557 570.1580 570.7503 566.5555
> mean(w)                        # 平均値は正確に567.89になる
[1] 567.89
> sd(w)                          # 標準偏差は正確に12.34になる
[1] 12.34
```

さらに簡単に行うには，MASSパッケージにあるmvrnorm関数を（2.30）のように使用する．

$$
\text{変数 <- mvrnorm(n=データの個数, mu=平均値ベクトル,} \\
\text{Sigma=分散共分散行列, empirical=TRUE)} \tag{2.30}
$$

mvrnorm関数は，多変量正規乱数を生成する関数である．

empirical=TRUEを指定すると，希望する平均値ベクトル，分散共分散行列を持つデータが作成される．デフォルトはempirical=FALSEであり，その場合には指定した平均値ベクトル，分散共分散行列を持つ母集団からの標本としてデータが作成される（指定値と標本値は一致しない）．

1変量データを作るときには，mu引数とSigma引数には希望する平均値と不偏分散を指定する．特定の標準偏差の値になるようにするためには，以下のようにSigma引数にはその値の二乗を指定しなければならない．

1変量データを生成する場合にも結果は行列（1列のみからなる行列）として返される．ベクトルとして利用するときは，as.vector関数を使って，変数2 <- as.vector(変数)のようにすればよい．

```
> set.seed(123)
> library(MASS)                    # MASSパッケージを使う
> a <- mvrnorm(n=10,               # 必要なデータの個数
+              mu=567.89,          # 平均値を指定する
+              Sigma=12.34^2,      # 不偏分散を指定する
+              empirical=TRUE)     # 指定値＝標本値とするために必要
> a
           [,1]
 [1,] 559.6731
 [2,] 563.9465
 [3,] 587.0910
 [4,] 567.8367
 [5,] 568.5972
 [6,] 589.1139
 [7,] 572.8878
 [8,] 550.5572
 [9,] 558.0380
[10,] 561.1586
> mean(a)
[1] 567.89
> sd(a)
[1] 12.34
```

標準偏差が 12.34 ではなく，不偏分散が 12.34 となるようなデータを生成するには，Sigma 引数にその値を直接指定する。

```
> b <- as.vector(                  # ベクトルにするときに必要
+         mvrnorm(n=10, mu=567.89, Sigma=12.34, empirical=TRUE)
+         )
> var(b)                           # 不偏分散が12.34になる
[1] 12.34
> sd(b)                            # 標準偏差
[1] 3.512834
```

● **特定の平均値，標準偏差，相関係数行列を持つ多変量データを生成する**

次に，mvrnorm 関数を使って，表 2.3 のような相関係数行列を持つ多変量データを生成してみよう。

▶ 表 2.3　相関係数行列

|  | $x_1$ | $x_2$ | $x_3$ | $x_4$ |
|---|---|---|---|---|
| $x_1$ | 1.000 | −0.118 | 0.872 | 0.818 |
| $x_2$ | −0.118 | 1.000 | −0.428 | −0.366 |
| $x_3$ | 0.872 | −0.428 | 1.000 | 0.963 |
| $x_4$ | 0.818 | −0.366 | 0.963 | 1.000 |

mvrnorm 関数に与える mu 引数は平均値ベクトルであるが，平均値を特に指定する必要がなければゼロベクトルを与えればよい。Sigma 引数として，希望する相関係数行列を与える。相関係数行列は，各変数の分散を 1 になるように標準化したときの分散共分散行列だからである。

```
> set.seed(123)
> x <- matrix(c( 1.000, -0.118,  0.872,  0.818,    # 希望する相関係数行列
+               -0.118,  1.000, -0.428, -0.366,
+                0.872, -0.428,  1.000,  0.963,
+                0.818, -0.366,  0.963,  1.000), 4, 4)
> library(MASS)                    # MASSパッケージを使う
> z <- mvrnorm(n=20,               # 生成したいデータのサンプルサイズ
+              mu=rep(0, 4),       # 生成するデータの各変数の平均値ベクトル
+              Sigma=x,            # 相関係数行列
+              empirical=TRUE)     # 相関係数行列を正確に再現するときに必要
> z                                # 生成されたデータ
            [,1]        [,2]        [,3]        [,4]
 [1,] -0.1447729 -0.23960271  0.1773590  0.65683765
 [2,] -0.4865709 -0.05048367 -0.2255037 -0.14065343
 [3,]  0.3816725 -2.12435507  1.1631454  1.09316590
 [4,] -1.0961973  0.35887133 -1.8124621 -1.88685913
 [5,] -0.9924278 -0.04985568 -1.2387203 -1.30270785
 [6,]  0.7584926 -2.35312187  1.3497538  1.45868141
 [7,]  0.8718687  0.15084867  0.9121524  0.75830668
 [8,] -0.4307206  0.89209278 -0.2144377  0.11394969
 [9,]  0.0570481  0.57144131 -0.4673715  0.04686377
[10,]  1.7525187  1.52789964  1.1953942  1.35415123
[11,]  0.3434337 -0.54698688  0.3388798 -0.06151428
[12,] -1.6327588 -0.87193574 -0.9839836 -1.26527350
[13,]  1.2539999  0.51164666  0.9725163  0.87460083
[14,] -0.3398526  0.88367536 -0.8558697 -1.18908657
[15,] -0.5084324  0.65313361 -0.2589952 -0.34072187
[16,]  1.7312064  0.09815244  0.7085232  0.25910362
[17,]  0.3567242 -0.68466581  1.1575915  1.01969209
[18,] -1.9002612  1.40832236 -1.8468763 -1.54175795
[19,]  0.4299422 -0.44135851  0.3607782  0.32668406
[20,] -0.4049123  0.30628176 -0.4318737 -0.23346235
> colMeans(z)                      # 各変数の平均値は0
[1] -2.740863e-17 -4.822531e-17 -4.440892e-17 -7.702172e-17
> apply(z, 2, sd)
[1] 1 1 1 1                        # 各変数の標準偏差は1
> cor(z)                           # 相関係数行列を計算してみる
       [,1]   [,2]   [,3]   [,4]
[1,]  1.000 -0.118  0.872  0.818
[2,] -0.118  1.000 -0.428 -0.366
[3,]  0.872 -0.428  1.000  0.963
[4,]  0.818 -0.366  0.963  1.000
```

実は表2.3の相関係数行列は，irisデータセットの1〜4列の相関係数行列を小数点以下3桁に丸めたものである．

```
> round(cor(iris[1:4]), 3)
             Sepal.Length Sepal.Width Petal.Length Petal.Width
Sepal.Length        1.000      -0.118        0.872       0.818
Sepal.Width        -0.118       1.000       -0.428      -0.366
Petal.Length        0.872      -0.428        1.000       0.963
Petal.Width         0.818      -0.366        0.963       1.000
```

mvrnorm関数によって得られるデータから計算した相関係数行列はSigma引数で与える相関係数行列と完全に一致する．なお，生成されたデータをそのまま用いるのでなく小数点以下数桁だけ使用するような場合には，計算される相関係数行列の精度は低くなる．

生成されたデータの各変数が特定の平均値と標準偏差（不偏分散）を持つようにするためには，上記手順の後，以下のようにすればよい．

```
> Mean <- c(10, 20, 30, 40)       # 平均値ベクトル
> SD <- c(1.1, 2.2, 3.3, 4.4)     # 標準偏差ベクトル
> z2 <- t(t(z)*SD+Mean)           # 標準化の逆変換
> colMeans(z2)                    # 各変数の平均値は指定されたものになる
[1] 10 20 30 40
> apply(z2, 2, sd)                # 各変数の標準偏差も指定されたものになる
[1] 1.1 2.2 3.3 4.4
> cor(z2)                         # 相関係数行列には，変化はない
       [,1]   [,2]   [,3]   [,4]
[1,]  1.000 -0.118  0.872  0.818
[2,] -0.118  1.000 -0.428 -0.366
[3,]  0.872 -0.428  1.000  0.963
[4,]  0.818 -0.366  0.963  1.000
```

● **特定の平均値，分散共分散行列を持つ多変量データを生成する**

各変数の平均値と不偏分散がわかっていれば，前項の結果を線形変換して元のデータと同じ平均値，不偏分散，相関係数を持つデータを生成できる．とはいえ，mvrnorm 関数を使用するときには，mu 引数と Sigma 引数に平均値ベクトルと分散共分散行列を与えてデータを生成するほうが簡単かもしれない．

```
> round(var(iris[1:4]), 3)
             Sepal.Length Sepal.Width Petal.Length Petal.Width
Sepal.Length        0.686      -0.042        1.274       0.516
Sepal.Width        -0.042       0.190       -0.330      -0.122
Petal.Length        1.274      -0.330        3.116       1.296
Petal.Width         0.516      -0.122        1.296       0.581
```

分散共分散行列がわかっていなくても，各変数の標準偏差（不偏分散）と相関係数行列がわかっていれば，分散共分散行列は以下のようにして計算できる．

```
> SD <- apply(iris[1:4], 2, sd)  # sapply(iris[1:4], sd) でもよい
> r <- cor(iris[1:4])            # 相関係数行列
> Cov <- outer(SD, SD)*r         # 分散共分散行列
> round(Cov, 3)                  # 上の結果と一致する
             Sepal.Length Sepal.Width Petal.Length Petal.Width
Sepal.Length        0.686      -0.042        1.274       0.516
Sepal.Width        -0.042       0.190       -0.330      -0.122
Petal.Length        1.274      -0.330        3.116       1.296
Petal.Width         0.516      -0.122        1.296       0.581
```

いずれにしろ，必要な情報がわかっていれば，データを生成した結果は以下のようになる．

```
> set.seed(123)
> sigma <- matrix(c( 0.686, -0.042,  1.274,  0.516,   # 分散共分散行列
+                   -0.042,  0.190, -0.330, -0.122,
+                    1.274, -0.330,  3.116,  1.296,
+                    0.516, -0.122,  1.296,  0.581), 4, 4)
> u <- mvrnorm(n=20,                                  # データの個数
+              mu=c(5.843, 3.057, 3.758, 1.199),      # 平均値ベクトル
+              Sigma=sigma,                           # 分散共分散行列
+              empirical=TRUE)
> u
          [,1]     [,2]      [,3]       [,4]
 [1,] 6.107918 2.777344 4.3280759  1.0581988
 [2,] 5.660195 2.911316 3.2966106  0.9394801
 [3,] 6.184982 2.173167 6.0361378  2.1300122
 [4,] 4.256245 3.543426 1.0086954  0.1301223
 [5,] 4.662313 3.204642 1.8325445  0.4491532
 [6,] 6.334574 2.187224 6.7203260  2.2705518
 [7,] 6.673726 3.069821 5.0587735  1.8611803
 [8,] 6.077767 3.114587 3.1310262  0.7121817
 [9,] 5.776296 3.388323 3.5019072  0.7175794
[10,] 7.492096 3.627974 5.5866417  1.8844928
[11,] 5.821693 2.979758 4.2398091  1.6901464
[12,] 4.570127 2.600374 1.8336231  0.5871312
[13,] 6.859919 3.301123 5.2648591  1.9162461
[14,] 5.223390 3.574804 2.0268727  0.7660853
[15,] 5.809254 3.098842 2.8066245  0.8853596
[16,] 6.323325 3.624583 5.2230507  2.1605198
[17,] 6.647313 2.498448 5.3301704  1.9324036
[18,] 4.748383 3.353290 0.2794893 -0.4366197
[19,] 6.007079 2.987075 4.5705178  1.5494167
[20,] 5.623403 3.123880 3.0842444  0.7763584
> colMeans(u)                            # 平均値は完全に一致
[1] 5.843 3.057 3.758 1.199
> apply(u, 2, var)                       # 不偏分散も完全に一致
[1] 0.686 0.190 3.116 0.581
> cor(u)                                 # 相関係数行列は近似的に一致
           [,1]        [,2]       [,3]       [,4]
[1,]  1.0000000 -0.1163350  0.8713821  0.8173340
[2,] -0.1163350  1.0000000 -0.4288826 -0.3671935
[3,]  0.8713821 -0.4288826  1.0000000  0.9632039
[4,]  0.8173340 -0.3671935  0.9632039  1.0000000
> var(u)                                 # 分散共分散行列はsigmaと完全に一致
       [,1]   [,2]   [,3]   [,4]
[1,]  0.686 -0.042  1.274  0.516
[2,] -0.042  0.190 -0.330 -0.122
[3,]  1.274 -0.330  3.116  1.296
[4,]  0.516 -0.122  1.296  0.581
```

## 2.16 ファイルに保存する

新しく変数を作ったり，連続変数をカテゴリー化したり，データを結合したりした場合，その状態のデータフレームをファイルに書き出しておけば，必要なときにいつでもそのデータフレームを読み込んで分析を続けることができる。そうすれば，毎回元のデータファイルを読み込んでデータの前処理を行うという手間を省くことができる。

また，大規模なデータを取り扱う場合でも，毎回すべての変数を用いて分析するわけではないとか，一部のケースだけを用いて分析するときなどは，当面の分析に必要な部分だけを別のファイルに保存しておき，データ解析にはその小規模なデータを使うようにすると，データの入出力が簡単に行えることもある。

データフレームをファイルに保存するためには，write.table 関数を使う方法と save 関数を使う方法がある。

### 2.16.1 write.table 関数と read.table 関数を使う

write.table 関数は，数値は数値，文字は文字として，データフレームを人間が読める文字を使って作られるテキストファイルに書き出す。保存されたファイルは内容を確認するためにプリントしたり，一般のエディタや Excel などで読み込むことができ，追加や修正などもできる。また，R 以外の統計プログラムでも読み込むことができる。R にデータフレームとして読み込むには，read.table 関数を使う。

write.table 関数を使って，データフレームをファイルに保存するには，(2.31) のようにする。

---

write.table(データフレーム名, file="データファイル名")　　　　　　　(2.31)

---

write.table 関数と read.table 関数を組み合わせて使う場合，factor 変数を含むデータフレームの取り扱いには注意が必要である。以下の例のように，levels 引数で水準の変更をする場合について見てみよう。

```
> df <- read.table("idol.dat", header=TRUE)
> df$BloodType <- factor(df$BloodType,      # 水準の順序変更
+                        levels=c("A", "B", "O", "AB"))
> df$BMI <- df$Weight/(df$Height/100)^2     # 変数を作成
> df                                         # データファイルの内容を確認
  Height Weight BloodType      BMI
1    159     45         B 17.79993
2    160     45         A 17.57812
3    167     NA         B       NA
4    160     45         O 17.57812
5    155     45         O 18.73049
  ⋮
```

```
> write.table(df, file="new.dat")            # 結果を書き出す
> ( df2 <- read.table("new.dat", header=TRUE) )  # 読み込んで，表示してみる
  Height Weight BloodType      BMI
1    159     45         B 17.79993
2    160     45         A 17.57812
3    167     NA         B       NA
4    160     45         O 17.57812
5    155     45         O 18.73049
    ⋮
```

ファイルに書き出すデータフレーム df と，書き出したファイルから再読み込みしたデータフレーム df2 は，データフレームを表示した限りにおいては違いはないように見える。

しかし，write.table 関数で書かれ，read.table 関数で読み込まれた new.dat というファイルの内容は以下のようになっている。

▶ new.dat ファイル
```
"Height" "Weight" "BloodType" "BMI"
"1" 159 45 "B" 17.7999288002848
"2" 160 45 "A" 17.578125
"3" 167 NA "B" NA
"4" 160 45 "O" 17.578125
"5" 155 45 "O" 18.7304890738814
    ⋮
```

このファイルを見ると，BloodType は文字列になっている。このデータファイルをデータフレームに読み込むと，BloodType は factor データとして読み込まれるが，水準の順序は辞書順に戻ってしまい，保存時とは異なる割り付けになる。

実際，問題の factor データを表示してみると，Levels: の順序は異なったものになっている。つまり，再読み込みしたデータには，最初に読み込んだ後に factor 関数の levels 引数で指定した水準の順序変更に関する操作は引き継がれていないのである。

```
> df$BloodType                  # ファイルに保存するときのデータ
 [1] B    A    B    O    O    O    AB   A    O    <NA> O    O    O
[14] <NA> A    A    O    B    B    O    A    A    O    A    O    B
[27] B    B    O    B    A    A    A    AB   O    A    A    B    B
[40] B    A    B    A    A    AB   A    A    O    A    A    O    A
[53] A    B    <NA> A    O    A    A
Levels: A B O AB              # 定義した順序
> df2$BloodType                 # 保存されたファイルから読み込んだときのデータ
 [1] B    A    B    O    O    O    AB   A    O    <NA> O    O    O
[14] <NA> A    A    O    B    B    O    A    A    O    A    O    B
[27] B    B    O    B    A    A    A    AB   O    A    A    B    B
[40] B    A    B    A    A    AB   A    A    O    A    A    O    A
[53] A    B    <NA> A    O    A    A
Levels: A AB B O              # 辞書順に戻ってしまった
```

write.table 関数と read.table 関数の組み合わせでデータフレームの保存と読み込みを行うときのこのような不具合を避けるためには，次項に示す方法をとらねばならない。

## 2.16.2 save 関数と load 関数を使う

save 関数は，データフレームに限らず R のオブジェクトをバイナリファイルとして書き出す。数値や文字は 2 進データとして書き出される。一般のエディタでは読み込めないか，読み込めたとしても図 2.7 のように暗号めいた記号の羅列にしか見えないファイルである。

R にオブジェクト（データフレームなど）として読み込むには，load 関数を使う。

一般のエディタでデータファイルを編集するようなことはないとか，R 以外のソフトウェアでデータを読むことはないという場合には，前項の最後に述べたような不具合を避けるためには，データフレームを save 関数で保存し，必要なときに load 関数で読み込むようにすればよい。

使用法は（2.32）のようになる。オブジェクト名はデータフレーム名に限らず，行列やリストなど何でもよい。ファイル名は，拡張子を「.R」にしておくとよい。ツールバーの［ソース読み込み/オブジェクトイメージのロード］または［エディタで開く］をクリックすることにより，ファイルを選択して読み込むこともできる。

$$
\begin{array}{ll}
\text{保存：} & \text{save(オブジェクト名, file="ファイル名")} \\
\text{読み込み：} & \text{load("ファイル名")}
\end{array}
\tag{2.32}
$$

以下に示すように，オブジェクトを保存したときの状態を完全に再現できるので，factor の場合にも問題は起こらない。

```
> df$BloodType             # ファイルに保存するときのデータ
 [1] B    A    B    O    O    O    AB   A    O    <NA> O    O    O
[14] <NA> A    A    O    B    B    O    A    A    O    A    O    B
[27] B    B    O    B    A    A    AB   O    A    A    B    O
[40] B    A    B    A    A    AB   O    A    A    O    A
[53] A    B    <NA> A    O    A    A
Levels: A B O AB          # 定義した順序
> save(df, file="df.R")    # いったんセーブする
> load("df.R")             # ロードして，表示してみる
> df
  Height Weight BloodType      BMI
1    159     45         B 17.79993
2    160     45         A 17.57812
3    167     NA         B       NA
4    160     45         O 17.57812
5    155     45         O 18.73049
  :
> df$BloodType             # df$BloodTypeの水準の順序の確認
 [1] B    A    B    O    O    O    AB   A    O    <NA> O    O    O
[14] <NA> A    A    O    B    B    O    A    A    O    A    O    B
[27] B    B    O    B    A    A    AB   O    A    A    B    O
[40] B    A    B    A    A    AB   O    A    A    O    A
[53] A    B    <NA> A    O    A    A
Levels: A B O AB          # 定義した順序（保存時と同じ）
```

## 第 2 章　データの取り扱い方

ちなみに，保存ファイル（前述の例の df.R）を一般のテキストエディタで読んでみると図 2.7 のようになった。バイナリファイルなので内容を読むことができないのである。

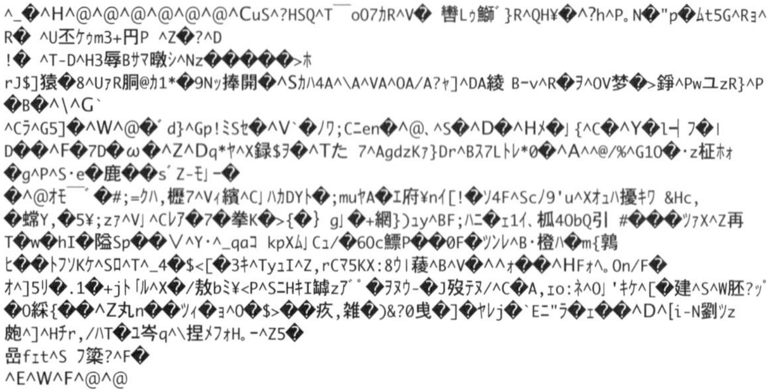

```
^_�^H^@^@^@^@^@^@^CuS^?HSQ^T ̄o07ｶR^V� 替Lｭ鰤 ̇}R^QH¥�^?h^P｡N�"p�ﾑt5G^Rｮ^
R�　^U丕ｹｳm3+円P　^Z�?^D
!�　^T-D^H3辱Bサマ瞰ｼ^Nz�����>ホ
rJ$]猿�8^U7R胴@ｶ1*�9Nｯ捧開�^Sカ/4A^\A^VA^0A/A?ｬ]^DA綾　B-v^R�ｦ^0V夢�>錚^Pwユ zR}^P
�B�\^G`
^Cラ^G5]�^W^@�ｄ}^Gp!ミSｾ^V`^N/ワ;Ccen�^@､^S�^D^HXﾒ} {^C�^Y�1⊣ ｱ�!
D��^F�7Dωﾞ^Z^Dq*ｬ^X録$ｦ^Tた　7^AgdzKｱ}Dr^Bスｱレ*0�^A^^@/%^G10�･z桓ﾎｴ
�g^P^S･e�鹿��s`Z-モ|-�
^@オモ ̄ ̇#;=ｸﾊ,梱ｱ^Vィ績^Cj ﾊｶDYﾄ�;muｬA�I府¥n{[!�ｿ/4F^Sc/9'u^Xォｭハ擾ｷﾜ  &Hc,
�蟾Y､�5¥;zｱ^V】^Cレ7�7�拳K�>{�}　g」�+網])ｭy^BF;ハニ�ｴ1ｨ,枢40bQ引  #���ｿｱX^Z再
T�w�hI�^隧Sp��∨^Y･^_qaｺ kpXﾑJ Cｺ/�60c鰾P��0F�ﾂﾝ\^B･橙ハ�m{鶉
ヒ��ﾄﾂﾞK^^Sﾛ^T^_4�$<[�3ｷ^Tｭ1^Z,rCﾏ5KX:8リl藁^B^V�^^ｫ��^HF^ﾍ｡On/F�
ｵ^]5ﾘ^}.1�+jﾄ'ﾙ^X�/敖bミ¥<P^Sｺ^HｷI騨zｱ ̈ �ﾌﾇ-�J殴テﾇ/^C^A,ｴ0:ﾈ^0|'ｷｹ^[�建^S^W胚?ｯ
�0緡{�^Z^ﾞ丸ln�ﾂｼ^Zｫ0�$>��疾,雑�)&?0曳�]�ヤレj�`Ε="ﾗ�ｴ��^D^[i-N劉ｿz
鮑^]^Hfｦr,/ﾊ^Tｺｷ q^\捏ﾒﾌ^H｡-^Z5�
岳fｴt^S　7築?^F�
^E^W^F^@^@
```

▶ 図 2.7　save 関数によって保存されたファイルをテキストエディタで読み込んだ状態

最後に，save 関数で保存できるのはオブジェクトなら何でもよいという例を示しておこう。

```
> ( x <- 1:10 )                     # xはベクトル
 [1]  1  2  3  4  5  6  7  8  9 10
> save(x, file="x.R")               # 保存する
> ( x <- sqrt(8) )                  # xは別のものになった
[1] 2.828427
> load("x.R")                       # ファイルからloadする
> x                                 # 保存されていたxに戻る
 [1]  1  2  3  4  5  6  7  8  9 10
```

なお，R を終了するときの確認ウインドウで［環境を保存する］を選べば，その時点でのすべてのオブジェクト（環境）が保存される。そのため，R を再開したときに前回の終了時の状態を引き継いで作業を続行できる。

第 3 章

# 一変量統計

　本章ではいよいよデータ解析について述べる。
　一変量統計とは，1つの変数を対象としてデータの分布状況を知るために行う分析である。データの分布状況を表すものとしては，平均値，標準偏差，最大値，最小値や度数分布表などがある。また，データを可視化する手法として，ヒストグラム，棒グラフ，箱ひげ図などを取り上げる。
　データが分析対象とは別の変数によってグループに分かれていて，それぞれのグループごとに変数を集計するような場合でも，グループと変数の関係を調べるわけではないとか，グループ間での変数の平均値や度数分布の違いを見るわけではないといった場合は，一変量統計といってよいだろう。
　一変量統計はデータ解析の第一歩なので，新しいデータファイルを作って解析を始めるときに，データフレームに読み込まれたデータの状況を把握することは必要不可欠なことである。

## 3.1　データを要約する

　データの要約値を求めるには summary 関数を使う。この関数はコンソールに (3.1) のように入力して使用する。summary 関数により，数値変数については，最小値 (Min.)，第 1 四分位数 (1st Qu.)，中央値 (Median)，平均値 (Mean)，第 3 四分位数 (3rd Qu.)，最大値 (Max.) が表示される。欠損値 (NA's) がある場合には欠損値を持つケース数が表示される。カテゴリー変数については，それぞれのカテゴリーの度数と，欠損値がある場合には欠損値の度数が表示される。
　(3.1) の 1 番目のように summary 関数にデータフレーム名だけを与えた場合，データフレーム中のすべての変数が集計の対象になる。
　データフレームのいくつかの変数だけを集計対象にする場合には，(3.1) の 2 番目のように変数の列番号を指定する。これは元のデータフレームの部分集合であるデータフレームを summary 関数に与えていることを意味する。

```
summary(データフレーム名)
    または                                          (3.1)
summary(データフレーム名 [c(列番号 1, 列番号 2, ..., 列番号 k)])
```

summary 関数の使用例を以下に示す。idol.dat は 2.4.1 項（17 ページ）で紹介したデータである。

```
> df <- read.table("idol.dat", header=TRUE)
> summary(df)              # データフレームの要約を表示
     Height          Weight        BloodType
 Min.   :152.0   Min.   :36.00   A   :25
 1st Qu.:157.0   1st Qu.:42.00   AB  : 3
 Median :160.0   Median :44.00   B   :13
 Mean   :159.7   Mean   :43.96   O   :16
 3rd Qu.:162.0   3rd Qu.:45.00   NA's: 3
 Max.   :168.0   Max.   :53.00
                 NA's   : 6.00
> summary(airquality[1:4]) # airqualityデータの1～4列の要約を表示
     Ozone           Solar.R           Wind             Temp
 Min.   :  1.00   Min.   :  7.0   Min.   : 1.700   Min.   :56.00
 1st Qu.: 18.00   1st Qu.:115.8   1st Qu.: 7.400   1st Qu.:72.00
 Median : 31.50   Median :205.0   Median : 9.700   Median :79.00
 Mean   : 42.13   Mean   :185.9   Mean   : 9.958   Mean   :77.88
 3rd Qu.: 63.25   3rd Qu.:258.8   3rd Qu.:11.500   3rd Qu.:85.00
 Max.   :168.00   Max.   :334.0   Max.   :20.700   Max.   :97.00
 NA's   : 37.00   NA's   :  7.0
```

summary 関数は，データフレームだけでなく，データフレームの単一の変数や，一般の変数に対しても用いることができる。

```
> summary(df$Weight)       # dfデータフレームのWeightについて要約を出力
   Min. 1st Qu.  Median    Mean 3rd Qu.    Max.    NA's
  36.00   42.00   44.00   43.96   45.00   53.00    6.00
> summary(df$BloodType)    # dfデータフレームのBloodTypeについて要約を出力
    A   AB    B    O NA's
   25    3   13   16    3
> set.seed(123)
> x <- rnorm(1000)         # 標準正規分布に従う1000個の乱数を作る
> summary(x)               # 一般の変数xについて要約を出力
    Min.  1st Qu.   Median     Mean  3rd Qu.     Max.
-2.81000 -0.62830  0.00921  0.01613  0.66460  3.24100
```

### 3.1.1 グループ別にデータを要約する

データが複数のグループからなる場合，グループごとに集計するには，(3.2) のように tapply 関数または by 関数を用いる。

$$
\begin{array}{l}
\texttt{tapply(対象変数, 群変数, 関数名, 関数の追加引数)} \\
\quad \text{または} \\
\texttt{by(対象変数, 群変数, 関数名, 関数の追加引数)}
\end{array}
\tag{3.2}
$$

分析の対象変数が「データフレーム$変数名」や「データフレーム [, 列番号]」のように1つの場合には，by 関数も tapply 関数も同じように使える。結果の表示形式は tapply 関数のほうが簡潔である。

以下に，関数名のところに summary を指定する例を示す．この場合は関数の追加引数は指定しない．

指定の微妙な違いにより，出力様式が少し異なる．

```
> df <- read.table("idol.dat", header=TRUE)
> tapply(df$Height, df$BloodType, summary)
$A
   Min. 1st Qu.  Median    Mean 3rd Qu.    Max.
  152.0   157.0   159.0   159.3   162.0   167.0

$AB
   Min. 1st Qu.  Median    Mean 3rd Qu.    Max.
  162.0   164.5   167.0   165.3   167.0   167.0
   :

> by(df$Height, df$BloodType, summary)
df$BloodType: A
   Min. 1st Qu.  Median    Mean 3rd Qu.    Max.
  152.0   157.0   159.0   159.3   162.0   167.0
--------------------------------------------------------
df$BloodType: AB
   Min. 1st Qu.  Median    Mean 3rd Qu.    Max.
  162.0   164.5   167.0   165.3   167.0   167.0
   :

> by(df[, 1], df[, 3], summary)   # 出力形式が少し違う
df[, 3]: A
   Min. 1st Qu.  Median    Mean 3rd Qu.    Max.
  152.0   157.0   159.0   159.3   162.0   167.0
--------------------------------------------------------
df[, 3]: AB
   Min. 1st Qu.  Median    Mean 3rd Qu.    Max.
  162.0   164.5   167.0   165.3   167.0   167.0
   :

> by(df[1], df[3], summary)        # これもまた違う出力形式
BloodType: A
     Height
 Min.   :152.0
 1st Qu.:157.0
 Median :159.0
 Mean   :159.3
 3rd Qu.:162.0
 Max.   :167.0
   :
```

しかし，分析の対象変数を「データフレーム名 [列番号ベクトル]」のようにして複数指定する場合には，tapply 関数は機能しないので[1]，by 関数を使わなければならない．

この場合も，指定の方法によって出力様式に違いが出てくる．

---

[1] 指定する関数によっては，sapply 関数と組み合わせることによって計算可能となる．
```
sapply(df[1:2], tapply, df$BloodType, mean, na.rm=TRUE)
```
また，summary 関数の場合であっても，次のようにすれば計算することはできる．ただし見出しが出力されないので結果はやや見にくくなる．
```
sapply(df[1:2], function(arg) tapply(arg, df$BloodType,
function(x) print(summary(x))))
```

```
> df <- read.table("idol.dat", header=TRUE)
> tapply(df[1:2], df$BloodType, summary)
 以下にエラー tapply(df[1:2], df$BloodType, summary) :
   引数は同じ長さでなければなりません
> by(df[1:2], df$BloodType, summary)
df$BloodType: A
    Height          Weight
 Min.   :152.0   Min.   :36.00
 1st Qu.:157.0   1st Qu.:42.00
 Median :159.0   Median :43.00
 Mean   :159.3   Mean   :42.91
 3rd Qu.:162.0   3rd Qu.:45.00
 Max.   :167.0   Max.   :49.00
                 NA's   : 3.00
      :
> by(df[1:2], df[3], summary)  # 少し出力形式が違う
BloodType: A
    Height          Weight
 Min.   :152.0   Min.   :36.00
 1st Qu.:157.0   1st Qu.:42.00
 Median :159.0   Median :43.00
 Mean   :159.3   Mean   :42.91
 3rd Qu.:162.0   3rd Qu.:45.00
 Max.   :167.0   Max.   :49.00
                 NA's   : 3.00
      :
> by(df[1:2], df[, 3], summary)  # 少し出力形式が違う
df[, 3]: A
    Height          Weight
 Min.   :152.0   Min.   :36.00
 1st Qu.:157.0   1st Qu.:42.00
 Median :159.0   Median :43.00
 Mean   :159.3   Mean   :42.91
 3rd Qu.:162.0   3rd Qu.:45.00
 Max.   :167.0   Max.   :49.00
                 NA's   : 3.00
      :
```

## 3.2 基本統計量を求める

### 3.2.1 統計関数を使いやすくする

Rには，第2章でも使ったmean（平均値），sd（標準偏差）といった基本的な一変量統計量を求める関数が用意されている。これらの関数には，変数が欠損値（NA）を持つ場合に結果が求まらないものがある（結果がNAになる）。NAを持つデータを除いて集計するためには，引数にna.rm=TRUEを指定しなければならない。

```
> df <- read.table("idol.dat", header=TRUE)
> df$Weight                      # df$Weightの表示
 [1] 45 45 NA 45 45 43 48 40 42 45 40 42 41 47 48 42 44 45 47 53 NA 45
[23] 48 43 45 41 NA 45 41 45 40 42 43 47 42 49 41 49 42 37 43 41 42
[45] 45 50 45 NA 36 39 47 46 NA 44 42 44 43 43 45 NA
> mean(df$Weight)                # NAを含むので，平均値が求まらない
[1] NA
> mean(df$Weight, na.rm=TRUE)    # na.rm=TRUEを指定しなければならない
[1] 43.96296
```

前もって表 3.1 のような代替関数を定義しておけば, mean(x, na.rm=TRUE) の代わりに mean2(x) と書くだけでよい. なお, 関数を定義して利用する方法については 3.2.2 項および 3.3.2 項を参照してほしい.

▶ 表 3.1　基本統計量を求める R の関数

| 統計量 | R の関数 | 代替関数とその定義 |
|---|---|---|
| 有効データ数 | - | count <- function(x) sum(!is.na(x)) |
| 平均値 | mean | mean2 <- function(x) mean(x, na.rm=TRUE) |
| 標準偏差 | sd | sd2 <- function(x) sd(x, na.rm=TRUE) |
| 不偏分散[*2] | var | var2 <- function(x) var(x, na.rm=TRUE) |
| 中央値 | median | median2 <- function(x) median(x, na.rm=TRUE) |
| 最小値 | min | min2 <- function(x) min(x, na.rm=TRUE) |
| 最大値 | max | max2 <- function(x) max(x, na.rm=TRUE) |
| 範囲[*3] | range | range2 <- function(x) range(x, na.rm=TRUE) |

表 3.1 には, 欠損値を持たない有効データ数を求める count 関数も示した. これは sum 関数を使って NA 以外のデータの個数を合計することで定義している.

以下に実行例を示す.

```
> df <- read.table("idol.dat", header=TRUE)
> sum(!is.na(df$Weight))        # 有効データの個数がいくつあるか
[1] 54
> mean2(df$Weight)              # 表3.1で定義したmean2関数を使う
[1] 43.96296
```

### 3.2.2　複数の変数の基本統計量を求める

分析対象とするデータフレームの各列 (各変数) について, ある統計量を求めるなどの操作が必要な場合には, (3.3) に示す sapply 関数が便利である.

71 ページの (3.1) の summary 関数の場合と同じく, データフレーム名のところにはデータフレーム名だけを書くこともできるし, 列指定を含むデータフレームを書くこともできる. データフレーム名だけを書いた場合には, データフレーム中のすべての変数が対象となる. ただし, 平均値を求めようとして sapply 関数に渡したデータフレームに, 数値データではないデータを含む列があるような場合は, 不都合が生じる. そのような場合には不適切な列を排除した (必要な列のみを含む) データフレームを渡さなければならない.

---

[*2] 不偏分散は変動を「データ数 $-1$」で割ったものである.「データ数」で割った「分散」は, varp <- function(x) var2(x)*(count(x)-1)/count(x) で求めることができる.

[*3] 最小値と最大値の 2 つの数値を返す.

```
sapply(データフレーム名, 関数名)
  または                                              (3.3)
sapply(データフレーム名, 関数名, 関数の追加引数)
```

以下では，sapply 関数を適用して，df データフレームの 1 列目（Height）と 2 列目（Weight）に対して mean 関数を適用する例を示す．しかし，Weight については平均値が求まらず NA が表示される．これは前述のとおり，mean 関数などはデータのなかに NA を含む場合には結果として NA を返すためである．

```
> df <- read.table("idol.dat", header=TRUE)
> sapply(df[1:2], mean)              # 平均値を求める
Height Weight
159.65     NA
```

正しい結果を得るためには，mean 関数の引数に na.rm=TRUE を指定しなければならない．sapply 関数では指定する関数を第 2 引数として指定するが，その関数に対する引数は「関数の追加引数」として第 3 引数以降に書く．

以下の例で sapply 関数の第 3 引数として記述されている na.rm=TRUE は，それぞれ mean 関数，var 関数，sd 関数に対する引数である．

```
> sapply(df[1:2], mean, na.rm=TRUE)  # 平均値を求める
   Height    Weight
159.65000  43.96296
> sapply(df[1:2], var, na.rm=TRUE)   # 不偏分散を求める
  Height   Weight
16.16356 10.30049
> sapply(df[1:2], sd, na.rm=TRUE)    # 標準偏差を求める
  Height   Weight
4.020393 3.209438
```

mean 関数，sd 関数など，1 つの結果を返す関数を適用すると，sapply 関数の結果はベクトルになる．

range 関数のように 2 つの結果を返す関数の場合は，個々の結果が列ベクトルとして返され，sapply 関数の結果は行列になる．

```
> sapply(df[1:2], range, na.rm=TRUE)
     Height Weight
[1,]    152     36
[2,]    168     53
```

summary 関数のように，より複雑な結果を返す関数の場合，sapply 関数の結果はリストとなり，個々の結果はリストの要素として返される．

## 3.2 基本統計量を求める

```
> sapply(df[1:2], summary)
$Height
   Min. 1st Qu.  Median    Mean 3rd Qu.    Max.
  152.0   157.0   160.0   159.6   162.0   168.0

$Weight
   Min. 1st Qu.  Median    Mean 3rd Qu.    Max.    NA's
  36.00   42.00   44.00   43.96   45.00   53.00    6.00
```

以下は，sapply 関数の引数に，表 3.1 で定義した mean2 関数を使う例である．有効データの個数をカウントする count 関数の定義と使用法についても例示している．R に用意されていない関数は，このように自分で定義してから使えばよい（関数の定義については 83 ページも参照のこと）．

```
> mean2 <- function(x) {
+     return(mean(x, na.rm=TRUE))  # NAを除いた平均値を返す関数
+ }
> sapply(df[1:2], mean2)
   Height    Weight
159.65000  43.96296
> count <- function(x) {              # NAではないデータの個数を返す関数
+     return(sum(!is.na(x)))
+ }
> sapply(df[1:2], count)
Height Weight
    60     54
```

よく使われるパターンについては，実行時間の効率性から特別な関数が用意されている．sapply 関数で sum，mean を用いる場合には，その代わりに colSums 関数，colMeans 関数を使うほうがよい．sapply(df3, summary) は出力様式が少し異なるが，71 ページの (3.1) に示した summary(df3) と同じである．

これらの関数においても，欠損値がある場合には na.rm=TRUE を指定しなければならない．

以下に，サンプルとして R に用意されている airquality というデータセットの 1〜4 列の変数を抽出して集計する例を示す．このデータフレームには欠損値があるので na.rm=TRUE を指定しなければならない．

```
> df3 <- airquality[1:4]
> sapply(df3, sum, na.rm=TRUE)           # 和を求める
  Ozone Solar.R    Wind    Temp
 4887.0 27146.0  1523.5 11916.0
> colSums(df3, na.rm=TRUE)               # こちらがお勧め
  Ozone Solar.R    Wind    Temp
 4887.0 27146.0  1523.5 11916.0

> sapply(df3, mean, na.rm=TRUE)          # 平均値を求める
     Ozone    Solar.R       Wind       Temp
 42.129310 185.931507   9.957516  77.882353
```

```
> apply(df3, 2, mean, na.rm=TRUE)         # この場合はsapplyのほうがよい
    Ozone   Solar.R      Wind      Temp
 42.129310 185.931507  9.957516 77.882353
> colMeans(df3, na.rm=TRUE)               # こちらがお勧め
    Ozone   Solar.R      Wind      Temp
 42.129310 185.931507  9.957516 77.882353

> sapply(df3, sd, na.rm=TRUE)             # 標準偏差を求める
    Ozone   Solar.R      Wind      Temp
 32.987885 90.058422  3.523001  9.465270
> sqrt(sapply(df3, var, na.rm=TRUE))      # 意味的にはこれも同じ
    Ozone   Solar.R      Wind      Temp
 32.987885 90.058422  3.523001  9.465270

> sapply(df3, var, na.rm=TRUE)            # 不偏分散を求める
     Ozone    Solar.R       Wind       Temp
 1088.20052 8110.51941   12.41154   89.59133
> diag(cov(df3, use="pairwise"))          # 意味的にはこれも同じ
     Ozone    Solar.R       Wind       Temp
 1088.20052 8110.51941   12.41154   89.59133
```

### 3.2.3 グループ別に基本統計量を求める

データがいくつかのグループに分かれている場合,グループ別に統計量を求めるには,72 ページの (3.2) に示した by 関数を使う。

以下の例では,airquality データフレームにおいて,月別 (airquality[5]) に 4 つの指標 (airquality[1:4]) の平均値を求めている。

```
> by(airquality[1:4], airquality[5], colMeans, na.rm=TRUE)
Month: 5
    Ozone   Solar.R      Wind      Temp
 23.61538 181.29630 11.62258 65.54839
------------------------------------------------
Month: 6
    Ozone   Solar.R      Wind      Temp
 29.44444 190.16667 10.26667 79.10000
------------------------------------------------
Month: 7
     Ozone    Solar.R       Wind       Temp
 59.115385 216.483871   8.941935  83.903226
------------------------------------------------
Month: 8
     Ozone    Solar.R       Wind       Temp
 59.961538 171.857143   8.793548  83.967742
------------------------------------------------
Month: 9
    Ozone   Solar.R      Wind      Temp
 31.44828 167.43333 10.18000 76.90000
```

72 ページの (3.2) に示した tapply 関数では,

```
> tapply(airquality[1:4], airquality[5], colMeans, na.rm=TRUE)
 以下にエラー tapply(airquality[1:4], airquality[5], colMeans, na.rm =
 TRUE):
    引数は同じ長さでなければなりません
```

のようにエラーとなるが,次に示すように sapply 関数と組み合わせれば計算で

きる．結果の表示形式はこちらのほうが見やすい．

```
> sapply(airquality[1:4], tapply, airquality[5], mean, na.rm=TRUE)
     Ozone  Solar.R      Wind     Temp
5 23.61538 181.2963 11.622581 65.54839
6 29.44444 190.1667 10.266667 79.10000
7 59.11538 216.4839  8.941935 83.90323
8 59.96154 171.8571  8.793548 83.96774
9 31.44828 167.4333 10.180000 76.90000
```

グループが複数の変数の組み合わせで作られているとき（例えば，性別および年齢別に平均値を求めたいようなとき）は，(3.4) のようにする．

---

tapply(対象変数名, list(グループ変数名を列挙), 関数名, 関数オプション)　　(3.4)

---

以下に，前出の airquality データセットにあるオゾンの測定値 (airquality$Ozon) について，月別 (airquality$Month) の5群と，風速が中央値以下かそれ以外かの2群 (Wind2 として定義) とからなるグループについて，有効データ数，平均値，標準偏差を求める例を示す．

```
> Wind2 <- factor(airquality$Wind <= median(airquality$Wind),
+                 levels=c(TRUE, FALSE),
+                 labels=c("low", "high")) # 風速により2グループに分ける
> tapply(airquality$Ozone, list(month=airquality$Month, wind=Wind2),
+        function(x) sum(!is.na(x)))         # 月別，風速別の有効データ数
     wind
month low high
    5  11  15
    6   3   6
    7  19   7
    8  17   9
    9  12  17

> tapply(airquality$Ozone, list(month=airquality$Month, wind=Wind2),
+        mean, na.rm=TRUE)                   # 月別，風速別の平均値
     wind
month      low     high
    5 27.45455 20.80000
    6 24.00000 32.16667
    7 68.57895 33.42857
    8 74.23529 33.00000
    9 47.50000 20.11765

> tapply(airquality$Ozone, list(month=airquality$Month, wind=Wind2),
+        sd, na.rm=TRUE)                     # 月別，風速別の標準偏差
     wind
month      low      high
    5 32.206719 11.001299
    6  4.582576 22.256834
    7 29.950544 20.630537
    8 39.159177 24.556058
    9 29.432511  9.733206
```

### 3.2.4 グループ別に複数の変数の基本統計量を求める

グループ分けに使用する変数が多くなると，3.1 節で使った tapply 関数や by 関数では結果の表示が煩雑になる。そのような場合には aggregate 関数を使うとよい。使用法は (3.5) のようになる。1 番目の使用法は，(3.4) における関数名 tapply を aggregate に変えただけである。2 番目の使用法によれば，データフレームに含まれるすべての変数について集計を行うことができる。

```
aggregate(対象変数名, list(グループ変数名を列挙),
         関数名, 関数オプション)
  または                                                      (3.5)
aggregate(データフレーム, list(グループ変数名を列挙),
         関数名, 関数オプション)
```

以下に，前項で tapply 関数を使って表示した月別のオゾンの測定値の例を，aggregate 関数で集計した結果を示す。この例ではグループ分け変数が 2 個（2 次元）なので，大差ない結果に見えるかもしれないが，グループ分け変数が 3 個以上になると aggregate 関数の結果のほうが見やすくなることがわかるであろう。

```
> Wind2 <- factor(airquality$Wind <= median(airquality$Wind),
+                 levels=c(TRUE, FALSE),
+                 labels=c("low", "high"))  # 風速により2グループに分ける
> aggregate(airquality$Ozone, list(month=airquality$Month, wind=Wind2),
+           mean, na.rm=TRUE)
   month wind        x
1      5  low 27.45455
2      6  low 24.00000
3      7  low 68.57895
4      8  low 74.23529
5      9  low 47.50000
6      5 high 20.80000
7      6 high 32.16667
8      7 high 33.42857
9      8 high 33.00000
10     9 high 20.11765
```

aggregate 関数を用いて，集計対象としてデータフレームを指定すると，データフレームに含まれるすべての変数を一括して集計することができる。集計しなくてもよい変数，集計しては困る変数がある場合は，必要な変数だけを含むデータフレームを第 1 引数として与えればよい。例えば，airquality において月を表す列（5 番目の列）を除くすべての列（変数）の平均値をとる場合は，以下のようにする。

```
> aggregate(airquality[-5], list(month=airquality$Month, wind=Wind2),
+          mean, na.rm=TRUE)
   month wind     Ozone  Solar.R      Wind     Temp      Day
1      5  low  27.45455 175.0909  8.353846 67.38462 16.00000
2      6  low  24.00000 172.7500  7.625000 79.37500 15.06250
3      7  low  68.57895 221.2857  7.223810 84.47619 16.42857
4      8  low  74.23529 177.3750  6.768421 86.42105 16.52632
5      9  low  47.50000 175.3333  6.816667 81.91667 12.58333
6      5 high  20.80000 185.5625 13.983333 64.22222 16.00000
7      6 high  32.16667 210.0714 13.285714 78.78571 16.00000
8      7 high  33.42857 206.4000 12.550000 82.70000 15.10000
9      8 high  33.00000 164.5000 12.000000 80.08333 15.16667
10     9 high  20.11765 162.1667 12.422222 73.55556 17.44444
```

aggregate 関数は，ある基本統計量についての集計を群ごとに行うものである。ある変数について群ごとの有効データ数，平均値，標準偏差を求めたいときには，7.6 節（248 ページ）の breakdown 関数を使うとよい。

## 3.3 度数分布表を作る

カテゴリー変数の度数分布表を作るには特別な事前準備は不要である[*4]。連続変数の度数分布を作るためには，まず 2.9 節（32 ページ）に従って連続変数をカテゴリー化しておく必要がある。なお，データフレームの数値自体を変換する必要がない場合には，cut 関数の結果を付値する左辺の変数はデータフレーム名を付けない単純な変数名にしておくとよい。本節の例では，変数 x にデータを取り出し，階級分けをした結果は変数 y に付値する。

### 3.3.1 table 関数を使う

度数分布を得るには，table 関数を (3.6) のように使う。

```
table(データフレーム名$変数名)
  または
table(データフレーム名[列番号])                                    (3.6)
  または
table(単純変数名)
```

2.4.1 項（17 ページ）の idol.dat から読み込んだ df データフレームを例に説明しよう。3 列目の BloodType 変数はカテゴリー変数なのでそのまま集計できる。

```
> df <- read.table("idol.dat", header=TRUE)
> table(df$BloodType)
 A AB  B  O
25  3 13 16
```

---

[*4] 7.2 節（238 ページ）も参照のこと。

```
> table(df[3])
 A AB  B  O
25  3 13 16
```

Height 変数は連続変数なので，ここでは cut 関数でカテゴリー化してから度数分布を求める。

```
> ( x <- df$Height )
 [1] 159 160 167 160 155 162 167 158 163 158 153 156 160 165 160 163
     ⋮
> ( y <- cut(x, breaks=c(150, 155, 160, 165, 170),
+             right=FALSE, ordered_result=TRUE,
+             labels=c("155未満", "155以上", "160以上", "165以上")) )
 [1] 155以上 160以上 165以上 160以上 155以上 160以上 165以上 155以上
 [9] 160以上 155以上 155未満 155以上 160以上 165以上 160以上 160以上
     ⋮
[57] 155以上 160以上 165以上 155未満
Levels: 155未満 < 155以上 < 160以上 < 165以上

> table(y)         # 度数分布を求める
y
155未満 155以上 160以上 165以上
     5     24     23      8
```

度数分布表の 2 行目に相対度数を加えるためには (3.7) のようにすればよい。ans は一時的に使用する変数なので，他で使用していない変数名なら何でもよい。

$$
\begin{aligned}
&\text{ans <- table(変数名)}\\
&\text{rbind(ans, ans*100/sum(ans))}
\end{aligned}
\tag{3.7}
$$

```
> dosuu <- table(y)                          # 度数分布をdosuuに付値する
> percent <- round(dosuu*100/sum(dosuu), 1)  # 相対度数を計算する
                                             #   (小数点以下1桁まで)
> rbind(dosuu, percent)                      # ベクトルを行に束ねる
        155未満 155以上 160以上 165以上
dosuu       5.0      24    23.0      8.0
percent     8.3      40    38.3     13.3
```

この方法では，整数であるべき度数も小数点表示になってしまう。これを避けるためには，以下に示すように rbind 関数の代わりに cbind 関数を使えばよい（ただし表示は縦長になることに注意）。

```
> cbind(dosuu, percent)
       dosuu percent
155未満     5     8.3
155以上    24    40.0
160以上    23    38.3
165以上     8    13.3
```

### 3.3.2 度数分布表を作る関数を定義する

Rでは一連の操作と指示をまとめてユーザが定義する関数を作ることができる。以下の dosuu.bunpu の例では，1 行目が関数の定義を表す。dosuu.bunpu は変数名（関数名），それが「関数である」いうことを表す function，それに続く括弧のなかには，関数定義のなかで使用する引数を（複数個あるならカンマで区切って）記述する。

2 行目の「{」から，最終行の「}」までが関数の本体である。この部分に実際の処理内容が書かれている。

この関数定義を dosuu.bunpu.R という名前のファイルとして作業ディレクトリに保存し，使用する前に一度だけコンソールで source("dosuu.bunpu.R") と入力して関数定義を読み込んでおくと，複雑な指示を簡単に実行することができる。

▶ dosuu.bunpu 関数
```
dosuu.bunpu <- function(x)
{
    n <- length(x)
    dosuu <- table(x)
    soutai.dosuu <- dosuu/n*100
    cat("        ", sprintf("%s", names(dosuu)),
        "合計", "\n", sep="\t")
    cat("度数    ", sprintf("%i", dosuu), n, "\n", sep="\t")
    cat("相対度数", sprintf("%.1f", soutai.dosuu),
        100.0, "\n", sep="\t")
}
```

このように定義しておけば，度数分布をとりたいデータフレームの変数を取り出してカテゴリー化した後，dosuu.bunpu(変数) とすることで度数分布表を得ることができる。この結果はタブ区切りで出力しているので，MS Word などに貼り込んで容易に表に変換することができる。

```
> df <- read.table("idol.dat", header=TRUE)
> x <- df$Height
> y <- cut(x, breaks=c(150, 155, 160, 165, 170),
+          right=FALSE, ordered_result=TRUE,
+          labels=c("155未満", "155以上", "160以上", "165以上"))
> dosuu.bunpu(y)
            155未満  155以上  160以上  165以上  合計
度数        5   24  23  8   60
相対度数    8.3 40.0    38.3    13.3    100
```

### 3.3.3 度数分布表を簡単に作る

適切な階級分けが前もってわからないときや，分析する変数がたくさんある場合などには，簡単に度数分布を得る方法がある。(3.8) のように hist 関数を使えばよい。hist 関数は級限界および度数を breaks および counts という要素として持つオブジェクトを返す。

```
ans <- hist(変数名, right=FALSE, plot=FALSE)
ans$breaks
ans$counts                                                                    (3.8)
round(100*ans$counts/sum(ans$counts), 1)
```

```
> df <- read.table("idol.dat", header=TRUE)
> ans <- hist(df$Height, right=FALSE, plot=FALSE)
> ans$breaks                                      # 級限界
[1] 152 154 156 158 160 162 164 166 168
> ans$counts                                      # 度数
[1]  5  4  9 11 11 11  3  6
> round(100*ans$counts/sum(ans$counts), 1)        # 相対度数
[1]  8.3  6.7 15.0 18.3 18.3 18.3  5.0 10.0
```

この処理を dosuu.bunpu2 という名前の関数として定義しておこう。

▶ dosuu.bunpu2 関数
```
dosuu.bunpu2 <- function(x)
{
    ans <- hist(x, right=FALSE, plot=FALSE)
    n <- sum(ans$counts)
    cat("分割点", ans$breaks[-length(ans$breaks)], "\n", sep="\t")
    cat("度数", ans$counts, "\n", sep="\t")
    cat("相対度数", round(100*ans$counts/n, 1), "\n", sep="\t")
}
```

このように dosuu.bunpu2 関数を定義しておけば，以下のように使用できる。

```
> df <- read.table("idol.dat", header=TRUE)
> dosuu.bunpu2(df$Height)
分割点  152 154 156 158 160 162 164 166
度数    5 4 9 11 11 11 3 6
相対度数 8.3 6.7 15 18.3 18.3 18.3 5 10
> dosuu.bunpu2(df[,2])                          # dosuu.bunpu2(df$Weight)と同じ
分割点  36 38 40 42 44 46 48 50 52
度数    2 1 8 14 16 6 5 1 1
相対度数 3.7 1.9 14.8 25.9 29.6 11.1 9.3 1.9 1.9
```

### 3.3.4 複数の変数の度数分布表を作る

たくさんの変数を含むデータファイルを分析対象にする場合，1 つずつの変数について前項のような処理を繰り返すことが面倒な場合もある。そのような場合には for ループを使用することができる。for ループの使用方法を (3.9) に示す。集合には処理を適用する対象を列挙する。添え字変数は集合の要素を順番にとって処理を行う。

```
for (添え字変数 in 集合) {
    繰り返す処理の記述                                                          (3.9)
}
```

for ループを使用できるように，dosuu.bunpu2 関数を書き換えて次のような dosuu.bunpu3 という関数を定義する．for ループで分析対象を指定することを考えて，変数の指定には「データフレーム名$変数名」ではなくて「データフレーム[, 列番号]」を使うことにしよう．

▶ dosuu.bunpu3関数
```
dosuu.bunpu3 <- function(i, df)
{
    x <- df[, i]
    ans <- hist(x, right=FALSE, plot=FALSE)
    n <- sum(ans$counts)
    cat("「", colnames(df)[i], "」の度数分布\n", sep="")
    cat("分割点", ans$breaks[-length(ans$breaks)], "\n", sep="\t")
    cat("度数", ans$counts, "\n", sep="\t")
    cat("相対度数", round(100*ans$counts/n, 1), "\n", sep="\t")
}
```

このように dosuu.bunpu3 関数を定義しておけば，dosuu.bunpu3(分析対象変数の列番号, データフレーム名)のように使用できる．

```
> df <- read.table("idol.dat", header=TRUE)
> for (i in 1:2) {            # iを1, 2として以下を行う
+     dosuu.bunpu3(i, df)
+ }
「Height」の度数分布
分割点  152 154 156 158 160 162 164 166
度数    5 4 9 11 11 11 3 6
相対度数        8.3 6.7 15 18.3 18.3 18.3 5 10
「Weight」の度数分布
分割点  36 38 40 42 44 46 48 50 52
度数    2 1 8 14 16 6 5 1 1
相対度数        3.7 1.9 14.8 25.9 29.6 11.1 9.3 1.9 1.9
```

for ループを使わずに，sapply 関数を用いて以下のようにしてもよい．第 1 引数には度数分布を求める変数の列番号のベクトル，第 3 引数にはデータフレーム名を指定する．invisible 関数を使うのは，不要な出力をさせないためである．

```
> df <- read.table("idol.dat", header=TRUE)
> invisible(sapply(1:2, dosuu.bunpu3, df))

「Height」の度数分布
分割点  152 154 156 158 160 162 164 166
度数    5 4 9 11 11 11 3 6
相対度数        8.3 6.7 15 18.3 18.3 18.3 5 10

「Weight」の度数分布
分割点  36 38 40 42 44 46 48 50 52
度数    2 1 8 14 16 6 5 1 1
相対度数        3.7 1.9 14.8 25.9 29.6 11.1 9.3 1.9 1.9
```

### 3.3.5 グループ別に度数分布表を作る

データがいくつかのグループに分かれているとき，グループ別の度数分布を作りたいことがある。

対象とする変数がカテゴリー変数であれば，4.1 節（97 ページ）の方法によればよい。

対象とする変数が連続変数である場合には，2.9 節（32 ページ）によって適切なカテゴリー化を行った後，カテゴリー変数の場合と同様に 4.1 節（97 ページ）の方法によればよい。

airquality データフレームで月別 airquality$Month のオゾン濃度 airquality$Ozone のクロス集計をしてみよう。cut 関数でオゾン濃度を 4 段階に区切って，table 関数を使って集計する。

```
> Ozone2 <- cut(airquality$Ozone, breaks=seq(0, 200, by=50), right=FALSE)
> table(airquality$Month, Ozone2)
   Ozone2
    [0,50) [50,100) [100,150) [150,200)
  5     25        0         1         0
  6      8        1         0         0
  7     10       14         2         0
  8     13        9         3         1
  9     25        4         0         0
```

グループを識別する変数が複数ある場合も，table 関数の引数に，グループを表す複数の変数と対象とする変数を指定すればよい。

## 3.4 度数分布図を描く

度数分布表を作成した後，棒グラフまたはヒストグラムを描くことが必要になる場合もある。

数値変数に対しては（3.10）のように hist 関数を使ってヒストグラムを描くことができる。カテゴリー変数に対しては（3.11）のように barplot 関数を使って棒グラフを描くことができる。これだけの簡単な指定でも十分満足のいくグラフが得られることが多い。

```
hist(データフレーム名$変数名, right=FALSE)
   または
hist(データフレーム名 [, 列番号], right=FALSE)          (3.10)
   または
hist(変数, right=FALSE)
```

```
barplot(table(データフレーム名$変数名))
  または
barplot(table(データフレーム名 [, 列番号]))                    (3.11)
  または
barplot(table(変数))
```

　これらの関数で描画したグラフは手動でファイルに保存でき，後で別のアプリケーションソフトに読み込んで利用することができる．保存時のファイルの形式としては，PDF 形式が最も美しいグラフが描けるようである．

　たくさんの変数の度数分布図を描くときには[*5]，描画も保存も自動的に行えたほうが効率がよい．そのためには (3.12) のように，グラフを描く前に pdf 関数，描画後に dev.off 関数を加えればよい．描かれたグラフは作業ディレクトリに保存される．保存時のファイル名は「名前 001.pdf」，「名前 002.pdf」，… のようになる（「名前」の部分は自由に変更できる）．pdf 関数では画像の大きさは width，height 引数で指定する．大きさの単位はインチである．画像の大きさをピクセル数（ドット数）で指定したい場合，Mac OS X ではモニター上の画像は 1 インチあたり 72 ピクセルなので，ピクセル数を 72 で割った分数の型で指定すればよい[*6]．dev.off() の括弧のなかには何も書かないままでよい．

```
pdf(file="名前%03i.pdf", onefile=FALSE,
    width=500/72, height=375/72)
hist(変数, right=FALSE) などのグラフ描画関数               (3.12)
dev.off( )
```

　以下に，数値変数についてヒストグラム，カテゴリー変数について棒グラフを描く例を示す．

```
> df <- read.table("idol.dat", header=TRUE)
> pdf("fig%03i.pdf", onefile=FALSE, width=500/72, height=400/72)
> hist(df$Height, right=FALSE)            # ヒストグラムを描く
> hist(df$Weight, right=FALSE)            # ヒストグラムを描く
> barplot(table(df$BloodType))            # 棒グラフを描く
> dev.off( )
```

描かれたグラフは図 3.1〜3.3 のようなものである．

---

[*5] 7.2 節（238 ページ）も参照のこと．
[*6] Windows では 1 インチあたり 96 ピクセル．

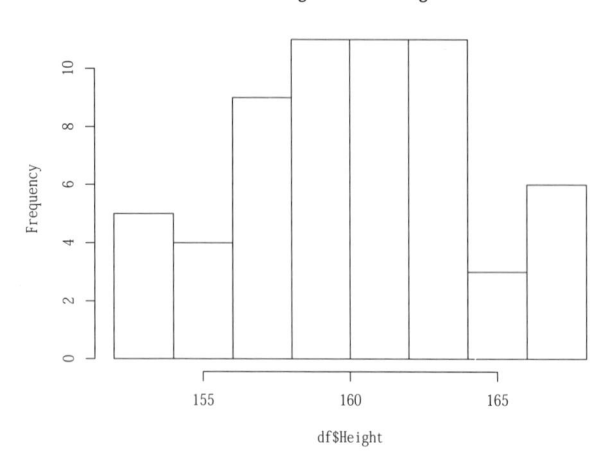

▶ 図 3.1 ヒストグラム 1

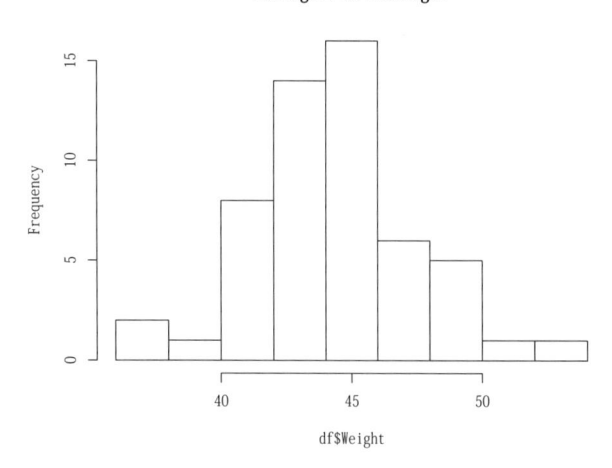

▶ 図 3.2 ヒストグラム 2

▶ 図 3.3 棒グラフ

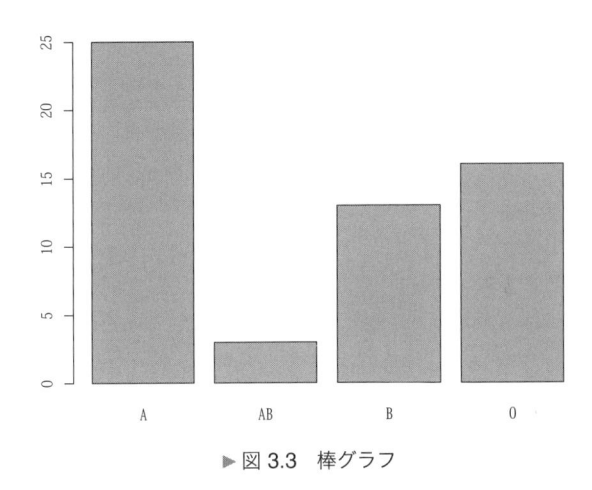

## 3.4.1 複数の変数の度数分布図を描く

たくさんの変数の度数分布図を描くには，次のような dosuu.bunpuzu 関数を定義したうえで自動化すればよい。この dosuu.bunpuzu 関数は，目的とする変数が数値変数かカテゴリー変数かを判定して適切なグラフを描くものである。また，軸のラベルを若干調整する。

▶ dosuu.bunpuzu 関数
```
dosuu.bunpuzu <- function(i, df)
{
    x <- df[, i]
    if (is.factor(x)) {    # 変数xがfactorのときは棒グラフを描く
        barplot(table(x), xlab=colnames(df)[i], ylab="Frequency")
    }
    else {                 # 変数xがfactorではないときはヒストグラムを描く
        hist(x, right=FALSE, main="", xlab=colnames(df)[i])
    }
}
```

このように dosuu.bunpuzu 関数を定義しておけば，dosuu.bunpuzu(描画する変数の列番号, データフレーム名) のように使用して度数分布図を描ける。

次の例では，出力ファイルを用意した後で，for ループで順番に関数を呼び出している。処理が終了したら dev.off 関数を忘れないように注意が必要である。

```
> df <- read.table("idol.dat", header=TRUE)
> pdf("univariate%03i.pdf",                    # 描画出力ファイルを準備
+     onefile=FALSE, width=300/72, height=225/72)
> for (i in 1:3) {                             # iを1, 2, 3として以下を行う
+     dosuu.bunpuzu(i, df)
+ }
> dev.off( )                                   # 描画出力の終了
```

## 3.4.2 グループ別に度数分布図を描く

データが複数のグループから成り立っていて，グループごとの度数分布図が必要になることがある。何種類かの度数分布図を描くことができるが，グループごとにヒストグラムを描く方法と，1枚のグラフに複数のグループのヒストグラムを描き込む方法を見てみよう。

まずいちばん単純な方法として，layout 関数でグラフ描画領域を複数に区切り，その一区画ごとにヒストグラムを描くことを考えよう（図 3.4）。すべてのヒストグラムは，階級幅，縦軸と横軸の目盛りと範囲を同じにして描かないと相互に比較できないので注意してほしい。

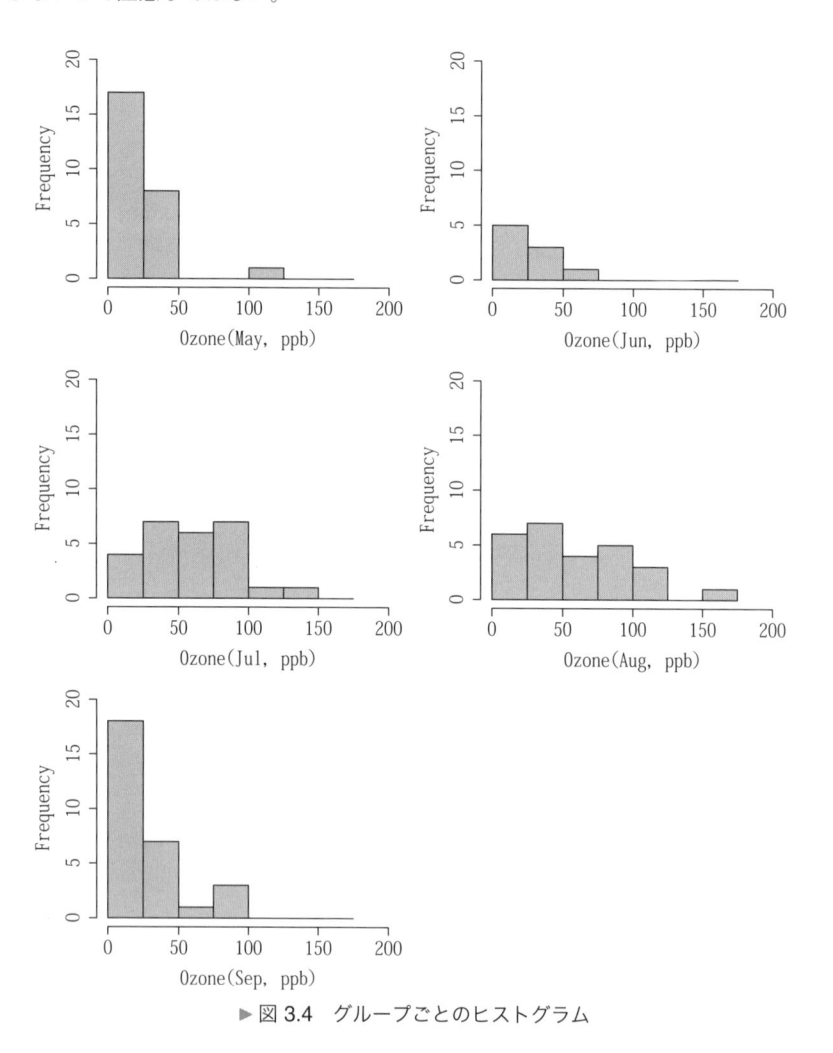

▶ 図 3.4 グループごとのヒストグラム

この例では，元のデータフレーム（airquality データセット）から split 関数を使ってグループごとにデータフレームを取り出し，それぞれのデータフレームの第1列（オゾン濃度）のヒストグラムを描いて，データフレームの5列目の月番号を使ってタイトルを付けている．

```
> pdf("fig.pdf", width=500/72, height=600/72)
> old <- par(cex.axis=1.5, cex.lab=1.5, cex.main=1.5,
+             mar=c(4.5, 4.5, 1, 1))
> layout(matrix(1:6, 3, 2, byrow=TRUE))    # 3×2の領域に区切る
> brk <- seq(0, 175, by=25)                # ヒストグラムの階級を設定する

# データフレームを分解し，月ごとのデータフレームにする
> AQ <- split(airquality, airquality$Month)

# 各データフレームを対象としてオゾン濃度のヒストグラムを描く
> invisible(lapply(AQ, function(i) hist(i[, 1],
+           breaks=brk, xlim=c(0, 200), ylim=c(0, 20), main="",
+           xlab=paste("Ozone(", month.abb[i[1, 5]], ", ppb)", sep=""),
+           col="gray80")  ))

> layout(1)                                # 1画面に1枚のグラフ
> par(old)
> dev.off()                                # ファイル出力の終了
```

1枚の図にグループごとのヒストグラムを描き込むためには，barplot 関数を使う．3.3.5 項のように，グループごとの度数分布表を求めることができればグラフを描くのは簡単である．図 3.5 のように，度数分布表の列方向のデータが1つのまとまりとして描画されるので，目的に応じて行と列を決めればよい．行と列は table 関数の引数の指定順序で決まる．例に示すように，行列の転置をする t 関数を使ってもよい．しかし，このようにして得られるグラフは，軸の目盛りが不完全であったり，凡例の位置が自由に選べなかったり，グループが多くなると見づらかったりするため，でき上がる図の品質は必ずしも満足のいくものではない．

```
> pdf("fig.pdf", width=500/72, height=500/72)
> old <- par(mar=c(4.5, 3, 1, 1))
> layout(1:2)
> Ozone2 <- cut(airquality$Ozone, breaks=seq(0, 175, by=25),
+               right=FALSE)
> dist <- table(airquality$Month, Ozone2) # 月別のオゾン濃度の度数分布表
> colnames(dist) <- paste(seq(0, 150, 25), "〜", sep="")

> dist            # この行列を使うと，濃度別のヒストグラムになってしまう
  Ozone2
    0〜 25〜 50〜 75〜 100〜 125〜 150〜
  5 17   8    0    0    1    0    0
  6  5   3    1    0    0    0    0
  7  4   6    7    7    1    1    0
  8  6   7    4    5    3    0    1
  9 18   7    1    3    0    0    0
> barplot(dist, beside=TRUE, legend=TRUE, main="濃度別")
```

```
> t(dist)              # distを転置した行列を使うと，月別のヒストグラムになる
Ozone2  5  6  7  8  9
  0〜   17  5  4  6 18
 25〜    8  3  6  7  7
 50〜    0  1  7  4  1
 75〜    0  0  7  5  3
100〜    1  0  1  3  0
125〜    0  0  1  0  0
150〜    0  0  0  1  0
> barplot(t(dist), beside=TRUE, legend=TRUE, main="月別")
> layout(1)
> par(old)
> dev.off()
```

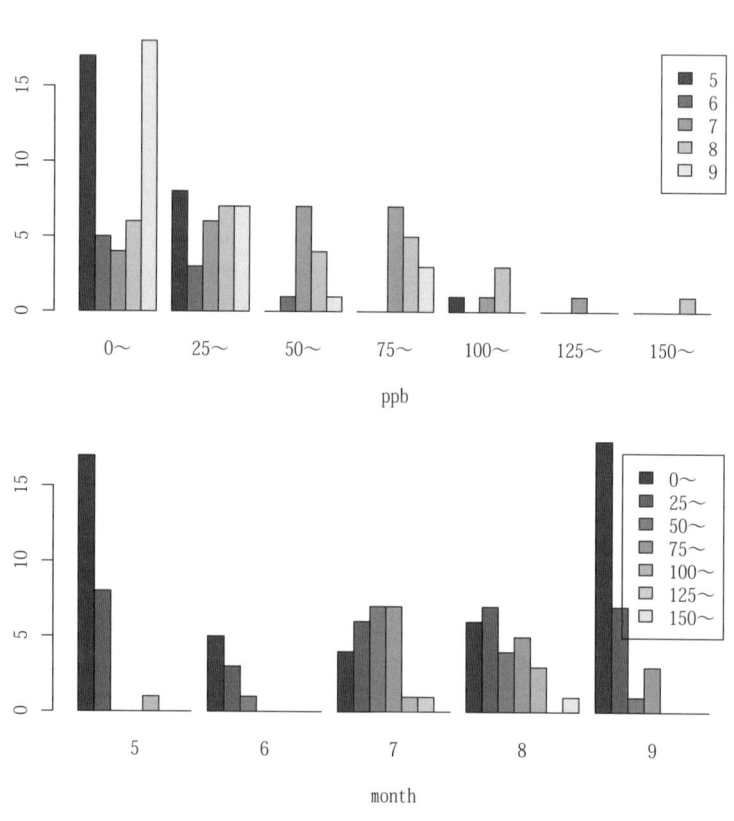

▶ 図 3.5　barplot 関数によるグループごとのヒストグラム

### 3.4.3 グループ別にデータの分布状況を示す

前項ではグループ別に度数分布を描く方法を説明したが，そこで描いた図 3.4 も図 3.5 も，グループ間の比較にはやや不適切である．グループ間の比較には，本項に示す箱ひげ図がよいだろう．箱ひげ図は日本ではやや馴染みのないグラフ表現法であるが，以下のようにして描くことができる．

1. 対象とするデータは連続変数で，通常は縦軸にとられる．
2. 群を表す変数はカテゴリー変数で通常は横軸方向に展開される．
3. それぞれの群ごとの連続変数の分布状況を表す「箱」と「ひげ」を以下のようにして描く．
   (a) 長方形（箱）の下側の辺は第 1 四分位数，上側の辺は第 3 四分位数である．
   (b) 長方形の中央の線は中央値である．
   (c) 長方形の下側の辺から伸びる破線（ひげ）の先端は，実際に存在するデータで「第 1 四分位数 $-1.5 \times$ IQR」より大きいデータ点である．ここで IQR は四分範囲である（IQR=第 3 四分位数 − 第 1 四分位数）．
   (d) 長方形の上側の辺から伸びる破線の先端は，実際に存在するデータで「第 3 四分位数 $+1.5 \times$ IQR」より小さいデータ点である．
   (e) 「第 1 四分位数 $-1.5 \times$ IQR」より小さいデータ点と，「第 3 四分位数 $+1.5 \times$ IQR」より大きいデータは外れ値として 1 個ずつ記号で表される．

箱ひげ図を描くのは boxplot 関数であり，(3.13) のように使用する．

```
boxplot(連続変数 ~ 群を表す変数)
    または，データフレームの場合には                                    (3.13)
boxplot(連続変数 ~ 群を表す変数, データフレーム名)
```

以下のようにすることにより，図 3.6 が描かれる．7, 8 月の濃度（中央値）が高いことおよび範囲も広いこと，9 月には大きく離れて高い濃度を示したのが 4 日あったことなどが一目でわかる．

```
> boxplot(Ozone~Month, airquality,        # 月別のオゾン濃度の箱ひげ図
+         xlab="month", ylab="Ozone(ppb)")
```

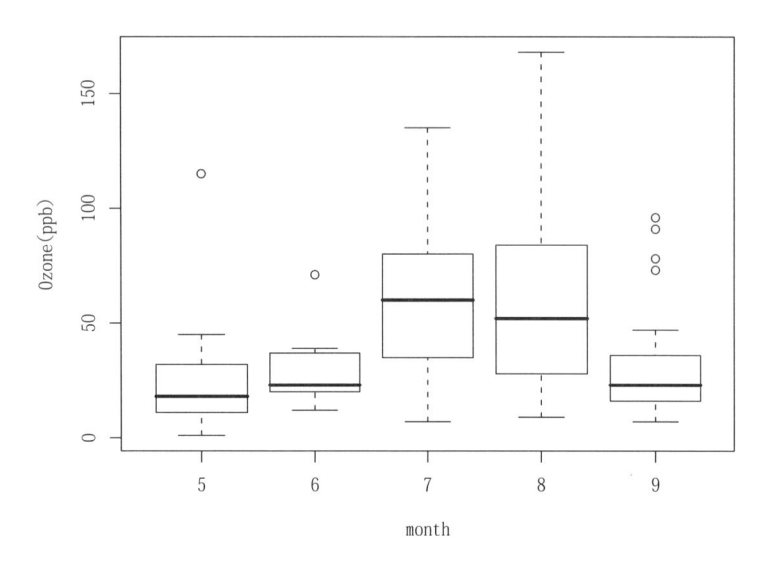

▶ 図 3.6　箱ひげ図

　箱ひげ図は二変数のデータ分布を要約するグラフである．散布図は二変数がともに連続変数の場合のものであり，箱ひげ図は 1 つの変数がカテゴリー変数である場合の散布図ともいえるので，データの分布状況をより詳細に表示するには図 3.7 のようなものを描いてもよい．連続変数のとる値の精度が限られている場合にはデータ点が重なってしまうので，それを避けるために jitter 関数を使って群変数に適当な大きさの一様乱数を加えて図 3.8 のようにすることもある．しかし，データに加えられる一様乱数のためにデータの分布が意味ありげに見えてしまうことがあるのであまり勧められない．重なりを避けるためには図 3.9 のように規則的に配置するほうがよい[7]．

```
> plot(Ozone~Month, airquality,            # 月別のオゾン濃度の散布図
+      xlab="month", ylab="Ozone(ppb)", pch=19)
> plot(Ozone~jitter(Month), airquality,    # 乱数を加えた散布図
+      xlab="month", ylab="Ozone(ppb)", pch=19)
```

---

[7] http://aoki2.si.gunma-u.ac.jp/R/dot_plot.html を参照のこと．

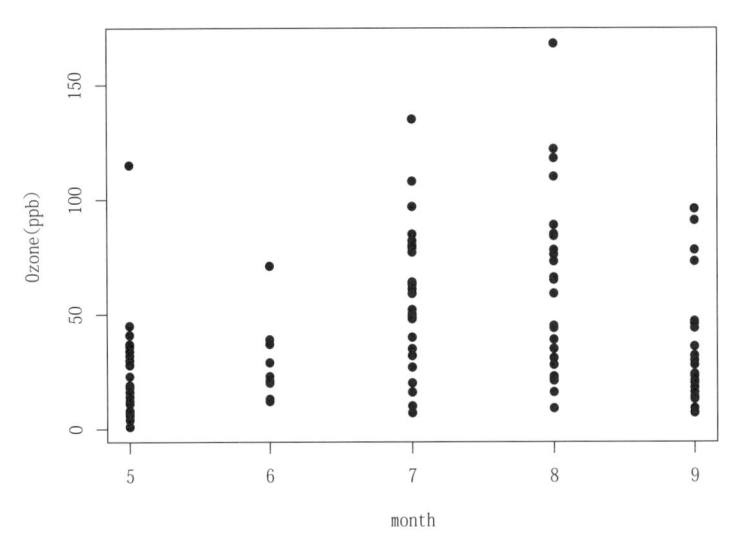

▶ 図 3.7 散布図

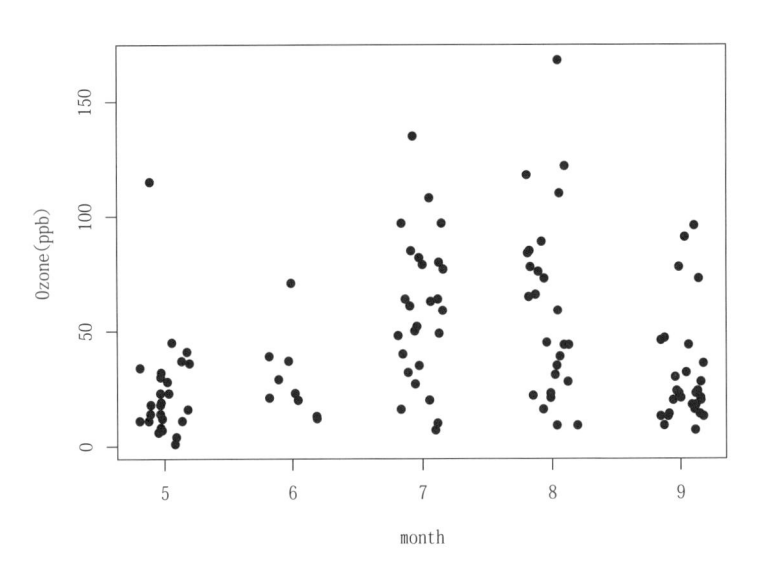

▶ 図 3.8 データ点に一様乱数を加えた散布図

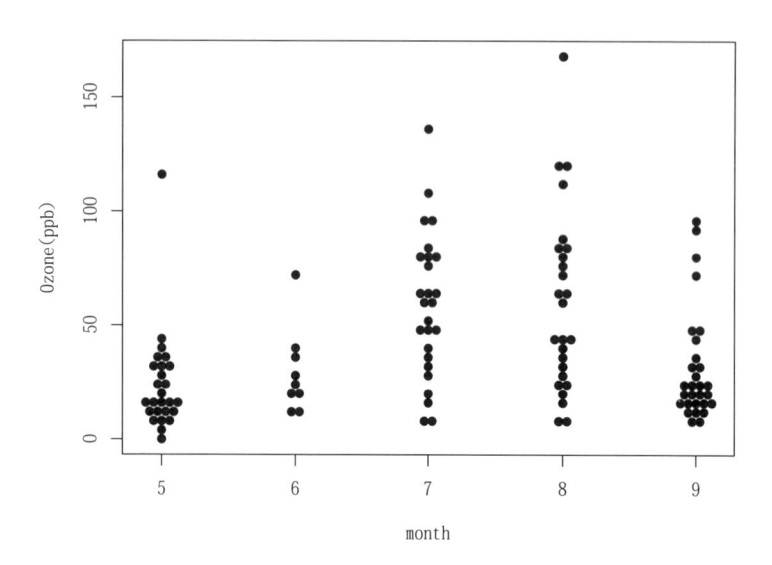

▶ 図 3.9　データ点を規則的に配置する散布図

第 4 章

# 二変量統計

　本章では 2 つの変数の関係を明らかにする統計解析について述べる．2 つの変数のタイプに応じて複数の方法がある．最初に，2 つの変数がともにカテゴリーデータの場合のクロス集計表について述べる．次に，変数のいずれか一方または両方が連続変数の場合について述べる．この場合には連続変数をカテゴリー化して用いることになる．さらに三重以上のクロス集計についても，多変量解析的な意図を持つことは多くないので，本章で解説する．その後，2 変数が順序尺度以上の場合には相関係数について述べる．最後に 2 変数の関係を図に表す方法として散布図の描き方を取り上げる．

　第 3 章と同じく，群ごとの違いを比較，検討するための集計および分析方法についても説明する．

## 4.1 クロス集計表を作る

### 4.1.1 二重クロス集計表を作る

　クロス集計表は，それなりに複雑な内容を持っている．二重クロス集計表でも R で作るのは少し手間がかかり[*1]，次のような手順になる．

1. table 関数でクロス集計表の本体を作る．(4.1) を参照．
2. addmargins 関数で合計欄を作る．(4.2) を参照．
3. 行方向，列方向のパーセントを作る．

```
ans <- table(データフレーム名$変数名 1, データフレーム名$変数名 2)        (4.1)
```

```
ans2 <- addmargins(ans)                                                  (4.2)
```

　クロス集計表の本体をたくさん作るときには，(4.3) のように，データフレームの変数を名前ではなく列番号で指定するほうが便利な場合もある．

---

[*1] 7.4 節 (244 ページ) も参照のこと．

```
変数 <- table(データフレーム名[c(列番号1, 列番号2)])                    (4.3)
```

例えば以下のように二重のforループを使えば，行方向に3つの変数，列方向に4つの変数を展開し，合計で3×4=12個のクロス集計表を計算できる．

```
for (i in c(1, 4, 8)) {
    for (j in c(10, 15, 23, 34)) {
        print(table(d[c(i, j)]))
    }
}
```

クロス集計表の本体を作る段階では，table関数のほかにxtabs関数も使うことができる．xtabs関数は（4.4）のように使う．

```
変数 <- xtabs(~ 変数名1 + 変数名2, データフレーム名)                   (4.4)
```

以下の例では，sample関数を使って生成した300個の各季節および文字a～dのデータを観察値に見立てて，それらのクロス集計表を作成している．さらに，行方向および列方向について，その割合を計算する．

```
> set.seed(123)
> x <- factor(sample(1:4, 300, replace=TRUE), levels=1:4,
+             labels=c("春", "夏", "秋", "冬"))
> y <- factor(sample(letters[1:4], 300, replace=TRUE),
+             level=letters[1:4])
> df <- data.frame(x=x, y=y)            # 例示のためのデータフレームを作る
> ( ans <- table(df$x, df$y) )          # クロス集計表を作る
    a  b  c  d
  春 17 18 18 20
  夏 19 23 18 22
  秋 19 18 16 21
  冬 19 22 15 15

> ans2 <- addmargins(ans)                       # 合計欄を作る
> colnames(ans2)[ncol(ans2)] <- "合計"           # 名前を付ける
> rownames(ans2)[nrow(ans2)] <- "合計"
> ans2
         a    b    c    d  合計
  春    17   18   18   20   73
  夏    19   23   18   22   82
  秋    19   18   16   21   74
  冬    19   22   15   15   71
  合計  74   81   67   78  300
```

## 4.1 クロス集計表を作る

```
> nr <- nrow(ans2)                                    # 行数
> ( ans3 <- round(t(t(ans2)/ans2[nr,]*100), 1) )      # 列方向のパーセント
        a     b     c     d    合計
春    23.0  22.2  26.9  25.6  24.3
夏    25.7  28.4  26.9  28.2  27.3
秋    25.7  22.2  23.9  26.9  24.7
冬    25.7  27.2  22.4  19.2  23.7
合計 100.0 100.0 100.0 100.0 100.0
> nc <- ncol(ans2)                                    # 列数
> ( ans4 <- round(ans2/ans2[, nc]*100, 1) )           # 行方向のパーセント
        a     b     c     d   合計
春    23.3  24.7  24.7  27.4 100.0
夏    23.2  28.0  22.0  26.8 100.0
秋    25.7  24.3  21.6  28.4 100.0
冬    26.8  31.0  21.1  21.1 100.0
合計  24.7  27.0  22.3  26.0 100.0
```

観察値と列パーセントや行パーセントを一緒に表示するには，若干の操作が必要である．各観察値と列パーセントを並べて表示する方法について説明しよう．まず，観察値の表と列パーセントの表を rbind 関数で結合する．この段階でできる行列は，元の行列の行数と列数をそれぞれ nr, nc としたとき，各列の前半 nr 個の数値が観察値，後半の nr 個の数値がパーセントになっている．次に dim 関数を使い，この行列を行数が nr，列数が 2×nc 列の行列に定義し直すと，奇数列が観察値，偶数列が列パーセントの値の行列になる．最後に dimnames 関数で行と列のラベルを付ければ，目的とする表が完成する．

```
> ans5 <- rbind(ans2, ans3)                    # 観察値に列パーセントを付けた表
> dim(ans5) <- c(nr, 2*nc)                     # 列を区切り直す
> dimnames(ans5) <- list(rownames(ans2),       # 行の名前
+                   sapply(colnames(ans2),     # 列の名前
+                   function(i) return(c(i, paste(i, "%", sep="")))))
> ans5
      a    a%    b    b%    c    c%    d    d%  合計  合計%
春   17  23.0  18  22.2  18  26.9  20  25.6   73   24.3
夏   19  25.7  23  28.4  18  26.9  22  28.2   82   27.3
秋   19  25.7  18  22.2  16  23.9  21  26.9   74   24.7
冬   19  25.7  22  27.2  15  22.4  15  19.2   71   23.7
合計 74 100.0  81 100.0  67 100.0  78 100.0  300  100.0
```

ここまでの操作をまとめて，次に示す cross.tab 関数として定義しておこう．行と列のいずれの方向のパーセントもとれるように機能を拡張するとよい．

▶ cross.tab 関数
```
cross.tab <- function(df,                          # データフレーム
                      ix,                          # 表側にくる変数の列番号
                      iy)                          # 表頭にくる変数の列番号
{
    ans <- table(df[c(ix, iy)])                    # クロス集計表を作る
    ans2 <- addmargins(ans)                        # 合計欄を作る
    colnames(ans2)[ncol(ans2)] <- "合計"           # 合計欄に名前を付ける
    rownames(ans2)[nrow(ans2)] <- "合計"
    nr <- nrow(ans2)                               # 行数
    ans3 <- round(t(t(ans2)/ans2[nr,]*100), 1)     # 列方向のパーセント
    nc <- ncol(ans2)                               # 列数
    ans4 <- round(ans2/ans2[, nc]*100, 1)          # 行方向のパーセント
    ans5 <- rbind(ans2, ans3)                      # 観察値に列パーセントを
                                                   #              付けた表
    dim(ans5) <- c(nr, 2*nc)                       # 列を区切り直す
    dimnames(ans5) <- list(rownames(ans2),         # 行の名前
                           sapply(colnames(ans2),  # 列の名前
                           function(i) return(c(i, paste(i, "%", sep="")))))
    return(ans5)
}
```

この cross.tab 関数を使えば，以下のように観察値と列パーセントを並べて表示できる．

```
> cross.tab(df, 2, 1)
     春   春%   夏   夏%   秋   秋%   冬   冬%   合計  合計%
a    17  23.3  19  23.2  19  25.7  19  26.8    74  24.7
b    18  24.7  23  28.0  18  24.3  22  31.0    81  27.0
c    18  24.7  18  22.0  16  21.6  15  21.1    67  22.3
d    20  27.4  22  26.8  21  28.4  15  21.1    78  26.0
合計 73 100.0  82 100.0  74 100.0  71 100.0   300 100.0
```

## 4.1.2　三重以上のクロス集計表を作る

三重以上の複雑なクロス集計表を作る場合には，(4.5) のように，table 関数または xtabs 関数の引数に変数を列挙すればよい．

例えば，あるグループごとに二変数について二重クロス集計表を計算したいとしよう．これは，グループを表す変数を含めて三重クロス集計表を作ることにほかならない．グループを表す変数が複数個あれば，同じように四重，五重クロス集計表を作ることになる．

## 4.1 クロス集計表を作る

```
変数 <- table(データフレーム名$変数名1, データフレーム名$変数名2,
              ..., データフレーム名$変数名n)
  または
変数 <- with(データフレーム名, table(変数名1, 変数名2, ...,
                                      変数名n))
  または                                                            (4.5)
変数 <- table(データフレーム名, [c(列番号1, 列番号2, ...,
                                     列番号n)])
  または
変数 <- xtabs(~ 変数名1 + 変数名2 + ... + 変数名n,
              データフレーム名)
```

sample 関数を使って生成した 300 個の各季節および文字 a〜e と，rep 関数を使って生成した 2 種類 300 個の年次データを使い，三重クロス集計表を作ってみよう．

```
> set.seed(123)
> x <- factor(sample(1:4, 300, replace=TRUE), levels=1:4,
+             labels=c("春", "夏", "秋", "冬"))
> y <- factor(sample(letters[1:5], 300, replace=TRUE),
+             level=letters[1:5])
> z <- rep(c(1990, 2000), each=150)  # 前半は1990年，後半は2000年
> ( triple <- table(x, y, z) )        # 年別の二重クロス集計
, , z = 1990

   y
x    a  b  c  d  e
  春 8 11  6  6  8
  夏 6 11  8  7  7
  秋 8  7  3  7  8
  冬 8  8  9  9  5

, , z = 2000

   y
x    a  b  c  d  e
  春  3  8  6  6 11
  夏 10  8  9  7  9
  秋  8  8  7 10  8
  冬  8  7  8  0  9

> ( result <- addmargins(triple) )   # 周辺和（合計）を作り，表示する
, , z = 1990

     y
x       a   b   c   d   e Sum
  春    8  11   6   6   8  39
  夏    6  11   8   7   7  39
  秋    8   7   3   7   8  33
  冬    8   8   9   9   5  39
  Sum  30  37  26  29  28 150
```

```
, , z = 2000

   y
x       a    b    c    d    e  Sum
  春    3    8    6    6   11   34
  夏   10    8    9    7    9   43
  秋    8    8    7   10    8   41
  冬    8    7    8    0    9   32
  Sum  29   31   30   23   37  150

, , z = Sum

   y
x       a    b    c    d    e  Sum
  春   11   19   12   12   19   73
  夏   16   19   17   14   16   82
  秋   16   15   10   17   16   74
  冬   16   15   17    9   14   71
  Sum  59   68   56   52   65  300
```

このように，三重以上のクロス集計表の表示は二重クロス表を複数並べた形で表現される．しかし，報告書などの場合には，1つの表にまとめたものが必要になることもある．そのような場合にはftable関数を使えばよい．使用法は(4.6)のようになる．ftable関数は，row.varsとcol.varsという引数を持ち，それぞれ表側に配置する変数と表頭に配置する変数を指定できる．

```
ftable(データフレーム名$変数名1, データフレーム名$変数名2, ...,
       データフレーム名$変数名n)
   または
with(データフレーム名, ftable(変数名1, 変数名2, ..., 変数名n))
   または
ftable(table または xtabs が返すオブジェクト)
```
(4.6)

前述の集計に引き続いて，以下のようにすることで，希望する形式の表を表示できる．

```
> set.seed(123)
> x <- factor(sample(1:4, 300, replace=TRUE),
+             levels=1:4,
+             labels=c("春", "夏", "秋", "冬"))
> y <- factor(sample(letters[1:5], 300, replace=TRUE),
+             level=letters[1:5])
> z <- rep(c(1990, 2000), each=150)   # 前半は1990年，後半は2000年

> ftable(z, x, y)               # z,xを表側に，yを表頭にして，直接集計する
          y  a  b  c  d  e
z    x
1990 春      8 11  6  6  8
     夏      6 11  8  7  7
     秋      8  7  3  7  8
     冬      8  8  9  9  5
```

```
2000 春     3  8  6  6 11
     夏    10  8  9  7  9
     秋     8  8  7 10  8
     冬     8  7  8  0  9
> ftable(x, y, z, row.vars=3)  # 3番目の変数（すなわちz）を表側にする
        x 春            夏            秋            冬
        y a  b  c  d  e a  b  c  d  e a  b  c  d  e a  b  c  d  e
z
1990      8 11  6  6  8  6 11  8  7  7  8  7  3  7  8  8  8  9  9  5
2000      3  8  6  6 11 10  8  9  7  9  8  8  7 10  8  8  7  8  0  9
> triple <- table(x, y, z)  # 年別の二重クロス集計（三重クロス集計）
> result <- addmargins(triple)

# 集計結果を編集、表示する
# 3,1番目の変数（すなわちz,x）を表側にする
> ftable(result, row.vars=c(3, 1))
             y   a   b   c   d   e Sum
z    x
1990 春          8  11   6   6   8  39
     夏          6  11   8   7   7  39
     秋          8   7   3   7   8  33
     冬          8   8   9   9   5  39
     Sum        30  37  26  29  28 150
2000 春          3   8   6   6  11  34
     夏         10   8   9   7   9  43
     秋          8   8   7  10   8  41
     冬          8   7   8   0   9  32
     Sum        29  31  30  23  37 150
Sum  春         11  19  12  12  19  73
     夏         16  19  17  14  16  82
     秋         16  15  10  17  16  74
     冬         16  15  17   9  14  71
     Sum        59  68  56  52  65 300
```

## 4.2 相関係数を求める

### 4.2.1 二変数間の相関係数を求める

　二変数間の相関係数を求める関数には，cor.test 関数がある。これを使えば，無相関検定と区間推定も同時に行えるので効率的である。この関数は，引数として対象とする2変数の変数名をカンマで区切って指定し，(4.7) のように使用する。計算する相関係数の種類は，method 引数により指定できる。ピアソンの積率相関係数 (pearson)，スピアマンの順位相関係数 (spearman)，ケンドールの順位相関係数 (kendall) の3種から選ぶことができる。特に指定しないときにはピアソンの積率相関係数が計算される。相関係数の種類を指定するときは先頭1文字だけでもよい。

- ピアソンの積率相関係数
  cor.test(データフレーム名$変数名 1, データフレーム名$変数名 2)

- スピアマンの順位相関係数
  cor.test(データフレーム名$変数名 1, データフレーム名$変数名 2,
           method="spearman")                                      (4.7)

- ケンドールの順位相関係数
  cor.test(データフレーム名$変数名 1, データフレーム名$変数名 2,
           method="kendall")

以下では，2.4.1 項（17 ページ）の idol.dat について，ピアソンの積率相関係数，スピアマンの順位相関係数，ケンドールの順位相関係数をそれぞれ求めている。

```
> df <- read.table("idol.dat", header=TRUE)

> cor.test(df$Height, df$Weight)            # ピアソンの積率相関係数

Pearson's product-moment correlation

data:  df$Height and df$Weight
t = 6.3519, df = 52, p-value = 5.333e-08    # t値, 自由度, P値
alternative hypothesis: true correlation is # 対立仮説
not equal to 0
95 percent confidence interval:             # 95%信頼区間
 0.4777887 0.7890897
sample estimates:                           # 計算された相関係数
      cor
0.6609872

> cor.test(df$Height, df$Weight, method="s") # スピアマンの順位相関係数

Spearman's rank correlation rho

data:  df$Height and df$Weight
S = 11193.89, p-value = 5.864e-06           # S値（統計量）, P値
alternative hypothesis: true rho is not     # 対立仮説
equal to 0
sample estimates:                           # 計算された相関係数
      rho
0.5733222

Warning message:
In cor.test.default(df$Height, df$Weight, method = "s") :
   タイのため正確な p 値を計算することができません

> cor.test(df$Height, df$Weight, method="k") # ケンドールの順位相関係数

Kendall's rank correlation tau

data:  df$Height and df$Weight
z = 4.4547, p-value = 8.402e-06             # Z値, P値
alternative hypothesis: true tau is not     # 対立仮説
equal to 0
sample estimates:                           # 計算された相関係数
      tau
0.4509092
```

## 4.2 相関係数を求める

このほか，cor.test 関数における変数の指定法には，(4.8) のような方法がある．これらの場合も，相関係数の種類を指定する method 引数は (4.7) と同じように指定する．

$$
\begin{array}{l}
\text{with(データフレーム名, cor.test(変数名 1, 変数名 2))} \\
\quad \text{または} \\
\text{cor.test(データフレーム名 [, 列番号 1], データフレーム名 [, 列番号 2])}
\end{array}
\tag{4.8}
$$

cor.test 関数は多くの結果を返すが，そのうちの必要なものだけを取り出すこともできる．R の関数の多くはこのような仕組みを持っている．どのような結果が返されるかは，関数の結果を変数に付値し，その変数に対して str(変数) とすることでわかる．

```
> ans <- cor.test(df$Height, df$Weight)
> str(ans)
List of 9
 $ statistic  : Named num 6.35
  ..- attr(*, "names")= chr "t"
 $ parameter  : Named num 52
  ..- attr(*, "names")= chr "df"
 $ p.value    : num 5.33e-08
 $ estimate   : Named num 0.661
  ..- attr(*, "names")= chr "cor"
 $ null.value : Named num 0
  ..- attr(*, "names")= chr "correlation"
 $ alternative: chr "two.sided"
 $ method     : chr "Pearson's product-moment correlation"
 $ data.name  : chr "df$Height and df$Weight"
 $ conf.int   : atomic [1:2] 0.478 0.789
  ..- attr(*, "conf.level")= num 0.95
 - attr(*, "class")= chr "htest"
```

ans\$statistic, ans\$parameter, ans\$p.value, ans\$esitimate などとすることにより，それぞれ $t$ 統計量，自由度，$P$ 値，標本相関係数などが得られることがわかる．

以下のように必要な情報だけを簡潔に書き出すこともできる．cor.test 関数は，これらの情報を書式に従って表示しているのである．

```
> df <- read.table("idol.dat", header=TRUE)
> ans <- cor.test(df$Height, df$Weight)

> ans$estimate                # 相関係数だけを表示する
      cor
0.6609872
> cat("r =", ans$estimate,    # 無相関検定の結果も表示する
+     ",  t =", ans$statistic, ",  p =", ans$p.value, "\n")
r = 0.6609872 ,  t = 6.351898 ,  p = 5.332981e-08
```

## 4.2.2 グループ別に二変数間の相関係数を求める

グループ別に二変数間の相関係数を求めるには，元のデータフレームをいったん split 関数によりグループ別のデータフレームに分割し，sapply 関数（または lapply 関数）を用いてそれぞれのデータフレームを対象として cor.test 関数を適用する．相関係数だけが必要なら，前項のように cor.test 関数が返す estimate 要素を見ればよい．

```
> df <- read.table("idol.dat", header=TRUE)
> df2 <- split(df, df[,3])                      # 血液型ごとのデータフレーム
> sapply(df2, function(i)                       # 各データフレームから計算
+               return(cor.test(i$Height, i$Weight)$estimate))
    A.cor    AB.cor     B.cor     O.cor       # グループ別の相関係数
0.6527514 0.7559289 0.7361532 0.5470160
```

## 4.2.3 複数の変数間の相関係数を求める

cor.test 関数のほか，相関係数を計算する関数には cor 関数がある．これは欠損値のある場合には若干扱いが面倒なことや，相関係数を計算するのに用いたデータの組数についての情報が返されないといった欠点がある．一方で，複数の変数を指定することで簡単に相関係数行列を計算できるという長所もある．そのため，これを元にしてユーザが関数を作るときの素材として使うには適している（254 ページの mycor 関数を参照）．

cor 関数は（4.9）のように使う．計算する相関係数は，cor.test 関数と同じ方法で，ピアソンの積率相関係数，スピアマンの順位相関係数，ケンドールの順位相関係数の 3 種類から選ぶ（103 ページ）．

- すべてのデータを使うとき（NA を含まないとき）[*2]
    cor(データフレーム)

- 欠損値を 1 個でも含むケースをすべて除くとき[*3]  (4.9)
    cor(データフレーム, use="complete.obs")

- 二変数の組み合わせ単位で欠損値を含むケースを除くとき[*4]
    cor(データフレーム, use="pairwise.complete.obs")

---

[*2] これがデフォルト．
[*3] SPSS でいうところのリストワイズ除去．use="c" でよい．
[*4] SPSS でいうところのペアワイズ除去．use="p" でよい．

実際の使用例を以下に示す．

```
> df <- read.table("idol.dat", header=TRUE)
> cor(df$Height, df$Weight, use="complete.obs")  # 二変数を指定するとき
[1] 0.6609872
> cor(df[1:2], use="complete.obs")          # データフレームを指定するとき
          Height    Weight
Height 1.0000000 0.6609872              # 相関係数行列が出力される
Weight 0.6609872 1.0000000
```

欠損値がある場合，use="complete.obs"と use="pairwise.complete.obs"とでは実際に相関係数の計算に使われるデータが異なるので，結果も異なる．後者はデータを可能な限り有効利用するので選択したいと思うかもしれないが，結果として得られる相関係数行列が正定値行列ではなくなってしまうこともあるので，統計解析に用いるには注意が必要である．

```
> cor(airquality[1:4], use="complete.obs")
             Ozone    Solar.R       Wind       Temp
Ozone    1.0000000  0.3483417 -0.6124966  0.6985414
Solar.R  0.3483417  1.0000000 -0.1271835  0.2940876
Wind    -0.6124966 -0.1271835  1.0000000 -0.4971897
Temp     0.6985414  0.2940876 -0.4971897  1.0000000
> nrow(na.omit(airquality[1:4]))  # "complete.obs"で使用されるデータ数
[1] 111

> cor(airquality[1:4], use="pairwise.complete.obs")
             Ozone    Solar.R        Wind        Temp
Ozone    1.0000000  0.34834169 -0.60154653  0.6983603
Solar.R  0.3483417  1.00000000 -0.05679167  0.2758403
Wind    -0.6015465 -0.05679167  1.00000000 -0.4579879
Temp     0.6983603  0.27584027 -0.45798788  1.0000000

> a <- airquality[1:4]
> n <- ncol(a)
> matrix(mapply(function(i, j)     # "pairwise"で使用されるデータ数
+         nrow(na.omit(a[c(i, j)])),
+         rep(1:n, n), rep(1:n, each=n)), n)
     [,1] [,2] [,3] [,4]
[1,]  116  111  116  116
[2,]  111  146  146  146
[3,]  116  146  153  153
[4,]  116  146  153  153
```

## 4.2.4　グループ別に複数の変数間の相関係数を求める

　データがいくつかのグループから成り立っていて，グループごとに相関係数行列を計算するときには，by 関数を使うか，または split 関数と lapply 関数を組み合わせて使う。

　次の使用例は airquality の最初の 4 列の測定値の相関係数行列を，by 関数を用いて月別（5～9 月）に求めたものである。なお，このデータフレームは欠損値を含むので，cor 関数の use 引数として use="complete.obs" または use="pairwise.complete.obs" を指定しないとエラーが発生して答えを求めることができない。その対策として，by 関数の 4 番目の引数に use を指定している。

```
> by(airquality[1:4], airquality$Month, cor, use="complete.obs")
airquality$Month: 5                          # 5月の測定値の相関係数行列
             Ozone    Solar.R       Wind       Temp
Ozone    1.0000000  0.2428635 -0.4509083  0.6125205
Solar.R  0.2428635  1.0000000 -0.2166452  0.4820229
Wind    -0.4509083 -0.2166452  1.0000000 -0.2985877
Temp     0.6125205  0.4820229 -0.2985877  1.0000000
------------------------------------------------------------
airquality$Month: 6                          # 6月の測定値の相関係数行列
             Ozone    Solar.R       Wind        Temp
Ozone    1.0000000  0.7177528  0.35725460  0.66833856
Solar.R  0.7177528  1.0000000  0.61202093  0.64657977
Wind     0.3572546  0.6120209  1.00000000 -0.08767282
Temp     0.6683386  0.6465798 -0.08767282  1.00000000
------------------------------------------------------------
airquality$Month: 7                          # 7月の測定値の相関係数行列
             Ozone    Solar.R       Wind       Temp
Ozone    1.0000000  0.4293259 -0.6673491  0.7227023
Solar.R  0.4293259  1.0000000 -0.2341961  0.3306230
Wind    -0.6673491 -0.2341961  1.0000000 -0.4688479
Temp     0.7227023  0.3306230 -0.4688479  1.0000000
------------------------------------------------------------
airquality$Month: 8                          # 8月の測定値の相関係数行列
             Ozone    Solar.R       Wind       Temp
Ozone    1.0000000  0.5296827 -0.7403275  0.6054886
Solar.R  0.5296827  1.0000000 -0.1875626  0.4565144
Wind    -0.7403275 -0.1875626  1.0000000 -0.4756624
Temp     0.6054886  0.4565144 -0.4756624  1.0000000
------------------------------------------------------------
airquality$Month: 9                          # 9月の測定値の相関係数行列
             Ozone     Solar.R         Wind       Temp
Ozone    1.0000000  0.18037298 -0.61045144  0.8281521
Solar.R  0.1803730  1.00000000 -0.09393697  0.1233090
Wind    -0.6104514 -0.09393697  1.00000000 -0.5787566
Temp     0.8281521  0.12330900 -0.57875661  1.0000000
```

　複数の変数間の相関係数をグループごとに求める別の方法としては，元のデータフレームをいったん split 関数によりグループ別のデータフレームに分割し，lapply 関数を用いてそれぞれのデータフレームを対象として cor 関数を適用するという方法もある。この場合も，cor 関数の use 引数を lapply 関数の第 3 引数として指定することを忘れてはならない。

グループ別の分析内容が複雑な場合には，こちらの方法を採用するほうがよいかもしれない。

```
> AQ <- split(airquality[1:4], airquality$Month)   # データフレームの分割

> lapply(AQ, cor, use="complete")                  # 各要素にcor関数を適用する
$`5`                                               # 5月の測定値の相関係数行列
             Ozone    Solar.R       Wind       Temp
Ozone    1.0000000  0.2428635 -0.4509083  0.6125205
Solar.R  0.2428635  1.0000000 -0.2166452  0.4820229
Wind    -0.4509083 -0.2166452  1.0000000 -0.2985877
Temp     0.6125205  0.4820229 -0.2985877  1.0000000

$`6`                                               # 6月の測定値の相関係数行列
             Ozone    Solar.R       Wind        Temp
Ozone    1.0000000 0.7177528  0.35725460  0.66833856
Solar.R  0.7177528 1.0000000  0.61202093  0.64657977
Wind     0.3572546 0.6120209  1.00000000 -0.08767282
Temp     0.6683386 0.6465798 -0.08767282  1.00000000

$`7`                                               # 7月の測定値の相関係数行列
             Ozone    Solar.R       Wind       Temp
Ozone    1.0000000  0.4293259 -0.6673491  0.7227023
Solar.R  0.4293259  1.0000000 -0.2341961  0.3306230
Wind    -0.6673491 -0.2341961  1.0000000 -0.4688479
Temp     0.7227023  0.3306230 -0.4688479  1.0000000

$`8`                                               # 8月の測定値の相関係数行列
             Ozone    Solar.R       Wind       Temp
Ozone    1.0000000  0.5296827 -0.7403275  0.6054886
Solar.R  0.5296827  1.0000000 -0.1875626  0.4565144
Wind    -0.7403275 -0.1875626  1.0000000 -0.4756624
Temp     0.6054886  0.4565144 -0.4756624  1.0000000

$`9`                                               # 9月の測定値の相関係数行列
             Ozone     Solar.R        Wind        Temp
Ozone    1.0000000  0.18037298 -0.61045144   0.8281521
Solar.R  0.1803730  1.00000000 -0.09393697   0.1233090
Wind    -0.6104514 -0.09393697  1.00000000  -0.5787566
Temp     0.8281521  0.12330900 -0.57875661   1.0000000
```

## 4.3 二変数の関係を図に表す

### 4.3.1 二変数の散布図を描く

二変数の相関関係を表現するためには plot 関数により散布図を描く[*5]。

```
plot(横軸にとる変数, 縦軸にとる変数)
    または
plot(縦軸にとる変数 ~ 横軸にとる変数)
```
(4.10)

データフレームを対象にするときには，(4.11) のような指定法がある。

```
plot(データフレーム名$横軸にとる変数名,
     データフレーム名$縦軸にとる変数名)
   または
plot(データフレーム名 [,横軸にとる変数の列番号],
     データフレーム名 [,縦軸にとる変数の列番号])
   または
plot(縦軸にとる変数名~横軸にとる変数名, データフレーム名)
```
(4.11)

以下のようにすることで，図 4.1 に示すようなグラフが描かれる。

```
> df <- read.table("idol.dat", header=TRUE)
> plot(df$Height, df$Weight) # 散布図を描く
```

この図 4.1 は手動でファイルに保存でき，後で別のアプリケーションに読み込んで利用することができる。保存時のファイルの形式としては，PDF 形式が最も美しくグラフが描かれるようである。

たくさんの変数の散布図を描くときには，描画も保存も自動的に行えたほうが効率がよい。そのためには (4.12) のように，グラフを描く前に pdf 関数，描画後に dev.off 関数を加えればよい。pdf 関数の引数については 87 ページの説明を参照してほしい。

```
pdf(file="名前 %03i.pdf", onefile=FALSE,
    width=300/72, height=300/72)
plot(横軸にとる変数, 縦軸にとる変数) などのグラフ描画関数
dev.off( )
```
(4.12)

---

[*5] 7.3 節 (241 ページ) も参照のこと。

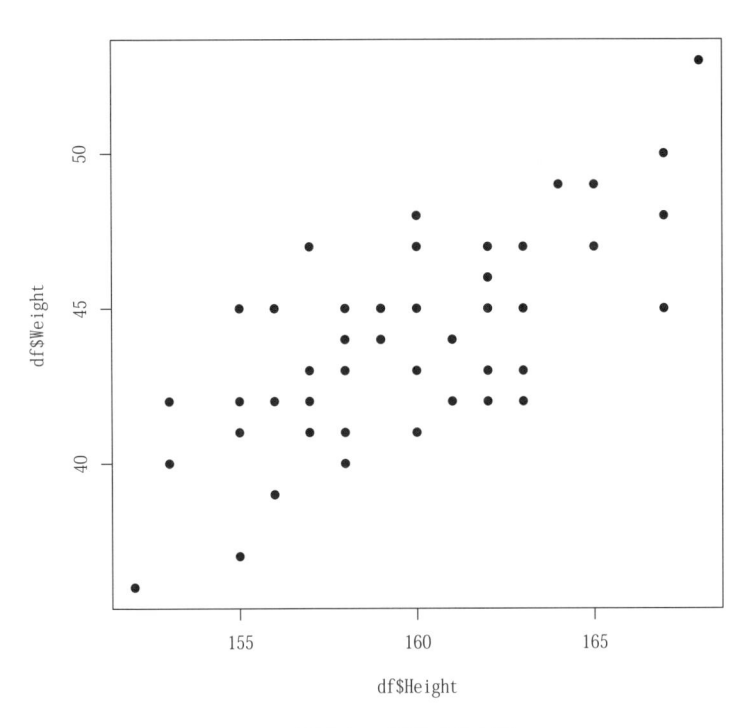

▶図 4.1　二変数の散布図

散布図を画像ファイルとして保存する場合は，以下のようにすればよい。

```
> df <- read.table("idol.dat", header=TRUE)
> pdf("scat%03i.pdf", onefile=FALSE,          # 準備
+     width=300/72, height=300/72)
> plot(df$Height, df$Weight, pch=19)          # 散布図を描く
> dev.off( )                                  # 終了
quartz
     2
```

## 4.3.2　グループ別に二変数の散布図を描く

グループ別のデータを 1 枚の散布図に描くのは簡単である。プロットの記号（pch 引数）や色（col 引数）を変えればよい。図 4.2 の上の図はプロット記号を月の数字にした例で，下の図はプロット記号の凡例を付けた例である。この例のように，凡例を付けるには legend 関数を使う。

```
> plot(airquality$Wind, airquality$Ozone,     # 月を表す数字でプロット
+      pch=as.character(airquality$Month))
> plot(airquality$Temp, airquality$Ozone,     # 月を表す記号でプロット
+      pch=as.integer(airquality$Month))      # 凡例を付ける
> legend("topleft", legend=month.abb[5:9], pch=5:9)
```

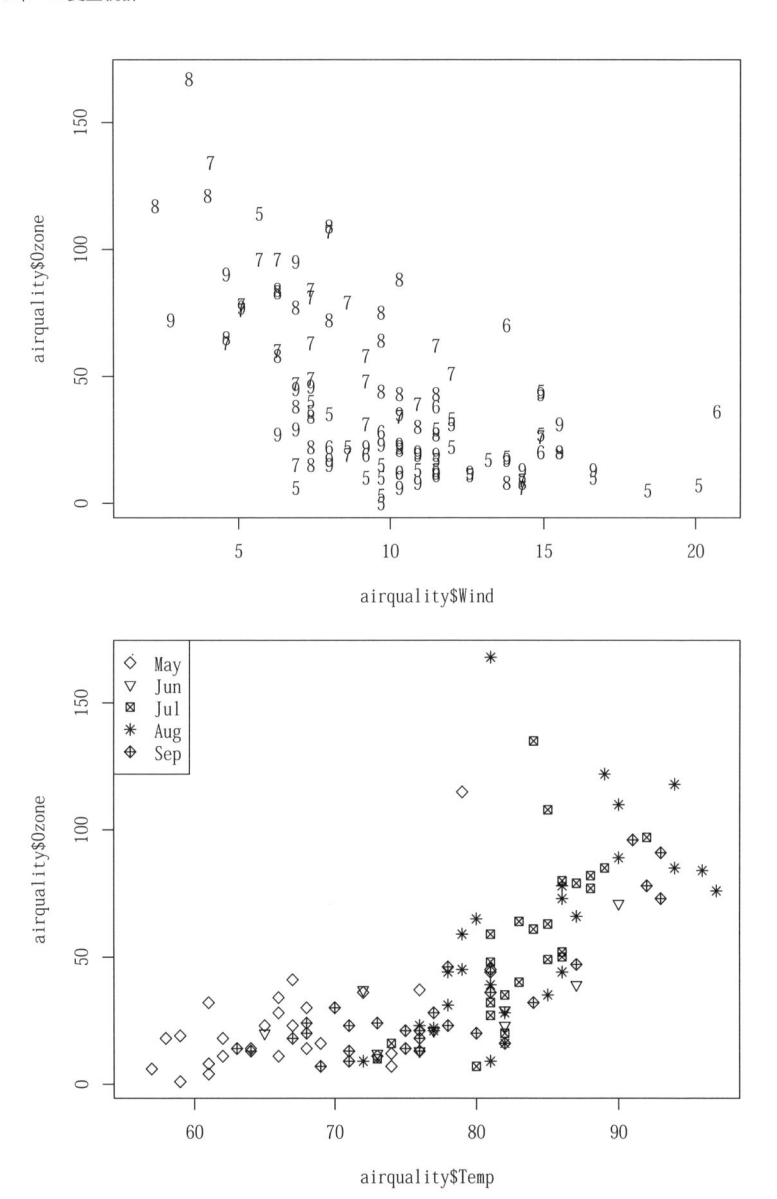

▶ 図 4.2　グループ別の散布図

### 4.3.3 複数の変数の散布図を描く

複数の変数の散布図を1枚の図にまとめて描くときは (4.13) のようにすればよい．引数として指定するデータフレームにある変数のすべての組み合わせで散布図を描くので，必要な変数だけを指定する．

```
plot(データフレーム)
  または                                                    (4.13)
pairs(データフレーム)
```

単純に plot(airquality[1:5]) とすれば，図 4.3 のような行列状に配置された散布図が得られる．

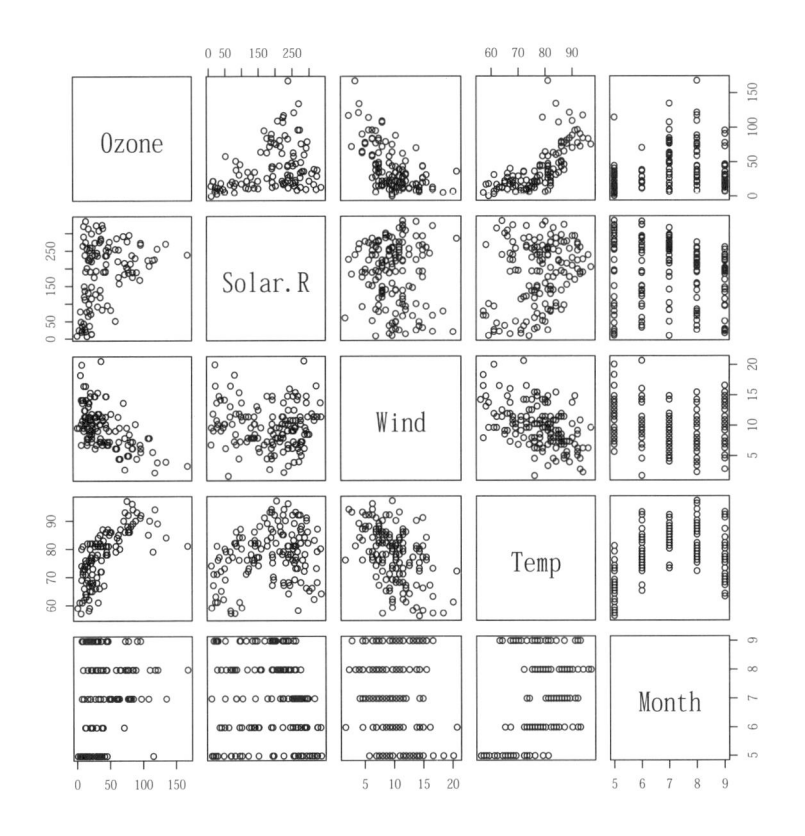

▶ 図 4.3 行列形式の散布図

なお，対角線より右上の枠と左下の枠，および対角線上の枠には，散布図や変数名以外のものを描くこともできる。例えば，以下のように plot 関数の引数を指定して，下三角部分には相関係数，上三角部分には散布図に平滑化した曲線を描き加えた LOWESS，対角部分にはヒストグラムを描くことができる（図 4.4）。

```
> plot(airquality[,1:5],
+       lower.panel=panel.cor,
+       upper.panel=panel.smooth,
+       diag.panel=panel.hist)
```

ここで，panel.hist と panel.cor は以下のように定義した関数である。panel.smooth は R で最初から定義されている関数である。

▶ panel.hist 関数（ヒストグラムを描く関数）
```
panel.hist <- function(x, ...)
{
    usr <- par("usr"); on.exit(par(usr))
    par(usr = c(usr[1:2], 0, 1.5) )
    h <- hist(x, plot = FALSE)
    breaks <- h$breaks
    nB <- length(breaks)
    y <- h$counts; y <- y/max(y)
    rect(breaks[-nB], 0, breaks[-1], y,
         col="grey70", ...)
}
```

▶ panel.cor 関数（相関係数を書く関数）
```
panel.cor <- function(x, y, digits=3)
{
    usr <- par("usr"); on.exit(par(usr))
    par(usr = c(0, 1, 0, 1))
    r <- cor(x, y, use="complete")
    txt <- round(r, digits)
    text(0.5, 0.5, txt,
         cex = 0.8/strwidth(txt) * abs(r)^0.25)
}
```

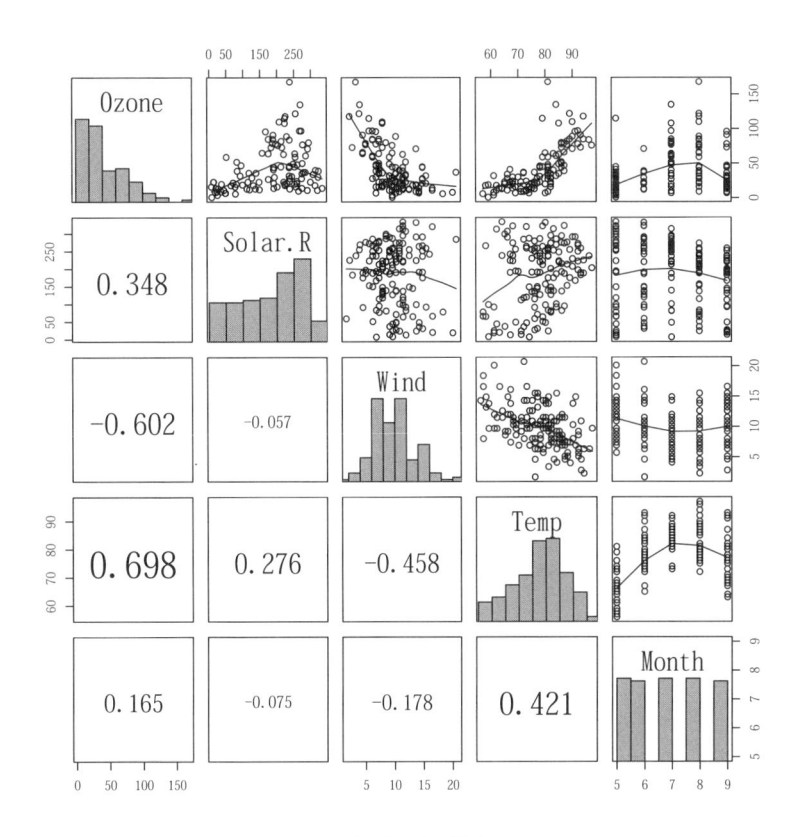

▶ 図 4.4 行列形式の散布図 +α

第 5 章

# 検定と推定

本章では，多くの統計学書に必ずと言ってよいほど取り上げられる検定手法について述べる。まず，比率の差の検定，二変数の独立性の検定から始め，独立標本の平均値および代表値の差の検定，等分散性の検定，相関係数の検定について，それぞれの検定手法単位でまとめる。

さらに，「群別の平均値に差があるかどうかの検定を数十項目について行う」というような，ある程度規模の大きいデータに対して繰り返し行われる類似の統計処理を効率的に行う方法についてもまとめる（5.7 節（135 ページ））。

## 5.1 比率の差の検定

独立 $k$ 標本[*1]の比率の差の検定を行う関数は prop.test 関数である。表 5.1 のような独立 $k$ 標本の成功・失敗（あるいは陽性・陰性とか該当・非該当）を集計したデータの左の 2 列を行列として prop.test 関数の引数に指定すればよい。

▶ 表 5.1　比率の差の検定を行うデータ例

| 成功 | 失敗 | 合計 |
| --- | --- | --- |
| $s_1$ | $f_1$ | $t_1$ |
| $\vdots$ | $\vdots$ | $\vdots$ |
| $s_i$ | $f_i$ | $t_i$ |
| $\vdots$ | $\vdots$ | $\vdots$ |
| $s_k$ | $f_n$ | $t_n$ |

prop.test 関数の引数に与える行列は，(5.1) のように，4.1 節（97 ページ）で説明した table 関数を用いて作成する。prop.test 関数は，$k = 2$ のときにはデフォルトで連続性の補正をするようになっている。引数として correct=FALSE を指定すると連続性の補正を行わない。

```
変数 <- table(データフレーム名$群変数, データフレーム名$二値変数)
prop.test(変数)
```
(5.1)

---

[*1] $k \geq 2$ である。$k = 1$ の場合には母比率の検定になる。

for文などを使って複数の変数について自動的に検定を繰り返すには，(5.2) の形式のほうが適している．列番号は，それぞれの変数のデータフレーム上での列番号を表す．

```
変数 <- table(データフレーム名 [c(群変数の列番号，二値変数の列番号)])
prop.test(変数)
```
(5.2)

以下では，グループを表す変数（g）と，あることに成功したか失敗したかを表す変数（x）を含むデータフレーム（df）があるとき，グループごとの成功・失敗の集計表を作成し，グループ間で成功したものの割合（比率）に差があるかどうかをprop.test関数により検定する例を示す．実行結果で重要なのは，カイ二乗値，自由度，$P$値の3つが書かれている行である．$P$値が0.05以下のときにグループの成功率に有意な差があると結論する．いちばん最後に各グループにおける成功の割合（比率）が出力される．

```
> set.seed(123)
> g <- factor(sample(c("g1", "g2", "g3"), 100, replace=TRUE))
> x <- factor(sample(c("成功", "失敗"), 100, replace=TRUE),
+             levels=c("成功", "失敗")))    # levelsを明示すること
> df <- data.frame(群=g, 結果=x)             # 例示のためのデータフレーム
> ( tbl <- table(df$群, df$結果) )           # クロス集計表を作る
      成功 失敗
  g1   12   21
  g2   21   13
  g3   17   16
> prop.test(tbl)                             # 比率の差の検定を行う

3-sample test for equality of proportions without
continuity correction

data:  tbl
X-squared = 4.3672, df = 2, p-value = 0.1126 # カイ二乗値, 自由度, P値
alternative hypothesis: two.sided            # 対立仮説の種類
sample estimates:                            # 各標本における「成功」割合
   prop 1    prop 2    prop 3
0.3636364 0.6176471 0.5151515
```

以下に，列番号を指定する形式 (5.2) による例を示す．以降の節では，列番号による方法がある場合でも，データフレーム名$変数名による方法の実行結果のみを示すことにする．

```
> ( tbl2 <- table(df[c(1, 2)]) )             # クロス集計表を作る
     結果
群    成功 失敗
  g1   12   21
  g2   21   13
  g3   17   16
```

```
> prop.test(tbl2)                              # 比率の差の検定を行う

3-sample test for equality of proportions without
continuity correction

data:  tbl2
X-squared = 4.3672, df = 2, p-value = 0.1126   # カイ二乗値，自由度，P値
alternative hypothesis: two.sided              # 対立仮説の種類
sample estimates:                              # 各標本における「成功」割合
   prop 1    prop 2    prop 3
0.3636364 0.6176471 0.5151515
```

## 5.2 独立性の検定

二変数のクロス集計表に基づいて，二変数が独立かどうかを検定するには，2つの方法がある。1つはいわゆるカイ二乗検定（$\chi^2$ 検定）で，検定統計量が漸近的に $\chi^2$ 分布に従うことを利用する検定法である。もう1つは，正確な確率計算に基づくフィッシャーの正確検定である。

### 5.2.1 $\chi^2$ 分布を利用する検定（$\chi^2$ 検定）

$\chi^2$ 検定を行うのは chisq.test 関数である。引数にはクロス集計表を与える（合計欄を含まないもの）。引数に与える行列は，(5.3) のように，4.1節（97ページ）で説明した table 関数を用いて作成する。chisq.test 関数は，2 × 2 クロス集計表のときにはデフォルトで連続性の補正をするようになっている。引数として correct=FALSE を指定すると連続性の補正を行わない。

```
変数 <- table(データフレーム名$変数 1, データフレーム名$変数 2)
chisq.test(変数)
```
(5.3)

for 文などを使って複数の変数に対して自動的に分析を繰り返すときには，(5.4) の形式のほうが適している。列番号は，それぞれの変数のデータフレーム上での列番号を表す。

```
変数 <- table(データフレーム名 [c(変数 1 の列番号, 変数 2 の列番号)])
chisq.test(変数)
```
(5.4)

以下では，グループを表す変数（g）と，あることについての賛否（賛成，中立，反対）を表す変数（x）を含むデータフレーム（df）があるとき，グループと賛否についてのクロス集計表を作成し，グループ間で賛否の状態が違うか（グループと賛否に関連があるか）について chisq.test 関数により独立性の検定を行う例を示

す。実行結果で重要なのは，カイ二乗値，自由度，$P$ 値の 3 つが書かれている行である。$P$ 値が 0.05 以下のときにグループと賛否は独立ではない（関連がある）と結論する。なお，期待度数が小さいセルがある場合には，「カイ二乗近似は不正確かもしれません」という意味の警告メッセージが出ることがある。そのような場合には，次項に示す fisher.test 関数を使う検定を行うとよい。

```
> set.seed(123)
> g <- factor(sample(c("g1", "g2", "g3"), 100, replace=TRUE))
> x <- factor(sample(1:3, 100, replace=TRUE), levels=1:3,
+             labels=c("賛成", "中立", "反対"))
> df <- data.frame(群=g, 結果=x)         # 例示のためのデータフレーム
> ( tbl <- table(df$群, df$結果) )        # クロス集計表を作る

    賛成 中立 反対
 g1    7   14   12
 g2   14   14    6
 g3   10   12   11
> chisq.test(tbl)                         # 独立性の検定を行う

    Pearson's Chi-squared test

data:  tbl
X-squared = 4.672, df = 4, p-value = 0.3226 # カイ二乗値, 自由度, P値
```

### 5.2.2 フィッシャーの正確検定

二変数のクロス集計表において二変数が独立かどうかを検定する chisq.test 関数の代替版が，フィッシャーの正確検定を行う fisher.test 関数である。多くの統計学の教科書には $2 \times 2$ クロス集計表の場合にのみフィッシャーの正確検定が行えるように書いてあるが，R の fisher.test 関数は $2 \times 2$ 以上の任意のクロス集計表に対して正確な検定が行える。引数にはクロス集計表を与える（合計欄を含まないもの）。引数に与える行列は，(5.5) のように，4.1 節（97 ページ）で説明した table 関数を用いて作成する。

```
変数 <- table(データフレーム名$変数 1, データフレーム名$変数 2)
fisher.test(変数)
```
(5.5)

for 文などを使って複数の変数に対して自動的に分析を繰り返すときには，(5.6) の形式のほうが適している。列番号は，それぞれの変数のデータフレーム上での列番号を表す。

```
変数 <- table(データフレーム名 [c(変数 1 の列番号, 変数 2 の列番号)])
fisher.test(変数)
```
(5.6)

以下では，グループを表す変数 (g) と，あることについての賛否（賛成，中立，反対）を表す変数 (x) を含むデータフレーム (df) があるとき，グループと賛否についてのクロス集計表を作成し，グループ間で賛否の状態が違うか（グループと賛否に関連があるか）について fisher.test 関数により独立性の検定を行う例を示す。実行結果としては $P$ 値が出力される。$P$ 値が 0.05 以下のときにグループと賛否は独立ではない（関連がある）と結論する。

```
> set.seed(123)
> g <- factor(sample(c("g1", "g2", "g3"), 100,
+                    replace=TRUE))
> x <- factor(sample(1:3, 100, replace=TRUE),
+             levels=1:3,
+             labels=c("賛成", "中立", "反対"))
> df <- data.frame(群=g, 結果=x)     # 例示のためのデータフレーム
> ( tbl <- table(df$群, df$結果) )    # クロス集計表を作る

     賛成 中立 反対
  g1    7   14   12
  g2   14   14    6
  g3   10   12   11

> fisher.test(tbl)                   # フィッシャーの正確検定を行う

	Fisher's Exact Test for Count Data

data:  tbl
p-value = 0.317                      # P値
alternative hypothesis: two.sided    # 対立仮説の種類
```

## 5.3 平均値の差の検定（パラメトリック検定）

### 5.3.1 独立 2 標本の場合：$t$ 検定

独立 2 標本の平均値の差の検定（いわゆる $t$ 検定）[*2] は t.test 関数を，(5.7) のように使用する。二群の分散が等しくない場合にはウェルチ（Welch）の方法をとることが勧められているが，等分散の場合であっても常にウェルチの方法を採用すればよい。R ではウェルチの方法がデフォルトである。二群の分散が等しいと仮定する場合には var.equal=TRUE を指定しなければならない。

---

- 等分散を仮定する場合
    t.test(検定変数 ~ 群変数, データフレーム名, var.equal=TRUE)
- 等分散を仮定しない場合（ウェルチの方法）
    t.test(検定変数 ~ 群変数, データフレーム名)

(5.7)

---

[*2] 7.7 節（251 ページ）も参照のこと。

for 文などを使って複数の変数に対して自動的に検定を繰り返すには，(5.8) の形式のほうが適している．列番号は，それぞれの変数のデータフレーム上での列番号を表す．

---

- 等分散を仮定する場合
  ```
  t.test(データフレーム名 [, 検定変数の列番号] ~
         データフレーム名 [, 群変数の列番号], var.equal=TRUE)
  ```
- 等分散を仮定しない場合（ウェルチの方法）
  ```
  t.test(データフレーム名 [, 検定変数の列番号] ~
         データフレーム名 [, 群変数の列番号])
  ```
(5.8)

---

以下では，グループを表す変数 (g) と数値データ (x) を含むデータフレーム (df) があるとき，2 つのグループの平均値に差があるかどうかを t.test 関数により検定する例を示す．実行結果で重要なのは，$t$ 値，自由度，$P$ 値の 3 つが書かれている行である．$P$ 値が 0.05 以下のときに 2 つのグループの平均値に有意な差があると結論する．等分散を仮定しないウェルチの方法の場合は，自由度は小数になることがある．

```
> set.seed(123)
> g <- factor(sample(c("g1", "g2"), 100,
+                    replace=TRUE))
> x <- rnorm(100)*10+80
> df <- data.frame(群=g, 結果=x)          # 例示のためのデータフレーム

> t.test(結果 ~ 群, df, var.equal=TRUE)    # 等分散を仮定したt検定

Two Sample t-test

data:  結果 by 群
t = 1.6751, df = 98, p-value = 0.09711     # t値，自由度，P値
alternative hypothesis: true difference    # 対立仮説
in means is not equal to 0
95 percent confidence interval:            # 母平均の差の95%信頼区間
 -0.5926963  7.0099471
sample estimates:                          # 各群の標本平均
mean in group g1 mean in group g2
        80.97059         77.76197

> t.test(結果 ~ 群, df)                    # 等分散を仮定しないt検定

Welch Two Sample t-test

data:  結果 by 群
t = 1.6781, df = 97.184, p-value = 0.09654 # t値，自由度，P値
alternative hypothesis: true difference in # 対立仮説
means is not equal to 0
95 percent confidence interval:            # 母平均の差の95%信頼区間
 -0.5862261  7.0034769
sample estimates:                          # 各群の標本平均
mean in group g1 mean in group g2
        80.97059         77.76197
```

## 5.3.2 独立 $k$ 標本の場合：一元配置分散分析

独立 $k$ 標本の平均値の差の検定[*3]は oneway.test 関数を，(5.9) のように使用する。R ではデフォルトで $k$ 群の分散が等しくないと仮定したウェルチ（Welch）の方法を拡張した検定法が適用されるので注意が必要である。

$k$ 群の分散が等しいと仮定する場合には，var.equal=TRUE を指定しなければならない。一元配置分散分析を行う関数として，oneway.test のほかに aov 関数がある。aov 関数は，分散が等しいことを仮定した検定を行う（分散が等しくない場合の検定には対応していない）。統計学の教科書には一元配置分散分析の場合に拡張したウェルチの方法による検定法について解説がないことも多いが，どのような場合であっても常に等分散を仮定しないウェルチの方法による一元配置分散分析を採用すればよい。

---

- 等分散を仮定する場合
  oneway.test(検定変数 ~ 群変数，データフレーム名，
  　　　　　　var.equal=TRUE)

- 等分散を仮定しない場合（ウェルチの方法の拡張）
  oneway.test(検定変数 ~ 群変数，データフレーム名)

(5.9)

---

for 文などを使って複数の変数に対して自動的に検定を繰り返すには，(5.10) の形式のほうが適している。列番号は，それぞれの変数のデータフレーム上での列番号を表す。

---

- 等分散を仮定する場合
  oneway.test(データフレーム名 [, 検定変数の列番号] ~
  　　　　　　データフレーム名 [, 群変数の列番号]，
  　　　　　　var.equal=TRUE)

- 等分散を仮定しない場合（ウェルチの方法の拡張）
  oneway.test(データフレーム名 [, 検定変数の列番号] ~
  　　　　　　データフレーム名 [, 群変数の列番号] )

(5.10)

---

以下では，グループを表す変数（g）と数値データ（x）を含むデータフレーム（df）があるとき，3 つのグループの平均値に差があるかどうかを oneway.test 関数により検定する例を示す。実行結果で重要なのは，$F$ 値，2 つの自由度，$P$ 値の4 つが書かれている行である。$P$ 値が 0.05 以下のときにグループの平均値に有意な差があると結論する。等分散を仮定しない一元配置分散分析の場合は，2 番目の自由度（denom df）は小数になることがある（1 番目の自由度（num df）はグルー

---

[*3] 7.6 節（248 ページ）も参照のこと。

プ数から 1 を引いた数なので常に整数である)。

```
> set.seed(123)
> g <- factor(sample(c("g1", "g2", "g3"), 100,
+                    replace=TRUE))
> x <- rnorm(100)*10+80
> df <- data.frame(群=g, 結果=x)       # 例示のためのデータフレーム

> oneway.test(結果 ~ 群, df,
+             var.equal=TRUE)          # 等分散を仮定した一元配置分散分析

One-way analysis of means

data:  結果 and 群                      # F値, 自由度, P値
F = 0.4469, num df = 2, denom df = 97, p-value = 0.641

> oneway.test(結果 ~ 群, df)            # 等分散を仮定しない一元配置分散分析
One-way analysis of means (not assuming equal variances)

data:  結果 and 群                      # F値, 自由度, P値
F = 0.4429, num df = 2.000, denom df = 64.654, p-value = p0.6441
```

### 5.3.3　対応のある 2 標本の場合：対応のある場合の $t$ 検定

対応のある 2 標本の平均値の差の検定も t.test 関数で行う。(5.11) のように，paired=TRUE を指定することを忘れてはならない。

$$
\texttt{t.test(データフレーム名\$検定変数 1, データフレーム名\$検定変数 2,}\\
\texttt{paired=TRUE)} \tag{5.11}
$$

for 文などを使って複数の変数に対して自動的に検定を繰り返すには，(5.12) の形式のほうが適している。列番号は，それぞれの変数のデータフレーム上での列番号を表す。

$$
\texttt{t.test(データフレーム名 [, 検定変数 1 の列番号],}\\
\texttt{データフレーム名 [, 検定変数 2 の列番号], paired=TRUE)} \tag{5.12}
$$

以下では，対応のある 2 つの数値データ (x と y) を含むデータフレーム (df) があるとき，2 つのデータの平均値に差があるといえるかどうかを t.test 関数を用いて検定する例を示す。結果で重要なのは，$t$ 値，自由度，$P$ 値の 3 つが書かれている行である。$P$ 値が 0.05 以下のときに 2 つのデータの平均値に有意な差があると結論する。

```
> set.seed(123)
> x <- rnorm(100)*10+80
> y <- rnorm(100)*10+83
> df <- data.frame(first=x, second=y)       # 例示のためのデータフレーム

> t.test(df$first, df$second, paired=TRUE)  # 対応のあるt検定

Paired t-test

data:  df$first and df$second
t = -0.7491, df = 99, p-value = 0.4556      # t値，自由度，P値
alternative hypothesis: true difference     # 対立仮説
in means is not equal to 0
95 percent confidence interval:             # 母平均の差の95%信頼区間
 -3.723482  1.682536
sample estimates:                           # 標本平均の差
mean of the differences
             -1.020473
```

### 5.3.4 対応のある $k$ 標本の場合：乱塊法

対応のある $k$ 標本の平均値の差の検定は，以下に示すように，aov 関数を使った randblk 関数を定義して行う。

▶ randblk 関数
```
randblk <- function(df)                     # データフレーム
{
    m <- as.matrix(df)                      # 行列にする
    df <- data.frame(x=as.vector(m),        # データフレームを展開
                 Treatment=as.factor(col(m)),
                 Replication=as.factor(row(m)))
    ans <- aov(x ~ Treatment + Replication, df) # 検定
    print(summary(ans))                     # 結果を表示
    invisible(ans)                          # 結果を非表示で返す
}
```

使用法は (5.13) のようになる。引数で渡すデータフレームは，分析対象とする変数だけを含むものとする。

```
randblk(データフレーム名)
    または                                                           (5.13)
randblk(データフレーム名 [c(列番号 1, ..., 列番号 k)])
```

以下では，3 人の被験者それぞれについての 4 時点（first, second, third, fourth）での測定データを含むデータフレーム (df) を対象として，4 時点での平均値に差があるかどうかを前述のように定義した randblk 関数を用いて検定する例を示す。検定結果で見るべきところは，Treatment と書かれた行の最終列「Pr(>F)」の数値である。この数値が 0.05 以下であれば，4 時点間の平均値に有意差があると結論する。また，Replication と書かれた行の最終列の数値が 0.05 以

下であれば，被験者間の平均値に有意差があると結論する．

```
> df <- data.frame(first=c(9, 1, 7),       # 例示のためのデータフレーム
+                  second=c(17, 21, 19),
+                  third=c(12, 16, 6),
+                  fourth=c(16, 11, 9))
> df
  first second third fourth
1     9     17    12     16
2     1     21    16     11
3     7     19     6      9
> randblk(df)         # データフレーム中の全変数を使って検定する場合
                      # 要因，自由度，平方和，平均平方，F値，P値
            Df Sum Sq  Mean Sq F value  Pr(>F)
Treatment    3 268.667  89.556  5.4923 0.03719 *
Replication  2  21.500  10.750  0.6593 0.55103
Residuals    6  97.833  16.306
---
Signif. codes:  0 '***' 0.001 '**' 0.01 '*' 0.05 '.' 0.1 ' ' 1
> randblk(df[,1:3])  # 1, 2, 3列のみを使って検定する場合
                      # 要因，自由度，平方和，平均平方，F値，P値
            Df Sum Sq  Mean Sq F value  Pr(>F)
Treatment    2 268.667 134.333  6.2969 0.05811 .
Replication  2   8.000   4.000  0.1875 0.83592
Residuals    4  85.333  21.333
---
Signif. codes:  0 '***' 0.001 '**' 0.01 '*' 0.05 '.' 0.1 ' ' 1
```

## 5.4 代表値の差の検定（ノンパラメトリック検定）

### 5.4.1 独立 2 標本の場合：マン・ホイットニーの $U$ 検定

独立 2 標本の代表値の差の検定[*4]は wilcox.test 関数を，(5.14) のように使用する．R の関数名も，また結果の出力もウィルコクソンの順位和検定を暗示しているが，計算されている統計量はマン・ホイットニーの $U$ 検定のものである（ウィルコクソンの順位和検定でもマン・ホイットニーの $U$ 検定でも，$P$ 値は同じである）．

なお，

```
Warning message:
In wilcox.test.default(x, y) :
   タイがあるため、正確な p 値を計算することができません
```

という警告が出ることがあるが，これは無視してかまわない[*5]．

---

[*4] 7.7 節（251 ページ）も参照のこと．
[*5] これが気になる場合には，exactRankTests パッケージにある wilcox.exact 関数を使えばよい．

## 5.4 代表値の差の検定（ノンパラメトリック検定）

- 連続性の補正をする場合
  ```
  wilcox.test(検定変数 ~ 群変数, データフレーム名)
  ```
- 連続性の補正をしない場合
  ```
  wilcox.test(検定変数 ~ 群変数, データフレーム名,
              correct=FALSE)
  ```
(5.14)

for 文などを使って複数の変数に対して自動的に検定を繰り返すには，(5.15) の形式のほうが適している．列番号は，それぞれの変数のデータフレーム上での列番号を表す．

- 連続性の補正をする場合
  ```
  wilcox.test(データフレーム名 [, 検定変数の列番号] ~
              データフレーム名 [, 群変数の列番号])
  ```
- 連続性の補正をしない場合
  ```
  wilcox.test(データフレーム名 [, 検定変数の列番号] ~
              データフレーム名 [, 群変数の列番号], correct=FALSE)
  ```
(5.15)

以下では，グループを表す変数（g）と数値データ（x）を含むデータフレーム（df）があるとき，2 つのグループの代表値に差があるかどうかを wilcox.test 関数により検定する例を示す．実行結果で重要なのは，$W$ 検定統計量と $P$ 値の 2 つが書かれている行である．$P$ 値が 0.05 以下のときにグループの代表値に有意な差があると結論する．

```
> set.seed(123)
> g <- factor(sample(c("g1", "g2"), 100, replace=TRUE))
> x <- rnorm(100)*10+80
> df <- data.frame(群=g, 結果=x)          # 例示のためのデータフレーム

> # マン・ホイットニーのU検定（連続性の補正をする）
> wilcox.test(結果 ~ 群, df)

Wilcoxon rank sum test with continuity correction

data:  結果 by 群
W = 1486, p-value = 0.09742                           # 検定統計量, P値
alternative hypothesis: true mu is not equal to 0  # 対立仮説

> # マン・ホイットニーのU検定（連続性の補正をしない）
> wilcox.test(結果 ~ 群, df, correct=FALSE)

Wilcoxon rank sum test

data:  結果 by 群
W = 1486, p-value = 0.09672                           # 検定統計量, P値
alternative hypothesis: true mu is not equal to 0  # 対立仮説
```

### 5.4.2 独立 $k$ 標本の場合：クラスカル・ウォリス検定

独立 $k$ 標本の代表値の差の検定[6]は kruskal.test 関数を，(5.16) のように使用する．

```
kruskal.test(検定変数 ~ 群変数, データフレーム名)                              (5.16)
```

for 文などを使って複数の変数に対して自動的に検定を繰り返すには，(5.17) のほうが適している．列番号は，それぞれの変数のデータフレーム上での列番号を表す．

```
kruskal.test(データフレーム名 [, 検定変数の列番号] ~
             データフレーム名 [, 群変数の列番号])                              (5.17)
```

以下では，グループを表す変数 (g) と数値データ (x) を含むデータフレーム (df) があるとき，3つのグループの代表値に差があるかどうかを kruskal.test 関数により検定する例を示す．実行結果で重要なのは，カイ二乗値，自由度，$P$ 値の3つが書かれている行である．$P$ 値が 0.05 以下のときにグループの代表値に有意な差があると結論する．

```
> set.seed(123)
> g <- factor(sample(c("g1", "g2", "g3"), 100, replace=TRUE))
> x <- rnorm(100)*10+80
> df <- data.frame(群=g, 結果=x)   # 例示のためのデータフレーム

> kruskal.test(結果 ~ 群, df)      # クラスカル・ウォリス検定
Kruskal-Wallis rank sum test

data:  結果 by 群                  # カイ二乗値，自由度，P値
Kruskal-Wallis chi-squared = 1.1559, df = 2, p-value = 0.5611
```

### 5.4.3 対応のある2標本の場合：ウィルコクソンの符号付順位和検定

対応のある2標本の代表値の差の検定も wilcox.test 関数で行う．(5.18) のように，paired=TRUE を指定することを忘れてはならない．

---

[6] 7.6 節（248 ページ）も参照のこと．

## 5.4 代表値の差の検定（ノンパラメトリック検定）

- 連続性の補正をする場合
  ```
  wilcox.test(データフレーム名$検定変数1,
              データフレーム名$検定変数2,paired=TRUE)
  ```
- 連続性の補正をしない場合
  ```
  wilcox.test(データフレーム名$検定変数1,
              データフレーム名$検定変数2,paired=TRUE,
              correct=FALSE)
  ```
(5.18)

for文などを使って複数の変数に対して自動的に検定を繰り返すには，(5.19)の形式のほうが適している．列番号は，それぞれの変数のデータフレーム上での列番号を表す．

- 連続性の補正をする場合
  ```
  wilcox.test(データフレーム名[, 検定変数1の列番号],
              データフレーム名[, 検定変数1の列番号],paired=TRUE)
  ```
- 連続性の補正をしない場合
  ```
  wilcox.test(データフレーム名[, 検定変数1の列番号],
              データフレーム名[, 検定変数2の列番号],
              paired=TRUE, correct=FALSE)
  ```
(5.19)

以下では，対応のある2つの数値データ（xとy）を含むデータフレーム（df）があるとき，2つのデータの代表値に差があるといえるかどうかをwilcox.test関数を用いて検定する例を示す．結果で重要なのは，$V$ 検定統計量，$P$ 値の2つが書かれている行である．$P$ 値が 0.05 以下のときに2つのデータの代表値に有意な差があると結論する．

```
> set.seed(123)
> x <- rnorm(100)*10+80
> y <- rnorm(100)*10+83
> df <- data.frame(first=x, second=y)       # 例示のためのデータフレーム

> # ウィルコクソンの符号付順位和検定（連続性の補正をする）
> wilcox.test(df$first, df$second, paired=TRUE)

Wilcoxon signed rank test with continuity correction

data:  df$first and df$second
V = 2332, p-value = 0.508                    # 検定統計量，P値
alternative hypothesis: true mu is not equal to 0 # 対立仮説

> # ウィルコクソンの符号付順位和検定（連続性の補正をしない）
> wilcox.test(df$first, df$second,
+             paired=TRUE, correct=FALSE)

Wilcoxon signed rank test

data:  df$first and df$second
V = 2332, p-value = 0.5069                   # 検定統計量，P値
alternative hypothesis: true mu is not equal to 0 # 対立仮説
```

### 5.4.4 対応のある $k$ 標本の場合：フリードマンの検定

対応のある $k$ 標本の代表値の差の検定（フリードマンの検定）は friedman.test 関数を，(5.20) のように使用する．引数で渡すデータフレームは分析対象とする変数だけを含むものとする．この関数は行列を引数とするので，データフレームを使っている場合にはデータフレームを行列に変換するための as.matrix 関数を忘れないようにすること．

```
friedman.test(as.matrix(データフレーム))
   または                                                        (5.20)
friedman.test(行列)
```

以下では，3 人の被験者それぞれについての 4 時点（first, second, third, fourth）での測定データを含むデータフレーム（df）を対象として，4 時点での代表値に差があるかどうかを friedman.test 関数を用いて検定する例を示す．実行結果で重要なのは，カイ二乗値，自由度，$P$ 値の 3 つが書かれている行である．$P$ 値が 0.05 以下であれば，4 時点間の代表値に有意差があることを意味する．2 番目の例は，データフレームに含まれる列のなかから限定して検定を行う例である．

```
> df <- data.frame(first=c(9, 1, 7),       # 例示のためのデータフレーム
+                  second=c(17, 21, 19),
+                  third=c(12, 16, 6),
+                  fourth=c(16, 11, 9))
> df
  first second third fourth
1     9     17    12     16
2     1     21    16     11
3     7     19     6      9

> friedman.test(as.matrix(df))             # フリードマンの検定

        Friedman rank sum test

data:  as.matrix(df)                       # カイ二乗値, 自由度, P値
Friedman chi-squared = 7, df = 3, p-value = 0.0719

> friedman.test(as.matrix(df[,1:3]))       # 1, 2, 3列のみを使う場合

        Friedman rank sum test

data:  as.matrix(df[, 1:3])                # カイ二乗値, 自由度, P値
Friedman chi-squared = 4.6667, df = 2, p-value = 0.09697
```

## 5.5 等分散性の検定

### 5.5.1 独立 2 標本の場合

独立 2 標本の分散が等しいかどうかの検定は，var.test 関数を，(5.21) のように使用する。

> var.test(検定変数 ~ 群変数, データフレーム名)　　　　　　　　　　(5.21)

for 文などを使って複数の変数に対して自動的に検定を繰り返すには，(5.22) の形式のほうが適している。列番号は，それぞれの変数のデータフレーム上での列番号を表す。

> var.test(データフレーム名 [, 検定変数の列番号] ~
>          データフレーム名 [, 群変数の列番号])　　　　　　　　　　(5.22)

以下では，グループを表す変数（g）と数値データ（x）を含むデータフレーム（df）があるとき，2 つのグループの分散が等しいかどうかを var.test 関数により検定する例を示す。実行結果で重要なのは，$F$ 値，2 つの自由度，$P$ 値の 4 つが書かれている行である。$P$ 値が 0.05 以下のときに 2 つのグループの分散は等しくないと結論する。

```
> set.seed(123)
> g <- factor(sample(c("g1", "g2"), 100, replace=TRUE))
> x <- rnorm(100)*10+80
> df <- data.frame(群=g, 結果=x)          # 例示のためのデータフレーム

> var.test(結果 ~ 群, df)                 # 等分散性の検定

 F test to compare two variances

data:  結果 by 群                         # F値, 自由度, P値
F = 1.0615, num df = 52, denom df = 46, p-value = 0.8403
alternative hypothesis: true ratio of variances
is not equal to 1                         # 対立仮説
95 percent confidence interval:           # 母分散比の95%信頼区間
 0.5987234 1.8633453
sample estimates:                         # 標本分散比
ratio of variances
          1.061509
```

## 5.5.2 独立 $k$ 標本の場合：バートレットの検定

独立 $k$ 標本の分散が等しいかどうかの検定は，bartlett.test 関数を，(5.23) のように使用する．

```
bartlett.test(検定変数 ~ 群変数, データフレーム名)                    (5.23)
```

for 文などを使って複数の変数に対して自動的に検定を繰り返すには，(5.24) の形式のほうが適している．列番号は，それぞれの変数のデータフレーム上での列番号を表す．

```
bartlett.test(データフレーム名 [, 検定変数の列番号] ~
              データフレーム名 [, 群変数の列番号])                    (5.24)
```

以下では，グループを表す変数（g）と数値データ（x）を含むデータフレーム（df）があるとき，3 つのグループの分散が等しいかどうかを bartlett.test 関数により検定する例を示す．実行結果で重要なのは，カイ二乗値，自由度，$P$ 値の 3 つが書かれている行である．$P$ 値が 0.05 以下のときにグループの分散は等しくないと結論する．

```
> set.seed(123)
> g <- factor(sample(c("g1", "g2", "g3"), 100,
+                    replace=TRUE))
> x <- rnorm(100)*10+80
> df <- data.frame(群=g, 結果=x)           # 例示のためのデータフレーム

> bartlett.test(結果 ~ 群, df)              # バートレットの検定

    Bartlett test of homogeneity of variances

data:  結果 by 群                          # カイ二乗値，自由度，P値
Bartlett's K-squared = 0.0764, df = 2, p-value = 0.9625
```

## 5.6 相関係数の検定（無相関検定）

相関係数の検定[*7]を行うのは cor.test 関数であり，(5.25) のように使用する。

スピアマンの順位相関係数，ケンドールの順位相関係数の検定を行うときに「タイのため正確な p 値を計算することができません」という警告が出ることがあるが，これは無視してよい。

---

- ピアソンの積率相関係数
  cor.test(データフレーム名$変数名1, データフレーム名$変数名2)

- スピアマンの順位相関係数
  cor.test(データフレーム名$変数名1, データフレーム名$変数名2,
          method="spearman")

- ケンドールの順位相関係数
  cor.test(データフレーム名$変数名1, データフレーム名$変数名2,
          method="kendall")

(5.25)

---

for 文などを使って複数の変数に対して自動的に検定を繰り返すには，(5.26) のほうが適している。列番号は，対象とする変数のデータフレーム上での列番号を表す。

---

- ピアソンの積率相関係数
  cor.test(データフレーム名[, 列番号1],
          データフレーム名[, 列番号2])

- スピアマンの順位相関係数
  cor.test(データフレーム名[, 列番号1],
          データフレーム名[, 列番号2], method="spearman")

- ケンドールの順位相関係数
  cor.test(データフレーム名[, 列番号1],
          データフレーム名[, 列番号2], method="kendall")

(5.26)

---

以下では，2変数 (x, y) を含むデータフレーム (df) があるとき，2変数が無相関かどうかを cor.test 関数により検定する例を示す。実行結果で重要なのは，ピアソンの積率相関係数の検定のときには，$t$値，自由度，$P$値の3つが書かれている行である。スピアマンの順位相関係数の検定では，$S$統計量と $P$値が出力される。ケンドールの順位相関係数の検定では $z$値と $P$値が出力される。$P$値が 0.05 以下のときに 2 変数の間に有意な相関があると結論する。データから計算される相

---

[*7] 7.8 節（254 ページ）も参照のこと。

関係数（標本相関係数）は，それぞれ sample estimates としていちばん最後に出力される。

```
> # データフレームを作る
> df <- data.frame(x=c(1, 2, 3, 3, 2, 4, 3, 1, 1, 4),
+                  y=c(3, 2, 1, 2, 3, 4, 5, 4, 3, 5))
> # 無相関検定（ピアソンの積率相関係数）
> cor.test(df$x, df$y)

        Pearson's product-moment correlation

data:  df$x and df$y
t = 0.6687, df = 8, p-value = 0.5225      # t値，自由度，P値
alternative hypothesis: true correlation  # 対立仮説
is not equal to 0
95 percent confidence interval:           # 母相関係数の95%信頼区間
 -0.4672324  0.7509236
sample estimates:                         # 標本相関係数
      cor
0.2300789

> # 無相関検定（スピアマンの順位相関係数）
> cor.test(df$x, df$y, method="spearman")

        Spearman's rank correlation rho

data:  df$x and df$y
S = 125.4614, p-value = 0.5049            # 検定統計量，P値
alternative hypothesis: true rho is       # 対立仮説
not equal to 0
sample estimates:                         # 標本相関係数
      rho
0.2396276

Warning message:
In cor.test.default(df$x, df$y, method = "spearman") :
  タイのため正確な p 値を計算することができません

> # 無相関検定（ケンドールの順位相関係数）
> cor.test(df$x, df$y, method="kendall")
        Kendall's rank correlation tau

data:  df$x and df$y
z = 0.3813, p-value = 0.703               # Z値，P値
alternative hypothesis: true tau is       # 対立仮説
not equal to 0
sample estimates:                         # 標本相関係数
      tau
0.1052996

Warning message:
In cor.test.default(df$x, df$y, method = "kendall") :
  タイのため正確な p 値を計算することができません
```

## 5.7　複数の対象変数について検定を繰り返す方法

　ここまで各検定について「複数の変数に対して自動的に検定を繰り返す」方法についても説明した。一般的に，sapply 関数や lapply 関数，by 関数を使うことが「R らしい」と評されることもあるが，for 文を使うのがいちばん単純明快である。処理内容が複雑な場合は for 文を使ったほうがわかりやすいであろう。

　本章で取り上げた検定は，5.3.4 節の乱塊法，5.4.4 節のフリードマンの検定以外は二変数が関与するものである。二変数のうちの 1 つが固定され，もう 1 つの変数が変化する場合には，一重の for ループを使う。2 つとも変化する場合は二重の for ループを使えばよい。例えば，5.6 節の無相関検定は，(5.26) の形式を使って以下のように記述すればよい。

　まず，airquality データセットの 1～3 列のそれぞれの変数と 4 列目の変数との無相関検定の場合を以下に示す。

　注意すべきことは，for ループのなかでは検定関数を呼び出すだけでは結果が表示されないということである。結果を表示するためには明示的に print 関数を使わなければならない。

```
> for (i in 1:3) { # 1～3列目の変数を対象にする
+     print(cor.test(airquality[,i], airquality[,4])) # もう一方は4列目
+ }

Pearson's product-moment correlation

data:  airquality[, i] and airquality[, 4] # 1列目と4列目の変数について
t = 10.4177, df = 114, p-value < 2.2e-16
alternative hypothesis: true correlation is not equal to 0
95 percent confidence interval:
 0.591334 0.781211
sample estimates:
      cor
0.6983603

Pearson's product-moment correlation

data:  airquality[, i] and airquality[, 4] # 2列目と4列目の変数について
t = 3.4437, df = 144, p-value = 0.0007518
alternative hypothesis: true correlation is not equal to 0
95 percent confidence interval:
 0.1187113 0.4194913
sample estimates:
      cor
0.2758403
```

```
Pearson's product-moment correlation

data:  airquality[, i] and airquality[, 4]   # 3列目と4列目の変数について
t = -6.3308, df = 151, p-value = 2.642e-09
alternative hypothesis: true correlation is not equal to 0
95 percent confidence interval:
 -0.5748874 -0.3227660
sample estimates:
       cor
-0.4579879
```

指定する変数があまり多くない場合には、例えば、lapply 関数, sapply 関数, mapply 関数を用いて以下のようにすることもできるが, lapply 関数以外は, 結果が見やすいとはいえない。

```
> lapply(airquality[1:3], function(i) cor.test(i, airquality[,4]))
$Ozone                        # lapply関数を使う場合は片方の変数名が表示される

Pearson's product-moment correlation

data:  i and airquality[, 4]
t = 10.4177, df = 114, p-value < 2.2e-16
alternative hypothesis: true correlation is not equal to 0
95 percent confidence interval:
 0.591334 0.781211
sample estimates:
      cor
0.6983603
    :

> sapply(airquality[1:3], function(i) cor.test(i, airquality[,4]))
            Ozone             # sapply関数を使う場合は片方の変数名が表示される
statistic   10.41772
parameter   114
p.value     0
estimate    0.6983603
null.value  0
alternative "two.sided"
method      "Pearson's product-moment correlation"
data.name   "i and airquality[, 4]"
conf.int    Numeric,2
    :

> mapply(function(i, j)
+        cor.test(airquality[,i], airquality[,4]), 1:3, 4)
            [,1]              # mapply関数を使う場合は変数名は一切表示さない
statistic   10.41772
parameter   114
p.value     0
estimate    0.6983603
null.value  0
alternative "two.sided"
method      "Pearson's product-moment correlation"
data.name   "airquality[, i] and airquality[, 4]"
conf.int    Numeric,2
    :
```

それぞれの検定で，対象とする変数名とともに結果を書き出すように若干の追加を行うと以下のようになる．検定結果のオブジェクトから，必要な要素のみを選んで出力するとよいだろう．

```
> var.name <- colnames(airquality) # データフレームの変数名を取り出す
> for (i in 1:3) {
+     cat("=============================================\n")
+     cat(paste("無相関検定:", var.name[i], "と", var.name[4], "\n"))
+     print(cor.test(airquality[,i], airquality[,4]))
+ }
=============================================
無相関検定: Ozone と Temp

Pearson's product-moment correlation

data:  airquality[, i] and airquality[, 4]
t = 10.4177, df = 114, p-value < 2.2e-16
alternative hypothesis: true correlation is not equal to 0
95 percent confidence interval:
 0.591334 0.781211
sample estimates:
      cor
0.6983603

=============================================
無相関検定: Solar.R と Temp

Pearson's product-moment correlation

data:  airquality[, i] and airquality[, 4]
t = 3.4437, df = 144, p-value = 0.0007518
alternative hypothesis: true correlation is not equal to 0
95 percent confidence interval:
 0.1187113 0.4194913
sample estimates:
      cor
0.2758403

=============================================
無相関検定: Wind と Temp

Pearson's product-moment correlation

data:  airquality[, i] and airquality[, 4]
t = -6.3308, df = 151, p-value = 2.642e-09
alternative hypothesis: true correlation is not equal to 0
95 percent confidence interval:
 -0.5748874 -0.3227660
sample estimates:
       cor
-0.4579879
```

1～4列目のすべての組み合わせで無相関検定を行い，$t$値，自由度（$df$），$P$値のみを結果として表示するためには，以下のようにすればよい．

```
> var.name <- colnames(airquality)
> for (i in 1:3) {
+     for (j in (i+1):4) { # i=1のときj=2〜4, ..., i=3のときj=4について
+         cat("=============================================\n")
+         cat(paste("無相関検定：", var.name[i], "と", var.name[j], "\n"))
+         ans <- cor.test(airquality[,i], airquality[,j])
+         cat("t =", ans$statistic, ",   df =", ans$parameter,
+             ",   P-value =", ans$p.value, "\n")
+     }
+ }
=============================================
無相関検定： Ozone と Solar.R
t = 3.879795 ,   df = 109 ,   P-value = 0.0001793109
=============================================
無相関検定： Ozone と Wind
t = -8.04013 ,   df = 114 ,   P-value = 9.271974e-13
=============================================
無相関検定： Ozone と Temp
t = 10.41772 ,   df = 114 ,   P-value = 0
=============================================
無相関検定： Solar.R と Wind
t = -0.6826017 ,   df = 144 ,   P-value = 0.4959552
=============================================
無相関検定： Solar.R と Temp
t = 3.443686 ,   df = 144 ,   P-value = 0.0007517729
=============================================
無相関検定： Wind と Temp
t = -6.330835 ,   df = 151 ,   P-value = 2.641597e-09
```

第 6 章

# 多変量解析

　本章では，いわゆる多変量解析を取り上げる。古典的ともいえるが，重要でありよく使われる手法として，重回帰分析，判別分析，主成分分析，因子分析，クラスター分析の使用法について述べる。また，よく使われるようになってきたがまだ比較的馴染みがない手法として，AIC による変数選択法，プロマックス法による因子分析，k-means 法によるクラスター分析についても紹介する。さらに，従来わが国でよく用いられてきた数量化理論についても，R でどのように行えばよいかについて述べる。

　SPSS や SAS などと比べ，結果の出力内容や様式が決まっているわけではないので，場合によっては追加的な処理を行わなければならない場合がある。そのような場合への対応として，R の分析結果を補完する処理手順（具体的には関数の作成）についても述べる。

## 6.1 重回帰分析

　ここでは重回帰分析を取り上げ，変数選択や重回帰分析の考え方を応用した分析として，ダミー変数を使う重回帰分析と多項式回帰分析についても述べる。

### 6.1.1 重回帰分析の基本

　重回帰分析（線形重回帰分析）の目的は，複数個の変数（独立変数）に基づいて，別の 1 個の変数（従属変数）を予測することである。予測のために作られる予測式（重回帰式）は，(6.1) のような形式である。

$$\hat{y} = b_0 + b_1 x_1 + b_2 x_2 + \cdots + b_p x_p \tag{6.1}$$

　(6.1) において，独立変数が 1 個だけのときが最も簡単である。すなわち $\hat{y} = b_0 + b_1 x_1$ のときである。これは直線回帰と呼ばれる（単回帰とも呼ばれる）。

　従属変数 $y$ の予測値 $\hat{y}$ は，独立変数 $x_i$, $i = 1, 2, \ldots, p$ に重み（偏回帰係数）$b_i$, $i = 1, 2, \ldots, p$ を掛けて足し合わせたもの（合成変数）として表現される。偏回帰係数を吟味することにより，それぞれの独立変数がどのように従属変数を規定しているかもわかる。

Rでの重回帰分析はlm関数を用いて行う。使用法を(6.2)に示す[*1]。lm関数から返されるオブジェクトにsummary関数を適用するのがポイントである。

```
変数 <- lm(モデル式, データフレーム名)
summary(変数)
```
(6.2)

(6.2)では、lm関数が返すオブジェクトを変数に付値した後、summary関数を適用している。変数に付値せずに、直接summary(lm(モデル式, データフレーム名))のようにしてもよいが、関数が返すオブジェクトは後でいろいろと使い道があるので、変数に付値しておくほうがよい。

モデル式は、「従属変数 ~ 独立変数1 + 独立変数2 + … + 独立変数n」という形式で記述するのが最も簡単である。

Yが従属変数、X1, X2, X3が独立変数である以下のようなデータフレームを用意し、分析してみよう。

```
> df <- data.frame(Y =c(44, 47, 41, 49, 56, 41, 58, 47, 60, 57),
+                  X1=c(39, 47, 53, 45, 48, 48, 61, 47, 49, 64),
+                  X2=c(52, 49, 41, 37, 56, 50, 63, 47, 56, 50),
+                  X3=c(42, 47, 41, 53, 54, 41, 47, 59, 61, 54))
```

データを入力していきなり重回帰分析をするのは避けたほうがよい。なぜなら、散布図を描いたり相関係数を調べたりして変数間にどのような関係があるか見定めるという作業に重要な意味があるからである。

ここでは相関係数行列を見てみよう。チェックするポイントは次の2点である。

1. 個々の独立変数は従属変数と直線相関があり、従属変数との相関係数がある程度大きいこと。
2. 独立変数間の相関係数はあまり大きすぎないこと。

cor関数でdfの相関係数行列を表示すると、以下のようになる。

```
> cor(df)
           Y          X1         X2         X3
Y  1.0000000 0.5060461 0.6061103 0.6864911
X1 0.5060461 1.0000000 0.3046478 0.1016509
X2 0.6061103 0.3046478 1.0000000 0.1070957
X3 0.6864911 0.1016509 0.1070957 1.0000000
```

このデータでは特に問題は見られないようなので、いよいよ重回帰分析を行おう。(6.2)に従って重回帰分析の結果を変数ansに付値し、summary関数で結果を表示する。

---

[*1] 重回帰分析を行うRプログラムについてはhttp://aoki2.si.gunma-u.ac.jp/R/sreg.htmlも参照のこと。

```
> ans <- lm(Y ~ X1+X2+X3, df)
> summary(ans)                    # 結果の要約を表示する
Call:                              # モデル式
lm(formula = Y ~ X1 + X2 + X3, data = df)

Residuals:                         # 残差の5数要約値
    Min      1Q   Median      3Q     Max
-6.1514 -0.4700  0.7018   1.1940  4.3051

Coefficients:                      # 偏回帰係数, 標準誤差, t値, P値
            Estimate Std. Error t value Pr(>|t|)
(Intercept) -16.0878    11.7849  -1.365   0.2212
X1            0.2977     0.1641   1.814   0.1196
X2            0.4296     0.1632   2.632   0.0390 *
X3            0.5941     0.1592   3.733   0.0097 **
---
Signif. codes:  0 '***' 0.001 '**' 0.01 '*' 0.05 '.' 0.1 ' ' 1

Residual standard error: 3.482 on 6 degrees of freedom
Multiple R-Squared: 0.8439,Adjusted R-squared: 0.7658
F-statistic: 10.81 on 3 and 6 DF,  p-value: 0.007824
```

summaryにより表示される結果のなかで最も重要なのはCoefficients:以降の表である。(Intercept)と表示された行は，切片 ((6.1) の $b_0$) についての偏回帰係数 (Estimate)，標準誤差 (Std. Error)，$t$ 値 (t value)，$P$ 値 (Pr(>|t|)) を示している。それ以後の行は，モデルに含めた独立変数についての各値である。$P$ 値は，偏回帰係数（および切片）が0であるかどうかの検定結果を示している。標準誤差，$t$ 値は $P$ 値を計算するためのものである。

分析結果の最後の3行には，残差標準誤差 (Residual standard error) とその自由度，重相関係数の二乗 (Multiple R-Squared, 決定係数)，自由度調整済みの重相関係数の二乗 (Adjusted R-squared)，回帰の分散分析の $F$ 値 (F-statistic) およびその自由度と，対応する $P$ 値 (p-value) が出力される。

(6.2) に出てくるモデル式は，重回帰モデルの探索をする場合には便利な面もあるが，独立変数が多いと記述が大変である。そこで，(6.3) のような記述法もあり，データを機械的に処理するにはこちらのほうが適しているだろう。ただし，(6.3) の記述法は独立変数がすべて数値変数であるときにのみ許されるため，カテゴリー変数を含む場合には (6.2) によらねばならない。

従属変数は，データフレーム$従属変数の変数名またはデータフレーム [, 従属変数の列番号] のように指定する。

データフレームから独立変数を構成する行を抽出してデータフレームを作るには，データフレーム [列を表す数値ベクトル] とする。例えば，df というデータフレームから3, 6, 9, 12列を取り出すとすれば，列を表す数ベクトルはc(3, 6, 9, 12) であるから，df[c(3, 6, 9, 12)]とすればよい。なお，連続する列はコロンでつないで指定できる。例えば，4〜10列を取り出すならdf[4:10] となる。

データフレームから独立変数を取り出しただけでは「行列」ではないので，as.matrix 関数で行列に変換しなければならない点に注意してほしい。

```
変数 <- lm(従属変数 ~ as.matrix(独立変数データフレーム))
summary(変数)
```
(6.3)

前の例で使用したデータフレーム df（140 ページ）を，(6.3) に示した方法でも分析してみよう。

```
> ans3 <- lm(df[, 1] ~ as.matrix(df[2:4]))
> summary(ans3)

Call:
lm(formula = df[, 1] ~ as.matrix(df[2:4]))

Residuals:
    Min      1Q  Median      3Q     Max
-6.1514 -0.4700  0.7018  1.1940  4.3051

Coefficients:
                      Estimate Std. Error t value Pr(>|t|)
(Intercept)           -16.0878    11.7849  -1.365   0.2212
as.matrix(df[2:4])X1    0.2977     0.1641   1.814   0.1196
as.matrix(df[2:4])X2    0.4296     0.1632   2.632   0.0390 *
as.matrix(df[2:4])X3    0.5941     0.1592   3.733   0.0097 **
---
Signif. codes:  0 '***' 0.001 '**' 0.01 '*' 0.05 '.' 0.1 ' ' 1

Residual standard error: 3.482 on 6 degrees of freedom
Multiple R-Squared: 0.8439,Adjusted R-squared: 0.7658
F-statistic: 10.81 on 3 and 6 DF,  p-value: 0.007824
```

独立変数の表示が as.matrix(df[2:4])X1 などとなることにやや閉口するが，前の例と同じ結果が表示される。

偏回帰係数が正の値ならば，その変数が大きな値をとれば従属変数のとる値も大きくなることを意味する。逆に偏回帰係数が負の値であれば，その独立変数が大きな値をとれば従属変数のとる値は小さくなることを意味する。

しかし，偏回帰係数が大きい変数が従属変数に影響する度合いが大きいとは限らない。偏回帰係数の大きさは，独立変数がどのような範囲の値をとるかに依存しているため，独立変数が従属変数に及ぼす真の影響の大きさは，偏回帰係数ではなく標準化偏回帰係数により評価しなければならない。つまり，標準化偏回帰係数の絶対値の大きいものが従属変数に大きい影響を及ぼすのである。

ある独立変数 $x_i$ の偏回帰係数が $B_i$ であるとき，その標準化偏回帰係数 $b_i$ は，従属変数の標準偏差を $s_y$，独立変数 $x_i$ の標準偏差を $s_i$ とすると，$b_i = B_i s_i / s_y$ と表すことができるので，以下のようにして求めることができる。

```
> ans <- lm(Y ~ X1+X2+X3, df)
> coefficients(ans)[2:4]*apply(df[2:4], 2, sd)/apply(df[1], 2, sd)
       X1        X2        X3
0.3080710 0.4472201 0.6072801
```

coefficients 関数は，lm 関数が返すオブジェクトから偏回帰係数を取り出す関数である[*2]。apply(df[2:4], 2, sd) が $s_1, s_2, s_3$，apply(df[1], 2, sd) が $s_y$ である。

偏回帰係数の評価をするために信頼区間を使うことがある。信頼区間に 0 が含まれないことと偏回帰係数が 0 であるかどうかの検定で帰無仮説が棄却されるということ（偏回帰係数が 0 ではない）は等価である。信頼区間は confint 関数を用いて以下のようにして求めることができる。95% 信頼限界を求めた場合，表記が 2.5% と 97.5% となるので，戸惑うかもしれない。これらの表記は，それぞれ下側信頼限界と上側信頼限界を表しており，その区間内に偏回帰係数が含まれる確からしさが 95% であることを意味している。

X1 の偏回帰係数の 95% 信頼区間は $[-0.104, 0.699]$ であり，信頼区間に 0 が含まれる。このことと，「X1 の偏回帰係数が 0 であるかどうかの検定結果を表す $P$ 値（Pr(>|t|)）が 0.119 であって，0.05 より大きいので帰無仮説が採択される」ことが対応している。X2, X3 の信頼区間はともに 0 を含まず，$P$ 値 $< 0.05$ であることと対応している。

```
> confint(ans)
                  2.5 %      97.5 %
(Intercept) -44.92456786 12.748895
X1           -0.10386624  0.699346
X2            0.03020467  0.829089
X3            0.20466292  0.983544
```

独立変数間の相関係数行列の逆行列の要素 $r^{ii}$ は分散拡大要因（VIF：Variance Inflation Factor）である。その逆数，すなわち $1/r^{ii}$ は，トレランスと呼ばれ，多重共線性の存在をチェックするために必要である。分散拡大要因が 10 を超える（トレランスが 0.1 以下になる）独立変数は，多重共線性の原因になっている可能性が高いので，それらを除去して分析を行うほうがよい。

分散拡大要因とトレランスは，それぞれ以下のようにして求めることができる。

```
> diag(solve(cor(df[2:4])))    # 分散拡大要因を計算する
      X1       X2       X3
1.108193 1.109467 1.017006

> 1/diag(solve(cor(df[2:4]))) # トレランスを計算する
       X1        X2        X3
0.9023701 0.9013337 0.9832787
```

---

[*2] lm が返すオブジェクトを a に付値したとき，a$coefficients によって求めることもできる。同種の関数として fitted.values, residuals がある。これらも，それぞれ a$fitted.values, a$residuals と同じ結果を得ることができる。

重回帰分析が成功したかどうか，すなわち，得られた予測式が役に立つかどうかは，回帰の分散分析によって評価する．lm 関数が返すオブジェクトを anova 関数に渡すと結果が表示される．こうして得られる分散分析表のエッセンスは，実際には lm 関数が返すオブジェクトを summary 関数で出力した結果の最終行にもまとめられているので，あまり必要とされないかもしれない[*3]．

(6.3) により分析した場合には，以下のようにして分散分析表を得ることができる．

```
> ans3 <- lm(df[, 1] ~ as.matrix(df[2:4]))
> anova(ans3)
Analysis of Variance Table

Response: df[, 1]
                    Df Sum Sq Mean Sq F value   Pr(>F)
as.matrix(df[2:4])   3 393.24  131.08  10.809 0.007824 **
Residuals            6  72.76   12.13
---
Signif. codes:  0 '***' 0.001 '**' 0.01 '*' 0.05 '.' 0.1 ' ' 1
```

なお，(6.2) の方法によった場合には，以下のように異なった分散分析表が表示される．以下に示される anova(ans) の分散分析表において，すべての従属変数について Sum Sq の和を求めると 393.2365 となり，上で示した anova(ans3) の結果の Sum Sq と同じになる．また，Df の和は独立変数の個数に等しく，この場合は 3 になる．これにより Mean Sq は $393.2365/3 = 131.0788$ になり，独立変数 3 個をまとめた分散分析表 anova(ans3) は anova(ans) からも導けることがわかる．

```
> ans <- lm(Y ~ X1+X2+X3, df)
> anova(ans)
Analysis of Variance Table

Response: Y
          Df Sum Sq Mean Sq F value   Pr(>F)
X1         1 119.335 119.335  9.8402 0.020147 *
X2         1 104.920 104.920  8.6516 0.025902 *
X3         1 168.982 168.982 13.9341 0.009704 **
Residuals  6  72.763  12.127
---
Signif. codes:  0 '***' 0.001 '**' 0.01 '*' 0.05 '.' 0.1 ' ' 1
```

(6.2) の方法で求めた lm 関数のオブジェクトから，(6.3) により分析したときと同じ分散分析表を求めるには，lm 関数と anova 関数の間に以下のような 3 行を加えればよい．lm 関数が返すオブジェクトを付値した変数名 ans と，一時的な変数である p は，別の名前でもかまわない．

---

[*3] 本来，anova 関数はモデルの優劣を検定するためのものである．

```
> ans <- lm(Y ~ X1+X2+X3, df)
> p <- ans$rank                                              # 追加
> ans$assign[ans$qr$pivot][1:p] <- c(0, rep(1, p-1))         # 追加
> attr(ans$terms, "term.labels") <- "Indep.Vars."            # 追加
> anova(ans)
Analysis of Variance Table

Response: Y
            Df Sum Sq Mean Sq F value   Pr(>F)
Indep.Vars.  3 393.24  131.08  10.809 0.007824 **
Residuals    6  72.76   12.13
---
Signif. codes:  0 '***' 0.001 '**' 0.01 '*' 0.05 '.' 0.1 ' ' 1
```

lm 関数に付随する分析結果をまとめて表示するために，以下のように lm2 という名前を持つ関数として組み立てると便利かもしれない．この lm2 関数には，第 1 引数にデータフレーム名，第 2 引数にデータフレーム上での従属変数の列番号，第 3 引数に独立変数の列番号を指定する．第 3 引数は，1 個の整数の場合（単回帰分析）と，整数ベクトルの場合（重回帰分析）とがある．

▶ lm2 関数
```
lm2 <- function(df,                              # データフレーム名
                iy,                              # 従属変数の列番号
                ix)                              # 独立変数の列番号ベクトル
{
    df <- subset(df, complete.cases(df))         # 欠損値を含むデータを除く
    y <- as.matrix(df[,iy,drop=FALSE])           # 従属変数
    x <- as.matrix(df[,ix,drop=FALSE])           # 独立変数
    colnames(x) <- colnames(df)[ix]              # 変数名
    ans <- lm(y~x)                               # 重回帰分析の結果
    ans2 <- summary(ans)                         # summaryの結果
    print(ans2)                                  # summaryを表示
    ans3 <- confint(ans)                         # 信頼限界
    lcl <- ans3[,1]                              # 下側信頼限界
    ucl <- ans3[,2]                              # 上側信頼限界
    beta <- c(NA,                                # 標準化偏回帰係数
        coefficients(ans)[-1]*apply(x, 2, sd)/apply(y, 2, sd))
    VIF <- c(NA, diag(solve(cor(x))))            # 分散拡大要因
    tolerance <- 1/VIF                           # トレランス
    print(round(cbind(lcl, ucl, beta,            # 追加の結果表示
        VIF, tolerance), 4), na.print="---")
    print(anova(ans))                            # 分散分析の結果
    invisible(ans)                               # lm()の結果を非表示で返す
}
```

前の例で使用したデータフレーム df（140 ページ）の 1 列目を従属変数，2〜4 列を独立変数として重回帰分析を行うときは，上記のように定義した lm2 関数を以下のように使えば結果が表示される．

```
> lm2(df, 1, 2:4)

Call:
lm(formula = y ~ x)

Residuals:
    Min      1Q  Median      3Q     Max
-6.1514 -0.4700  0.7018  1.1940  4.3051

Coefficients:
            Estimate Std. Error t value Pr(>|t|)
(Intercept) -16.0878    11.7849  -1.365   0.2212
xX1           0.2977     0.1641   1.814   0.1196
xX2           0.4296     0.1632   2.632   0.0390 *
xX3           0.5941     0.1592   3.733   0.0097 **
---
Signif. codes:  0 '***' 0.001 '**' 0.01 '*' 0.05 '.' 0.1 ' ' 1

Residual standard error: 3.482 on 6 degrees of freedom
Multiple R-Squared: 0.8439,Adjusted R-squared: 0.7658
F-statistic: 10.81 on 3 and 6 DF,  p-value: 0.007824

                 lcl     ucl   beta    VIF tolerance
(Intercept) -44.9246 12.7489    ---    ---       ---
xX1          -0.1039  0.6993 0.3081 1.1082    0.9024
xX2           0.0302  0.8291 0.4472 1.1095    0.9013
xX3           0.2047  0.9835 0.6073 1.0170    0.9833

Analysis of Variance Table

Response: y
          Df Sum Sq Mean Sq F value   Pr(>F)
x          3 393.24  131.08  10.809 0.007824 **
Residuals  6  72.76   12.13
---
Signif. codes:  0 '***' 0.001 '**' 0.01 '*' 0.05 '.' 0.1 ' ' 1
```

このように lm2 関数は，summary(ans) の結果表示と anova 関数の結果表示 (Analysis of Variance Table 以降) の間に，信頼限界 (lcl と ucl)，標準化偏回帰係数 (beta)，分散拡大要因 (VIF)，トレランス (tolerance) を表形式で出力するようになっている．

### 6.1.2 変数選択

たくさんの独立変数候補から少数個の有用な独立変数だけを選んで予測式を作ることが望ましい場合もある．そのような場合には stepAIC 関数を用いてステップワイズ変数選択を行う．ただし，stepAIC 関数は AIC (Akaike's Information Criterion) に基づく変数選択をするので，SPSS などで採用されている偏 $F$ 値に基づくステップワイズ変数選択[4]とは同じでないことに注意が必要である．

stepAIC 関数で使用および表示される AIC は，AIC 本来の定義による数値とは異なる．本来の定義による AIC を計算するには，lm 関数が返すオブジェクト

---

[4] http://aoki2.si.gunma-u.ac.jp/R/sreg.html は，偏 $F$ 値に基づく変数選択を行う．

をAIC関数に渡す。stepAIC関数で使用するAICは，extractAIC関数を使って計算されている。両者の違いは定数分であり，どちらを使ってもステップワイズ変数選択としては同じ結果になる。

AICに基づく変数選択は (6.4) のように行う。stepAIC関数はMASSパッケージに入っているので，library関数により使えるようにする。stepAIC関数は，変数減少法により最小のAICを持つ重回帰モデルを探索するので，まずはすべての独立変数を用いてlm関数を適用する。ただし，lm関数の使用時には (6.3) の方法は使用できない。面倒でも (6.2) の方法，すなわち，lm(モデル式，データフレーム名) で得られるオブジェクトを使用しなければならない。実は，このような場合には簡単な指定法がある。従属変数と独立変数だけを含むデータフレームを作っておき，(6.4) を使うのである。モデル式は通常は従属変数 ~ 独立変数の形で指定するが，たくさんの独立変数を指定する代わりに，独立変数を記述する場所にドット「.」を置いて「従属変数以外のすべての変数を独立変数にする」ことを表すわけである。

次に，lm関数が返すオブジェクトをstepAIC関数に渡す。そしてstepAIC関数が返すオブジェクトをsummary関数で表示する。

もし，それぞれの中間結果が不要なら，summary(stepAIC(lm(モデル式，データフレーム名))) とすればよい。

```
library(MASS)
変数 <- lm(従属変数 ~ . , データフレーム名)
変数2 <- stepAIC(変数)
summary(変数2)
```
(6.4)

140ページに示したデータフレーム df に，X4という変数を加えた df4 を用いて実際にRで分析してみよう。

```
> df4 <- data.frame(Y =c(44, 47, 41, 49, 56, 41, 58, 47, 60, 57),
+                   X1=c(39, 47, 53, 45, 48, 48, 61, 47, 49, 64),
+                   X2=c(52, 49, 41, 37, 56, 50, 63, 47, 56, 50),
+                   X3=c(42, 47, 41, 53, 54, 41, 47, 59, 61, 54),
+                   X4=c(41, 55, 60, 48, 45, 47, 50, 49, 48))
```

以下に示すように，cor関数で変数間の相関係数行列を計算すればわかるが，X4は従属変数Yとはほとんど相関のない，予測には役に立たない変数である。

```
> cor(df4)
            Y          X1         X2          X3          X4
Y   1.0000000  0.5060461  0.6061103  0.68649109 -0.23575915
X1  0.5060461  1.0000000  0.3046478  0.10165087  0.23674483
X2  0.6061103  0.3046478  1.0000000  0.10709568 -0.44415138
X3  0.6864911  0.1016509  0.1070957  1.00000000 -0.07088075
X4 -0.2357591  0.2367448 -0.4441514 -0.07088075  1.00000000
```

まず，4つの独立変数全部を使って重回帰分析を行い，結果オブジェクトをstepAIC関数に渡して，さらにその結果オブジェクトを ans2 に付値する．

```
1  > library(MASS)                          # MASSパッケージのstepAICを使う準備
2  > ans <- lm(Y ~ . , df4)                 # すべての独立変数を含むモデル
3  > ans2 <- stepAIC(ans)                   # ステップワイズ変数選択
4  Start:  AIC=29.39                        # スタート地点となるモデルのAIC
5  Y ~ X1 + X2 + X3 + X4                    # モデル式
6
7          Df Sum of Sq      RSS     AIC    # 独立変数を除いたモデルのAIC
8  - X4     1     3.233   72.763  27.846    # X4を除くとAICが小さくなる
9  <none>                 69.531  29.392    # 何も取り除かないモデルのAIC
10 - X1     1    41.797  111.328  32.099
11 - X2     1    43.966  113.497  32.292
12 - X3     1   165.279  234.810  39.562
13
14 Step:  AIC=27.85                         # このステップでのAIC
15 Y ~ X1 + X2 + X3                         # モデル式
16
17         Df Sum of Sq      RSS     AIC
18 <none>                 72.763  27.846    # 今のモデルのAICが最小
19 - X1     1    39.909  112.673  30.219    # どの独立変数を取り除いても
20 - X2     1    84.007  156.770  33.522    # AICは大きくなる
21 - X3     1   168.982  241.746  37.853
```

上記の結果は以下のように解釈する．まず4行目では，X1～X4を全部使った重回帰モデルのAICが29.39であったことを示している．7～12行目には，独立変数を1つずつ取り除いたときのAICが表示されている．独立変数を取り除かないとき（9行目の<none>と書かれている行）のAICより小さければ，その独立変数（この場合はX4）が取り除かれる．14行目以降は，新しいAICの値とモデル式を使って，この過程を繰り返している．どの独立変数を取り除いてもAICが小さくならないようになったら変数選択を終了する．結果として，X4がモデルから取り除かれ，残ったX1, X2, X3がモデルを構成することになった．

stepAIC関数によって，AICが最小 (27.85) になる重回帰モデル Y ~ X1 + X2 + X3 が見つかったので，summary関数によりそのモデルの詳細を表示してみよう．

```
> summary(ans2)

Call:
lm(formula = Y ~ X1 + X2 + X3, data = df4)

Residuals:
    Min      1Q  Median      3Q     Max
-6.1514 -0.4700  0.7018  1.1940  4.3051

Coefficients:
            Estimate Std. Error t value Pr(>|t|)
(Intercept) -16.0878    11.7849  -1.365   0.2212
X1            0.2977     0.1641   1.814   0.1196
X2            0.4296     0.1632   2.632   0.0390 *
X3            0.5941     0.1592   3.733   0.0097 **
---
```

```
Signif. codes:  0 '***' 0.001 '**' 0.01 '*' 0.05 '.' 0.1 ' ' 1

Residual standard error: 3.482 on 6 degrees of freedom
Multiple R-Squared: 0.8439,Adjusted R-squared: 0.7658
F-statistic: 10.81 on 3 and 6 DF,  p-value: 0.007824
```

なお，変数選択には総当たり法というのもある[*5]。これは，独立変数のあらゆる組み合わせで重回帰モデルを検討し，そのなかから AIC が最小のモデルとか，決定係数が最大のモデルを探索する方法である。ただし，独立変数の個数が $k$ 個とすると，総当たり法では $2^k - 1$ 回の重回帰分析を行わなければならないので，独立変数の個数が多いと計算時間が長くなる。そのため，実際にこの方法を行うのは難しい場合がある。

### 6.1.3 ダミー変数を使う重回帰分析

独立変数は，普通の数値変数ばかりでなく，カテゴリー変数であってもかまわない。また，数値変数とカテゴリー変数が混在していてもかまわない。

独立変数がカテゴリー変数だけの場合，国内では数量化 I 類として知られている分析手法があるが（6.8 節（215 ページ）），数量化 I 類はダミー変数を使う重回帰分析と同じ結果を与える。

数値変数とカテゴリー変数が混在する場合にはどのように分析すればよいだろうか。単純に考えると 2 通りの方法がある。1 つは，数値変数をカテゴリー化して数量化 I 類を適用するという方法である。しかし，この方法では数値変数をカテゴリー変数に変換する際に情報の欠落があるため，適切な分析方法とはいえない。もう 1 つは，カテゴリー変数を数値変数とみなして重回帰分析を適用するという方法であるが，これは名義尺度変数の場合にはそもそも論外である。あるいは，5 件法などにおける順序尺度変数を 1, 2, 3, 4, 5 という数値とみなす場合であっても，カテゴリー変数を間隔尺度，比尺度変数とみなすのは理論的に無理がある。

そこで，適切な分析方法はというと，数値変数はそのまま用い，カテゴリー変数はダミー変数に変換して用いることにより重回帰分析を行うというものである。

R には AirPassengers というデータセットが用意されている。これは，1949 年から 1960 年までの毎月の航空旅客数のデータである。図 6.1 から，毎年同じような動向を示しながら（seasonal），増加傾向にある（trend）ことがわかる[*6]。

---

[*5] http://aoki2.si.gunma-u.ac.jp/R/All_possible_subset_selection.html を参照。また，leaps パッケージの leaps 関数，regsubsets 関数も参照。

[*6] 図 6.1 は
```
plot(decompose(AirPassengers))
```
によって描くことができる。

Decomposition of additive time series

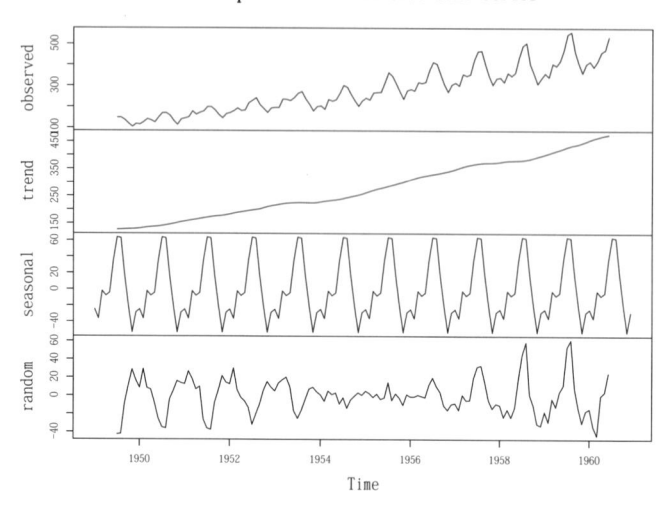

▶図 6.1　航空旅客数

まず，月の違いという周期変動要因が旅客数をどのように説明するか，月 (Month) を factor として独立変数に用いて考えよう．さらに，傾向変動を説明するために，当初月を 1 として，以後 1 ずつ増加する時間を表す変数 (x) を考える．そして以下のようにデータフレームを用意して重回帰分析を適用する．

```
> AP <- as.vector(AirPassengers)           # 旅客数
> Month <- factor(month.abb, levels=month.abb)  # 月
> x <- seq(length(AP))                     # 時間
> ( df <- data.frame(AP, Month, x) )       # データフレームにする
    AP Month   x
1   112   Jan   1
2   118   Feb   2
3   132   Mar   3
4   129   Apr   4
5   121   May   5
    :
141 508   Sep 141
142 461   Oct 142
143 390   Nov 143
144 432   Dec 144
> ans <- lm(AP ~ Month+x, df)              # 重回帰分析
```

重回帰分析の結果は以下のようになる．決定係数が 0.9559 であることから，十分な予測ができているといえよう．6, 7, 8 月は旅客数が多く，逆に 11 月は少ないことがわかる．

```
> summary(ans)                               # 結果の表示
            Estimate Std. Error t value Pr(>|t|)
(Intercept) 63.50794    8.38856   7.571 5.88e-12 ***
MonthFeb    -9.41033   10.74941  -0.875 0.382944
MonthMar    23.09601   10.74980   2.149 0.033513 *
MonthApr    17.35235   10.75046   1.614 0.108911
MonthMay    19.44202   10.75137   1.808 0.072849 .
MonthJun    56.61502   10.75254   5.265 5.58e-07 ***
MonthJul    93.62136   10.75398   8.706 1.17e-14 ***
MonthAug    90.71103   10.75567   8.434 5.32e-14 ***
MonthSep    39.38403   10.75763   3.661 0.000363 ***
MonthOct     0.89037   10.75985   0.083 0.934177
MonthNov   -35.51996   10.76232  -3.300 0.001244 **
MonthDec    -9.18029   10.76506  -0.853 0.395335
x            2.66033    0.05297  50.225  < 2e-16 ***
---
Signif. codes:  0 '***' 0.001 '**' 0.01 '*' 0.05 '.' 0.1 ' ' 1

Residual standard error: 26.33 on 131 degrees of freedom
Multiple R-Squared: 0.9559,Adjusted R-squared: 0.9518
F-statistic: 236.5 on 12 and 131 DF,  p-value: < 2.2e-16
```

各月を表すダミー変数の標準偏差はすべて sd(rep(0:1, c(144-12, 12)))=0.2773501, df$x と df$AP の標準偏差はそれぞれ 41.7133072, 119.9663169 なので，各月に対する標準化偏回帰係数は 7 月に対する 93.62136*0.2773501/119.9663169=0.2164432 が最大であるが，x の標準化偏回帰係数は 2.66033*41.7133072/119.9663169=0.925019 となる．傾向変動を表現する時間変数の影響は月の影響に比べて非常に大きいことがわかる．

上に示した結果では 1 月の偏回帰係数が示されていないが，これを不思議に思う人もいるだろう．R では，カテゴリー変数は factor 化されて重回帰分析に用いられるが，いちばん最初のカテゴリーはベースラインとして扱われる．カテゴリー変数を factor にするとき，factor 関数の labels 引数を使わない場合には辞書順でいちばん最初のカテゴリーがベースラインとして扱われる．ベースラインとなるカテゴリーの偏回帰係数は 0 とされる．1 月を 0 とすると，2 月はそれより約 9.4 少なく，3 月は約 23.1 多いということになる．ベースラインとなるカテゴリーの偏回帰係数が表に現れないことが不都合と感じられる場合には，同じカテゴリー変数から生成されるダミー変数に対する偏回帰係数の合計が 0 になるように調整することもできる[*7]．

実際の例を以下に示す．MonthJan の偏回帰係数として 0 を加え，全部で要素数が 12 のベクトルを考える．12 個の偏回帰係数の平均値を $\bar{B}$ として，各偏回帰係数から $\bar{B}$ を引いて新たな偏回帰係数ベクトルを作る．このようにして作られる偏回帰係数は，大きさの相対関係は変わらないが，正しい予測値を計算するためには定

---

[*7] 数量化 I 類においては，すべてのカテゴリーに対してノーマライズドカテゴリースコアが求められている．数量化 I 類の場合には，表 6.14 (218 ページ) に示すように，該当するカテゴリー変数から生成されるダミー変数群において (偏回帰係数 × 反応数) の平均値が 0 になるように調整されている．

数項に $\bar{B}$ を足すという調整をしなければならない。

```
> coef <- c(0, coefficients(ans)[2:12])  # 偏回帰係数を取り出す
> names(coef)[1] <- "MonthJan"            # 1月に名前を付ける
> coef2 <- coef-mean(coef)                # 平均値を引き調整する
> cbind(元の偏回帰係数=coef, 調整された偏回帰係数=coef2)
         元の偏回帰係数  調整された偏回帰係数
MonthJan       0.000000            -23.916800
MonthFeb      -9.410329            -33.327129
MonthMar      23.096008             -0.820792
MonthApr      17.352346             -6.564455
MonthMay      19.442016             -4.474784
MonthJun      56.615020             32.698220
MonthJul      93.621358             69.704558
MonthAug      90.711029             66.794228
MonthSep      39.384033             15.467232
MonthOct       0.890370            -23.026430
MonthNov     -35.519959            -59.436759
MonthDec      -9.180288            -33.097089
> cat("元の定数項 =", coefficients(ans)[1], ", ",
+     "調整された定数項 =", coefficients(ans)[1]+mean(coef), "\n")
 元の定数項 = 63.50794 ,  調整された定数項 = 87.42474
```

実測値と予測値のプロットを図 6.2 に示す。原点を通る傾き 1 の直線を描き加えてある。中央付近では予測値は過大評価，両端では過小評価になっている。程度は軽微ではあるが，このような現象が見られるのは，独立変数と従属変数に線形関係があると仮定することに若干問題があることを示している。重回帰分析は，「線形重回帰分析」とも呼ばれるように，両者に直線関係を仮定しているのである。直線関係が成り立たないとすれば，曲線回帰を考える必要も出てくる。

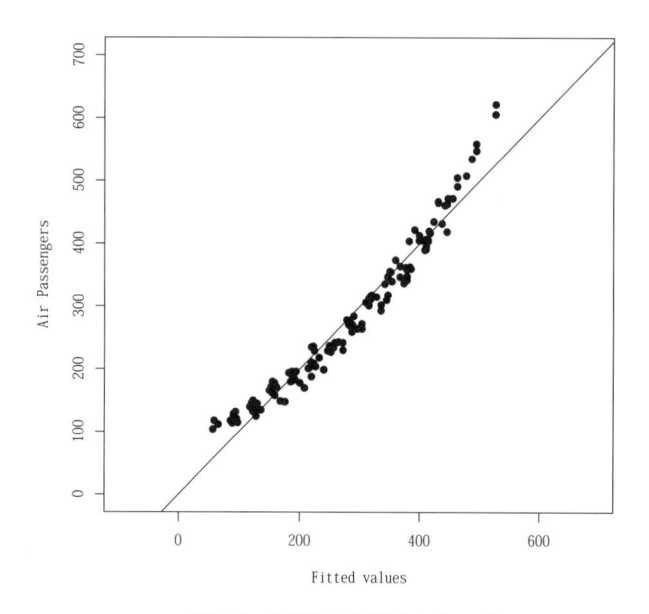

▶ 図 6.2 予測値と実測値のプロット

lm関数では，このほかに，plot(lm関数の返すオブジェクト)によって図6.3に示すような4種類の回帰診断グラフを描くことができる．図6.2と同じく直線関係に関する問題のほかに，通算128, 139, 140の時点の実測値は予測値とかなりずれていることなどがわかる．

```
> plot(ans$fitted.values,                    # 予測値
+      df$AP,                                # 実測値
+      xlab="Fitted values",                 # x軸の名前
+      ylab="Air Passengers",                # y軸の名前
+      xlim=c(0, 600), ylim=c(0, 700),       # 描画範囲
+      asp=1)                                # アスペクト比
> abline(0, 1)                               # 傾き1の直線
> layout(matrix(1:4, 2, 2, byrow=TRUE))      # 1画面に4種類の図
> par(mar=c(4, 4.5, 1.5, 0.5), mgp=c(2.1, 0.8, 0))  # 描画パラメータ設定
> plot(ans)                                  # 回帰診断グラフ
```

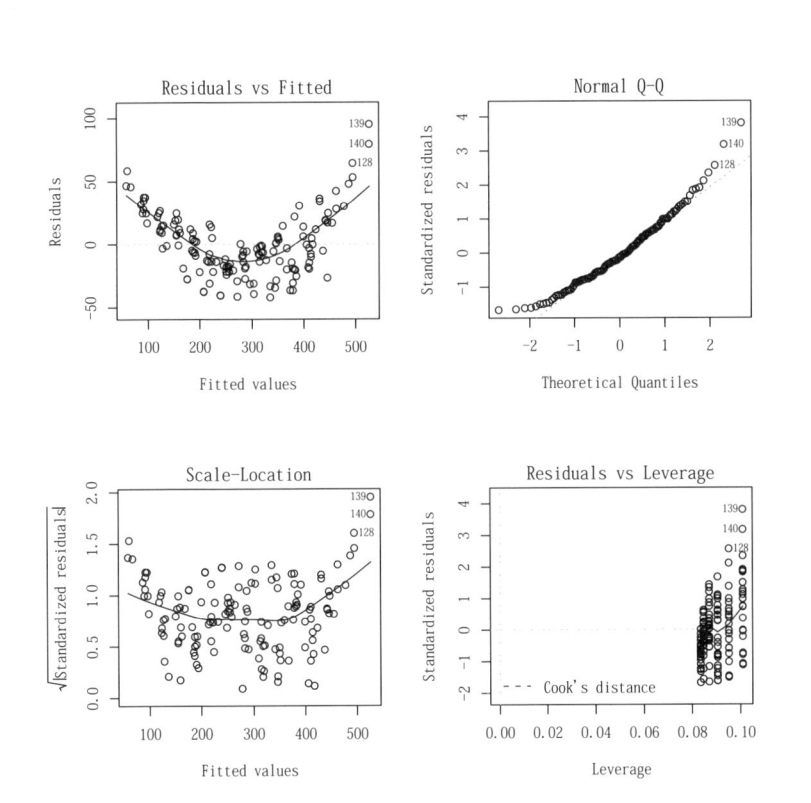

▶ 図 6.3　回帰診断グラフ

## 6.1.4 多項式回帰分析

多項式回帰分析は，独立変数 $x$ が 1 個であり，その 2 乗，3 乗，…，$k$ 乗の項を使って従属変数を予測するものである．独立変数 $x$ の $i$ 乗 ($x^i$) を $x_i$ という変数だと解釈すれば重回帰分析と同じであることがわかり，lm 関数を使えば分析できることがわかる．実際には $x^i$ の項を計算しておく必要はなく，(6.5) のように行うことができる．I 関数は引数で示される演算を実際に行うことを意味するものである[*8]．

lm(従属変数 ~
    独立変数 + I(独立変数^2) + I(独立変数^3) + … + I(独立変数^k))   (6.5)

この項では，以下の表 6.1 のようなデータを使って説明する．

▶ 表 6.1　多項式回帰を行うデータ例

|   | t1 | t2 | t3 | t4 | t5 | t6 | t7 | t8 | t9 | t10 |
|---|---|---|---|---|---|---|---|---|---|---|
| x | 0.3 | 1.0 | 2.3 | 3.3 | 3.7 | 5.0 | 6.2 | 7.2 | 7.8 | 9.2 |
| y | 14.8 | 58.3 | 96.8 | 87.8 | 64.8 | 43.5 | 50.9 | 77.1 | 108.3 | 143.5 |

表 6.1 のデータに多項式を当てはめてみよう．

```
> x <- c(0.3, 1.0, 2.3, 3.3, 3.7, 5.0, 6.2, 7.2, 7.8, 9.2)
> y <- c(14.8, 58.3, 96.8, 87.8, 64.8, 43.5, 50.9, 77.1, 108.3, 143.5)
```

まずは，直線回帰（1 次式）を行う．

```
> ans1 <- lm(y ~ x)
> summary(ans1)

Call:
lm(formula = y ~ x)

Residuals:
    Min      1Q  Median      3Q     Max
-36.408 -23.721   2.822  20.760  40.516

Coefficients:
            Estimate Std. Error t value Pr(>|t|)
(Intercept)   37.988     17.789   2.135   0.0652 .
x              7.955      3.294   2.415   0.0422 *
---
Signif. codes:  0 '***' 0.001 '**' 0.01 '*' 0.05 '.' 0.1 ' ' 1

Residual standard error: 29.48 on 8 degrees of freedom
Multiple R-Squared: 0.4217,	Adjusted R-squared: 0.3494
F-statistic: 5.833 on 1 and 8 DF,  p-value: 0.04216
```

---

[*8] lm 関数などで使われるモデル式中では^が別の意味を持ち，x^2 が x の 2 乗にならないためである．I(x^2) とすれば，「x の 2 乗」を意味する．

散布図の観察により，偶数次の多項式は不適切であるため，次は 3 次式に当てはめる．

```
> ans3 <- lm(y~x+I(x^2)+I(x^3))
> summary(ans3)

Call:
lm(formula = y ~ x + I(x^2) + I(x^3))

Residuals:
    Min      1Q  Median      3Q     Max
-21.241 -11.082  -2.230   8.562  24.177

Coefficients:
            Estimate Std. Error t value Pr(>|t|)
(Intercept)   7.0620    19.6853   0.359   0.7321
x            61.6948    18.7031   3.299   0.0164 *
I(x^2)      -16.0833     4.6851  -3.433   0.0139 *
I(x^3)        1.2103     0.3276   3.695   0.0101 *
---
Signif. codes:  0 '***' 0.001 '**' 0.01 '*' 0.05 '.' 0.1 ' ' 1

Residual standard error: 18.16 on 6 degrees of freedom
Multiple R-Squared: 0.8354,Adjusted R-squared: 0.7531
F-statistic: 10.15 on 3 and 6 DF,  p-value: 0.009132
```

最後に，5 次式に当てはめる．

```
> ans5 <- lm(y~x+I(x^2)+I(x^3)+I(x^4)+I(x^5))
> summary(ans5)

Call:
lm(formula = y ~ x + I(x^2) + I(x^3) + I(x^4) + I(x^5))

Residuals:
      1       2       3       4       5       6       7       8       9
 1.0986 -2.7486  2.4476  5.7055 -7.6829 -0.5265  3.8221 -2.7807  0.5523
     10
 0.1127

Coefficients:
             Estimate Std. Error t value Pr(>|t|)
(Intercept) -12.44421   10.76786  -1.156   0.3121
x            92.22069   26.13634   3.528   0.0243 *
I(x^2)      -15.81138   17.32005  -0.913   0.4129
I(x^3)       -3.92881    4.66148  -0.843   0.4468
I(x^4)        1.07275    0.54565   1.966   0.1207
I(x^5)       -0.06039    0.02301  -2.624   0.0585 .
---
Signif. codes:  0 '***' 0.001 '**' 0.01 '*' 0.05 '.' 0.1 ' ' 1

Residual standard error: 5.685 on 4 degrees of freedom
Multiple R-Squared: 0.9892,Adjusted R-squared: 0.9758
F-statistic: 73.61 on 5 and 4 DF,  p-value: 0.0005003
```

最後に以下のようにして多項式回帰分析のグラフを描くことができる（図 6.4）．

```
> plot(x, y, pch=19, cex=1.5)       # 元のデータの散布図
> x1 <- seq(0, 10, by=0.05)          # 予測値を計算するための新しいデータ
> new.data <- data.frame(x=x1)       # データフレームにする
> y1 <- predict(ans1, new.data)      # 新しいデータに対する予測値
> y3 <- predict(ans3, new.data)
> y5 <- predict(ans5, new.data)
> matlines(x1, cbind(y1, y3, y5),    # 3種類の予測値を描画
+          lty=3:1, col="black")
> legend("bottomright",              # 凡例を付ける
+        c("1次式", "3次式", "5次式"), lty=3:1)
```

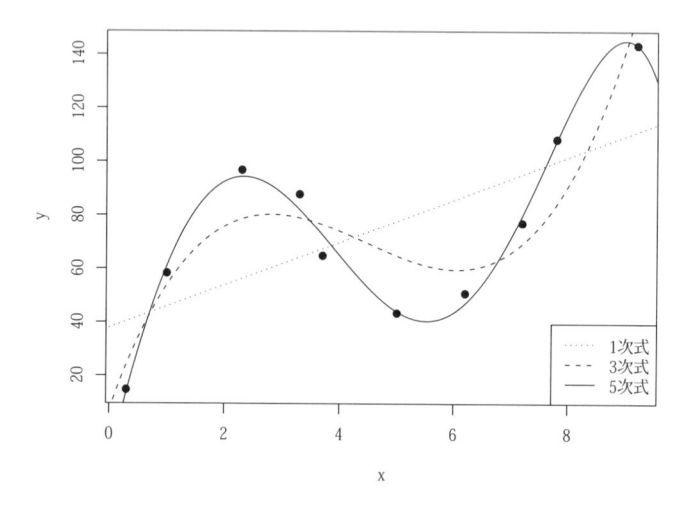

▶ 図 6.4　多項式回帰分析

## 6.2　非線形回帰分析

6.1 節（139 ページ）で述べた重回帰分析は，丁寧に言えば「線形重回帰分析」である．線形とは従属変数が独立変数の線形式（一次結合）で表されることを意味している．本節では，log や exp を含む関数への当てはめ，いわゆる曲線回帰を行う手法について述べる．理論的な基礎は，実測値と予測値の差の二乗和が最小になるようにモデル式のパラメータを推定することにあり，この点では重回帰分析における最小二乗法と同じである．従属変数を予測する関数に含まれるパラメータは，繰り返し計算によって推定される．

非線形回帰分析の代表的なモデルとその関数定義を表 6.2 にまとめる．

▶ 表 6.2　非線形回帰関数

| モデル | 関数定義 | |
|---|---|---|
| 累乗モデル | $y = a\,x^b$ | $y = b_0\,x_1^{b_1}\,x_2^{b_2}\cdots x_p^{b_p}$ |
| 指数モデル | $y = a\,b^x$ | $y = b_0\,b_1^{x_1}\,b_2^{x_2}\cdots b_p^{x_p}$ |
| 漸近指数モデル | $y = a\,b^x + c$ | |
| ロジスティックモデル | $y = \dfrac{a}{1 + b\exp(-c\,x)}$ | |
| 多重ロジスティックモデル | $y = \dfrac{1}{1 + \exp\{-(a_0 + a_1 x_1 + a_2 x_2 \cdots)\}}$ | |
| ゴンペルツモデル | $y = a\,b^{\exp(-c\,x)}$ | |

　従来は，これらの関数への回帰分析は式の変形（変数変換）により重回帰分析に帰結することが普通であった．現在は非線形最小二乗法によって直接に解を求めることが普通になっている．基本的には（6.6）のようにしてパラメータの推定値を求める．

```
変数 <- nls(モデル式, データフレーム名, start=初期値のリスト)*9
summary(変数)
predict(変数, newdata=データフレーム名2)
```
(6.6)

## 6.2.1　累乗モデルと指数モデル

　ここでは，R に用意されている pressure というデータセットを用いて分析を行ってみよう．独立変数は temperature，従属変数は pressure とする．

　なお，以下の分析例では temperature=0 のときのデータは累乗モデルでエラーになるので，あらかじめ除いておく．

```
> pressure2 <- pressure[-1,]      # temperature=0のデータを除く
> plot(pressure~temperature, pressure2, pch=19)
```

散布図を描くと図 6.5 のようになる．

---

[*9] モデル式は従属変数 ~ パラメータを含む関数式，初期値のリストは list(パラメータ1=初期値1, ..., パラメータn=初期値n) という形式．

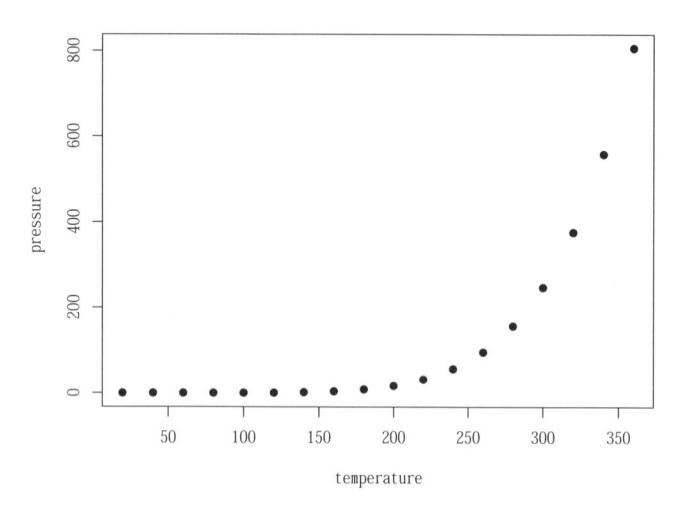

▶ 図 6.5　pressure データセットの図示

　累乗モデルと指数モデルは，曲線の概形はよく似ている．あるデータがどちらのモデルによりよく当てはまるかを判断するためには，後述のように，データを 2 通りの方法で変数変換してそれぞれ図 6.6，6.8 のような 2 種類の散布図を描けばよい．

● 累乗モデル

　累乗モデルは (6.7) のように表される．

$$y = a\,x^b \tag{6.7}$$

(6.7) の両辺の対数をとると (6.8) のようになる．

$$\log y = \log a + b \cdot \log x \tag{6.8}$$

(6.8) は，$\log y$ と $\log x$ が直線関係にあることを表している．実際，pressure データセットを以下のように図示してみれば，図 6.6 のようになる．

```
> plot(log(pressure) ~ log(temperature), pressure2, pch=19)
```

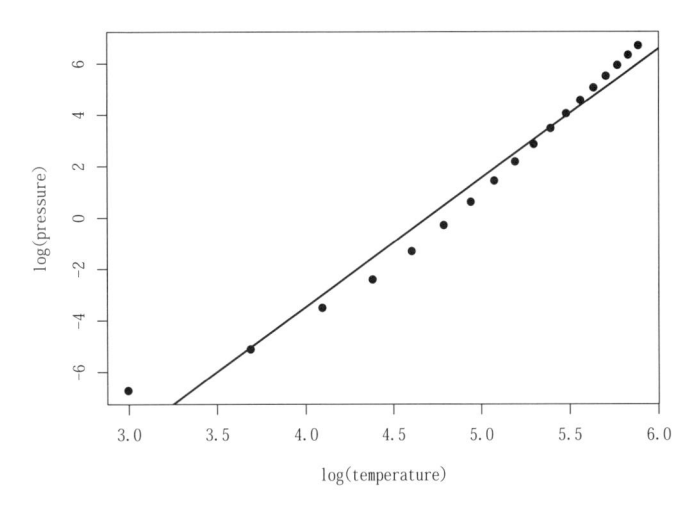

▶ 図 6.6 pressure データセットの図示（従属変数と独立変数の両方を対数変換）

　図 6.6 のように，従属変数と従属変数をともに対数変換して散布図を描いたときにデータが直線関係であれば，累乗モデルに従うといえる．そうであれば，lm 関数で直線回帰を行うことで，回帰直線の切片 $\log a$ と傾き $b$ の推定値が得られる．(6.7) での $a$ は $\exp(\log a) = a$ により求まるというのが古典的な解法であった．

```
> ans1 <- lm(log(pressure) ~ log(temperature), pressure2)  # 古典的解法
> abline(ans1)                                              # 回帰直線
> summary(ans1)                                             # 結果の要約

Call:
lm(formula = log(pressure) ~ log(temperature),
   data = pressure2)

Residuals:
     Min       1Q   Median       3Q      Max
-0.86430 -0.49111 -0.05729  0.40615  1.80870

Coefficients:
                 Estimate Std. Error t value Pr(>|t|)
(Intercept)      -23.5908     1.0742  -21.96 2.25e-13 ***
log(temperature)   5.0260     0.2115   23.76 6.62e-14 ***
---
Signif. codes:  0 '***' 0.001 '**' 0.01 '*' 0.05 '.' 0.1 ' ' 1

Residual standard error: 0.6994 on 16 degrees of freedom
Multiple R-Squared: 0.9724,Adjusted R-squared: 0.9707
F-statistic: 564.5 on 1 and 16 DF,  p-value: 6.624e-14
```

　図 6.6 の回帰直線の切片と傾きから，元の累乗モデルのパラメータを以下のようにして求める．

```
> ( a <- exp(coefficients(ans1)[1]) )        # aは定数項の逆対数
(Intercept)
5.683743e-11
> ( b <- coefficients(ans1)[2] )             # bはそのまま
log(temperature)
       5.026046
```

この値を初期値として，(6.6) により nls 関数を適用して非線形最小二乗法による解を求める．

```
> ans2 <- nls(pressure ~ a*temperature^b, pressure2,
+             start=list(a=a, b=b), control=nls.control(maxiter=70))
> summary(ans2)                              # 当てはめ結果を表示する

Formula: pressure ~ a * temperature^b        # モデル式

Parameters:
   Estimate Std. Error t value Pr(>|t|)
a 1.930e-14  9.854e-16   19.59 1.32e-12 *** # aの推定値
b 6.502e+00  8.744e-03  743.60  < 2e-16 *** # bの推定値
---
Signif. codes:  0 '***' 0.001 '**' 0.01 '*' 0.05 '.' 0.1 ' ' 1

Residual standard error: 0.6682 on 16 degrees of freedom

Number of iterations to convergence: 59
Achieved convergence tolerance: 8.63e-08
```

得られたパラメータの推定値を使って当てはめ，曲線を描いたのが，図 6.7 である（$y = 1.930 \times 10^{-14} \times x^{6.502}$）．破線は，対数変換して直線回帰するという古典的な解法による曲線である（$y = 5.683743 \times 10^{-11} \times x^{5.026046}$）．

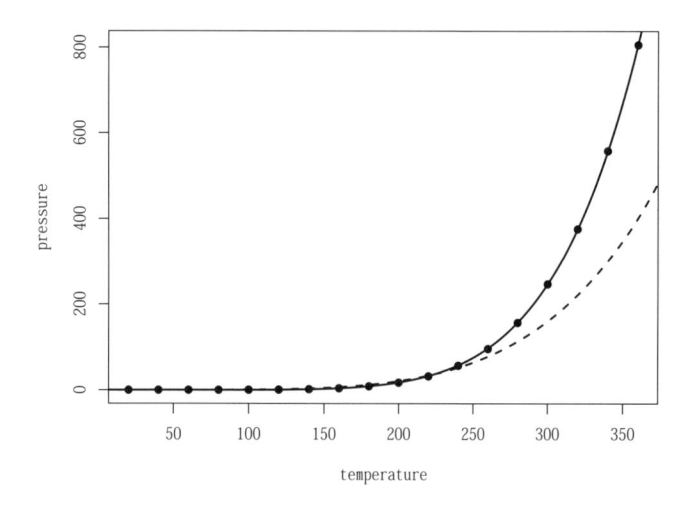

▶ 図 6.7　累乗モデルへの当てはめ結果

● **指数モデル**

指数モデルは (6.9) のように表される。

$$y = a\,b^x \tag{6.9}$$

(6.9) の両辺の対数をとると，(6.10) のようになる。

$$\log y = \log a + \log b \cdot x \tag{6.10}$$

(6.10) は，$\log y$ と $x$ が直線関係にあることを表している。実際，pressure データセットを以下により図示すれば，図 6.8 のようになる。

```
> plot(log(pressure) ~ temperature, pressure2, pch=19)
```

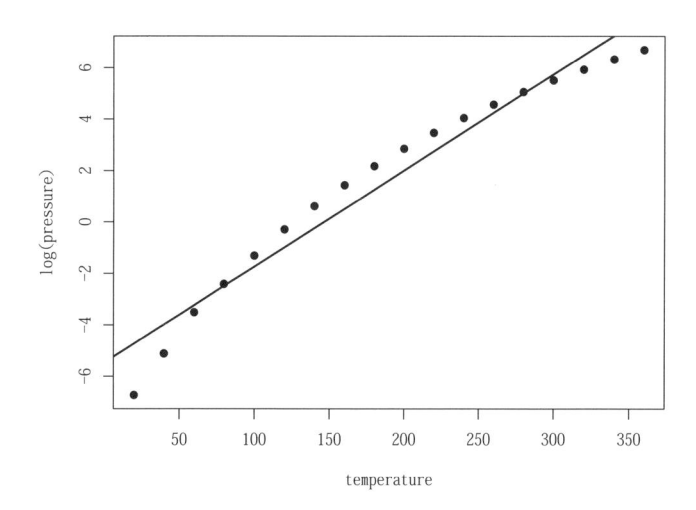

▶ 図 6.8 pressure データセットの図示（従属変数のみ対数変換）

図 6.8 のように，従属変数だけ対数変換して独立変数はそのままで散布図を描いたときにデータが直線関係であれば，指数モデルに従うといえる。そうであれば，lm 関数で直線回帰を行うことで，回帰直線の切片 $\log a$ と傾き $\log b$ の推定値が得られる。

(6.9) の $a$, $b$ は，それぞれ $\exp(\log a) = a$, $\exp(\log b) = b$ により求まる。

```
> ans3 <- lm(log(pressure) ~ temperature, pressure2)   # 古典的解法
> abline(ans3)                                          # 回帰直線を描く
> summary(ans3)                                         # 結果の要約

Call:
lm(formula = log(pressure) ~ temperature,
    data = pressure2)

Residuals:
    Min      1Q  Median      3Q     Max
-1.9974 -0.4882  0.1976  0.7144  0.9284

Coefficients:
              Estimate Std. Error t value Pr(>|t|)
(Intercept) -5.475890   0.443052  -12.36 1.34e-09 ***
temperature  0.037391   0.002047   18.27 3.84e-12 ***
---
Signif. codes:  0  '***'  0.001  '**'  0.01  '*'  0.05  '.'  0.1  ' '  1

Residual standard error: 0.9009 on 16 degrees of freedom
Multiple R-Squared: 0.9543,Adjusted R-squared: 0.9514
F-statistic: 333.8 on 1 and 16 DF,  p-value: 3.842e-12
```

図 6.8 に描き込んだ回帰直線の切片と傾きから，元の指数モデルのパラメータを以下のようにして求める．

```
> ( a <- exp(coefficients(ans3)[1]) )        # 定数項の逆対数をとる
(Intercept)
0.004186502
> ( b <- exp(coefficients(ans3)[2]) )        # 傾きの逆対数をとる
temperature
   1.038099
```

得られたパラメータを初期値として，非線形最小二乗法による解を求めよう．

```
> ans4 <- nls(pressure~a*b^temperature, data=pressure2,
+             start=list(a=a, b=b))
> summary(ans4)

Formula: pressure ~ a * b^temperature          # モデル式

Parameters:
   Estimate Std. Error  t value Pr(>|t|)
a 0.5075763  0.0684263    7.418 1.46e-06 *** # aの推定値
b 1.0207319  0.0003987 2559.872  < 2e-16 *** # bの推定値
---
Signif. codes:  0  '***'  0.001  '**'  0.01  '*'  0.05  '.'  0.1  ' '  1

Residual standard error: 10.14 on 16 degrees of freedom

Number of iterations to convergence: 19
Achieved convergence tolerance: 3.376e-06
```

得られたパラメータの推定値を使って当てはめ，曲線を描いたのが，図 6.9 である（$y = 0.5075763 \times 1.0207319^x$）．破線は，対数変換して直線回帰するという古典的な解法による曲線である（$y = 0.004186502 \times 1.038099^x$）．

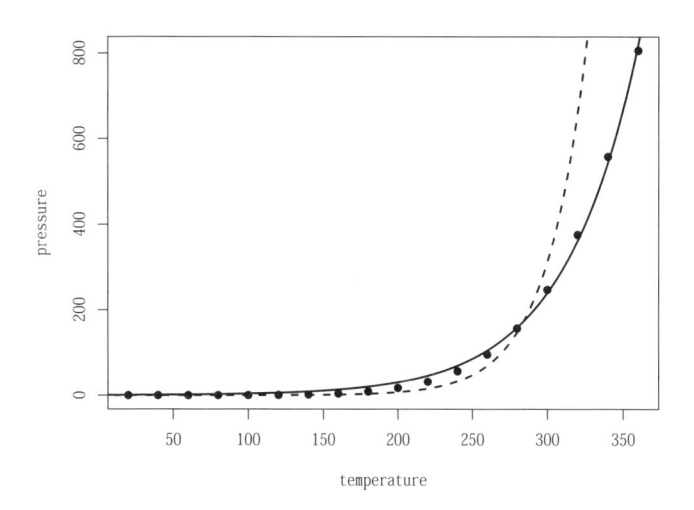

▶ 図 6.9 指数モデルへの当てはめ結果

図 6.6 と図 6.8 の直線での近似の程度と残差標準誤差（Residual standard error）の大きさから考えると，pressure データセットは累乗モデルに従っているといえそうである。

理論的には，絶対温度 ($x$) と蒸気圧 ($y$) の関係式は $y = e^{a/x+b}$ のようである。このような場合にも nls 関数を使うと簡単に答えが見つかる。Residual standard error が 0.266 というのは，このモデルが真のモデルであることを示唆しているのであろう。当てはめた結果は図 6.10 のようになり，ほとんど完全に予測できていることがわかる。

```
> ans5 <- nls(pressure~exp(a/(temperature+273)+b), pressure2,
+             start=list(a=1, b=1))
> summary(ans5)

Formula: pressure ~ exp(a/(temperature + 273) + b)

Parameters:
    Estimate Std. Error t value Pr(>|t|)
a -7.160e+03  3.842e+00   -1864   <2e-16 ***
b  1.800e+01  6.239e-03    2886   <2e-16 ***
---
Signif. codes:  0 '***' 0.001 '**' 0.01 '*' 0.05 '.' 0.1 ' ' 1

Residual standard error: 0.266 on 16 degrees of freedom

Number of iterations to convergence: 9
Achieved convergence tolerance: 5.082e-08
```

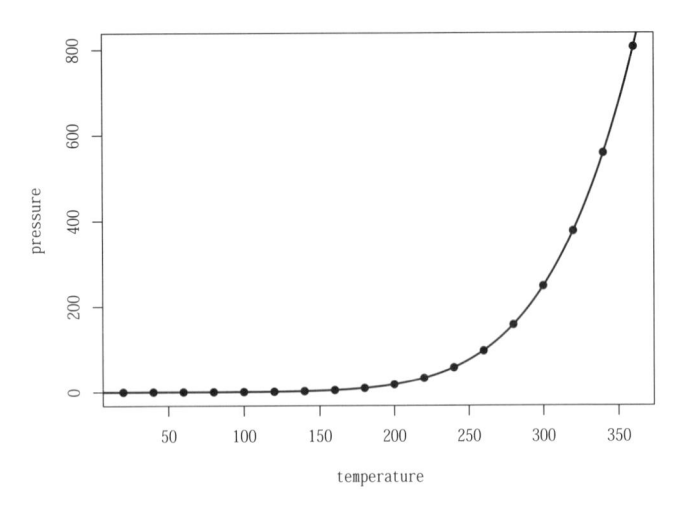

▶ 図 6.10　非線形モデルへの当てはめ結果

● **累乗モデルの多変量版**

累乗モデルの多変量版は（6.11）のようになる。

$$y = b_0 \, x_1^{b_1} \, x_2^{b_2} \, \cdots \, x_p^{b_p} \tag{6.11}$$

（6.11）の両辺の対数をとると（6.12）のようになる。

$$\log y = \log b_0 + b_1 \log x_1 + b_2 \log x_2 + \cdots + b_p \log x_p \tag{6.12}$$

（6.12）は，$\log y$ と $\log x_i$ が線形式になっているので，重回帰分析により係数 $\log b_0$ および $b_i$, $i = 1, 2, \ldots, p$ を求めることができる。そして，その係数を初期値として，非線形最小二乗法により（6.11）の係数を求めることができる。

分析例として，表 6.3 のデータに $y = b_0 \, x_1^{b_1} \, x_2^{b_2} \, x_3^{b_3}$ を当てはめてみよう。

▶ 表 6.3　多変量版の累乗モデルに当てはめるデータ例

|    | $x_1$ | $x_2$ | $x_3$ | $y$ |
|----|------|------|------|------|
| 1  | 1.7  | 3.0  | 3.5  | 3.1  |
| 2  | 1.2  | 9.0  | 7.3  | 8.7  |
| 3  | 7.0  | 9.4  | 1.9  | 8.3  |
| 4  | 8.1  | 10.0 | 6.2  | 10.9 |
| 5  | 7.6  | 3.1  | 0.3  | 3.5  |
| 6  | 3.7  | 6.3  | 9.3  | 7.0  |
| 7  | 3.7  | 4.8  | 9.7  | 5.5  |
| 8  | 1.4  | 3.4  | 1.9  | 2.5  |
| 9  | 3.4  | 5.5  | 6.2  | 6.0  |
| 10 | 7.3  | 3.1  | 7.2  | 5.7  |
| 11 | 7.9  | 8.0  | 7.4  | 9.8  |
| 12 | 3.1  | 2.7  | 4.9  | 3.7  |
| 13 | 9.3  | 2.1  | 8.2  | 5.1  |
| 14 | 6.2  | 4.7  | 5.4  | 6.5  |
| 15 | 5.5  | 7.0  | 6.9  | 8.1  |

表 6.3 から R のデータフレームを作成する。

```
> df <- data.frame(
+ x1 = c(1.7, 1.2, 7.0, 8.1, 7.6, 3.7, 3.7, 1.4, 3.4, 7.3, 7.9, 3.1,
+        9.3, 6.2, 5.5),
+ x2 = c(3.0, 9.0, 9.4, 10.0, 3.1, 6.3, 4.8, 3.4, 5.5, 3.1, 8.0, 2.7,
+        2.1, 4.7, 7.0),
+ x3 = c(3.5, 7.3, 1.9, 6.2, 0.3, 9.3, 9.7, 1.9, 6.2, 7.2, 7.4, 4.9,
+        8.2, 5.4, 6.9),
+ y =  c(3.1, 8.7, 8.3, 10.9, 3.5, 7.0, 5.5, 2.5, 6.0, 5.7, 9.8, 3.7,
+        5.1, 6.5, 8.1))
```

まずは古典的な解法として，すべての変数の対数をとってから重回帰分析を行ってみよう。

```
> df2 <- log(df)                         # 対数をとる
> ans <- lm(y ~ ., df2)                  # 重回帰分析を行う
> ans$coefficients                       # 係数の推定値
(Intercept)          x1          x2          x3
  0.1179824   0.2627072   0.6329634   0.1661146
> exp(ans$coefficients[1])               # b0は逆対数をとったもの
(Intercept)
   1.125224
```

次に，得られたパラメータを初期値として非線形最小二乗法により解を求めよう。

```
> ans2 <- nls(y ~ b0*x1^b1*x2^b2*x3^b3, df,
+             start=list(b0=exp(ans$coefficients[1]),
+                        b1=ans$coefficients[2],
+                        b2=ans$coefficients[3],
+                        b3=ans$coefficients[4]))
> summary(ans2)                               # 結果の表示

Formula: y ~ b0 * x1^b1 * x2^b2 * x3^b3

Parameters:
   Estimate Std. Error t value Pr(>|t|)
b0  1.26337    0.19231   6.569 4.03e-05 ***
b1  0.17442    0.04334   4.024  0.00200 **
b2  0.64949    0.06103  10.642 3.96e-07 ***
b3  0.16326    0.04368   3.738  0.00328 **
---
Signif. codes:  0 '***' 0.001 '**' 0.01 '*' 0.05 '.' 0.1 ' ' 1

Residual standard error: 0.6533 on 11 degrees of freedom

Number of iterations to convergence: 6
Achieved convergence tolerance: 2.714e-06
> predict(ans2)                               # 予測値
 [1]  3.470866  7.517310  8.442692 10.935741  3.082695  7.549506
 [7]  6.370887  3.293968  6.374683  5.143007  9.695211  3.802633
[13]  4.255238  6.249339  8.250905
```

### ● 指数モデルの多変量版

指数モデルの多変量版は (6.13) のようになる。

$$y = b_0\, b_1^{x_1}\, b_2^{x_2} \cdots b_p^{x_p} \tag{6.13}$$

(6.13) の両辺の対数をとると (6.14) のようになる。

$$\log y = \log b_0 + x_1 \log b_1 + x_2 \log b_2 + \cdots + x_p \log b_p \tag{6.14}$$

(6.14) は，$\log y$ と $x_i$ が線形式になっているので，重回帰分析により係数 $\log b_i,\ i = 0, 1, \ldots, p$ を求めることができる。そして，その係数を初期値として，非線形最小二乗法により (6.13) の係数を求めることができる。

モデルが (6.13) の代わりに (6.15) で表されることがある。

$$y = \exp(a_0 + a_1\, x_1 + a_2\, x_2 + \cdots + a_p\, x_p) \tag{6.15}$$

この場合には，両辺の対数をとると

$$\log y = a_0 + a_1\, x_1 + a_2\, x_2 + \cdots + a_p\, x_p \tag{6.16}$$

となるので，重回帰分析によって得られる係数がそのままモデル式の係数になる。なお，こうして得られる係数と (6.13) の係数との間には，$b_i = e^{a_i},\ a_i = \log b_i$ という関係がある。

分析例として，表 6.4 のデータに $y = b_0\, b_1^{x_1}\, b_2^{x_2}\, b_3^{x_3}$ を当てはめてみよう。

▶ 表 6.4　多変量版の指数モデルに当てはめるデータ例

|    | $x_1$ | $x_2$ | $x_3$ | $y$   |
|----|-------|-------|-------|-------|
| 1  | 3.7   | 2.2   | 6.1   | 168.9 |
| 2  | 3.6   | 8.1   | 0.8   | 17.1  |
| 3  | 5.4   | 9.4   | 2.8   | 116.0 |
| 4  | 3.6   | 8.4   | 2.4   | 41.1  |
| 5  | 3.3   | 1.3   | 1.1   | 9.3   |
| 6  | 6.8   | 4.0   | 2.6   | 129.4 |
| 7  | 4.2   | 5.5   | 6.8   | 535.4 |
| 8  | 5.8   | 3.7   | 5.4   | 314.8 |
| 9  | 6.7   | 1.1   | 5.9   | 461.5 |
| 10 | 2.0   | 9.9   | 6.0   | 167.4 |
| 11 | 0.8   | 4.7   | 5.0   | 36.9  |
| 12 | 5.5   | 8.7   | 0.3   | 33.0  |
| 13 | 3.7   | 5.4   | 1.5   | 19.9  |
| 14 | 4.0   | 3.6   | 7.0   | 351.3 |
| 15 | 5.0   | 7.7   | 6.0   | 458.2 |

表 6.4 から R のデータフレームを作成する。

```
> df <- data.frame(
+ x1 = c(3.7, 3.6, 5.4, 3.6, 3.3, 6.8, 4.2, 5.8, 6.7, 2.0, 0.8, 5.5,
+        3.7, 4.0, 5.0),
+ x2 = c(2.2, 8.1, 9.4, 8.4, 1.3, 4.0, 5.5, 3.7, 1.1, 9.9, 4.7, 8.7,
+        5.4, 3.6, 7.7),
+ x3 = c(6.1, 0.8, 2.8, 2.4, 1.1, 2.6, 6.8, 5.4, 5.9, 6.0, 5.0, 0.3,
+        1.5, 7.0, 6.0),
+ y  = c(168.9, 17.1, 116.0, 41.1, 9.3, 129.4, 535.4, 314.8, 461.5,
+        167.4, 36.9, 33.0, 19.9, 351.3, 458.2))
```

まずは古典的な解法として，従属変数のみ対数をとって重回帰分析を行ってみよう。

```
> df2 <- df
> df2$y <- log(df2$y)                    # 従属変数のみ対数をとる
> ans <- lm(y ~ ., df2)                  # 重回帰分析を行う
```

本来求めたい係数は，得られた係数の逆対数をとることによって得られる。

```
> ( ans$coefficients <- exp(ans$coefficients) )
(Intercept)          x1          x2          x3
   1.137313    1.521900    1.102464    1.706061
```

続いて，得られたパラメータを初期値として，非線形最小二乗法による解を求める。

```
> ans2 <- nls(y ~ b0*b1^x1*b2^x2*b3^x3, df,
+             start=list(b0=ans$coefficients[1],
+                        b1=ans$coefficients[2],
+                        b2=ans$coefficients[3],
+                        b3=ans$coefficients[4]))
> summary(ans2)                              # 結果の表示

Formula: y ~ b0 * b1^x1 * b2^x2 * b3^x3

Parameters:
   Estimate Std. Error t value Pr(>|t|)
b0  1.02231    0.53998   1.893   0.0849 .
b1  1.48108    0.06111  24.235 6.75e-11 ***
b2  1.10457    0.01825  60.511 3.11e-15 ***
b3  1.77482    0.09250  19.186 8.34e-10 ***
---
Signif. codes:  0 '***' 0.001 '**' 0.01 '*' 0.05 '.' 0.1 ' ' 1

Residual standard error: 31.28 on 11 degrees of freedom

Number of iterations to convergence: 6
Achieved convergence tolerance: 1.292e-06
> predict(ans2)                              # 予測値
 [1] 180.131785  14.889068 108.235520  38.412389   7.993125  97.746053
 [7] 454.809428 319.294296 467.717051 187.624136  39.339464  25.021194
[13]  17.689169 390.368337 489.776776
```

## 6.2.2 漸近指数曲線

漸近指数曲線は（6.17）で表される。

$$y = a\,b^x + c \tag{6.17}$$

独立変数の増加（減少）に伴って，次第に一定値に近づいていくような曲線である。パラメータは3個であり，以下のような4つのタイプに分かれる。

1. $0 < b < 1$ かつ $a < 0$ のとき，
   $x = 0$ のときに $a+c$ の値から始まり，$x$ が大きくなると増加し，漸近値 $c$ に近づく（図 6.11–1.）。
2. $0 < b < 1$ かつ $a > 0$ のとき，
   $x = 0$ のときに $a+c$ の値から始まり，$x$ が大きくなると減少し，漸近値 $c$ に近づく（図 6.11–2.）。
3. $b > 1$ かつ $a < 0$ のとき，
   $x = 0$ のときに $a+c$ の値から始まり，$x$ が大きくなると減少する。$x$ が小さくなると漸近値 $c$ に近づく（図 6.11–3.）。
4. $b > 1$ かつ $a > 0$ のとき，
   $x = 0$ のときに $a+c$ の値から始まり，$x$ が大きくなると増加する。$x$ が小さくなると漸近値 $c$ に近づく（図 6.11–4.）。

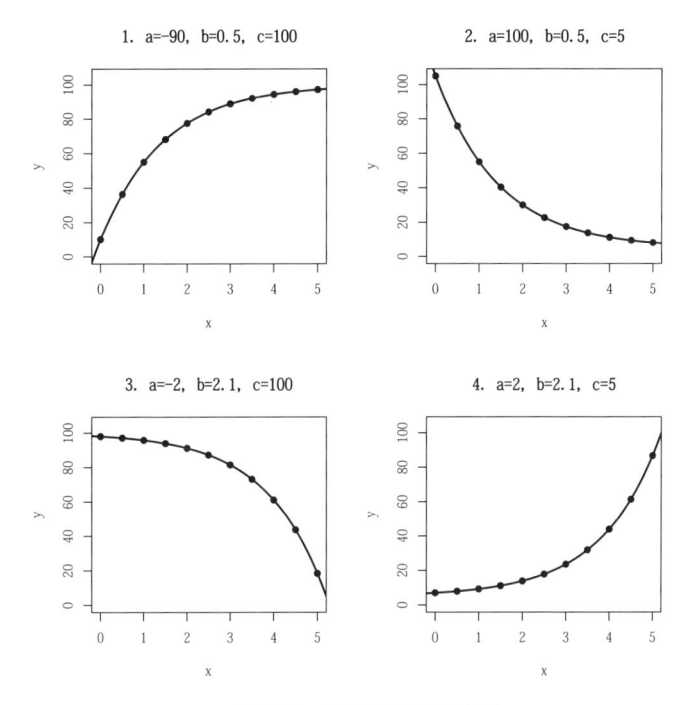

▶ 図 6.11　漸近指数曲線の概形

Rには，$y = Asym + (R0 - Asym) \times \exp(-\exp(lrc) \times x)$ の形式の関数としてパラメータを推定するために，SSasymp 関数が用意されている。

$0 < b < 1$，すなわち図 6.11–1. および図 6.11–2. の場合は (6.18) のように推定する。(6.17) におけるパラメータとの対応は，$a = R0 - Asym$，$b = \exp\{-\exp(lrc)\}$，$c = Asym$ である。

```
変数 <- nls(従属変数 ~ SSasymp(独立変数, Asym, R0, lrc),
            データフレーム)
```
(6.18)

$b > 1$，すなわち図 6.11–3. および図 6.11–4. の場合は (6.19) のように推定する。独立変数の前にマイナス記号を付けていることに注意してほしい。(6.17) におけるパラメータとの対応は，$a = R0 - Asym$，$b = \exp\{\exp(lrc)\}$，$c = Asym$ である。

```
変数 <- nls(従属変数 ~ SSasymp(-独立変数, Asymp, R0, lrc),
            データフレーム)
```
(6.19)

例として表 6.5 のようなデータに当てはめてみよう。

▶ 表 6.5　漸近指数曲線に当てはめるデータ例

|    | $x$ | $y_1$ | $y_2$ | $y_3$ | $y_4$ |
|----|-----|-------|-------|-------|-------|
| 1  | 0.0 | 10.0  | 105.0 | 98.0  | 7.0   |
| 2  | 0.5 | 36.4  | 75.7  | 97.1  | 7.9   |
| 3  | 1.0 | 55.0  | 55.0  | 95.8  | 9.2   |
| 4  | 1.5 | 68.2  | 40.4  | 93.9  | 11.1  |
| 5  | 2.0 | 77.5  | 30.0  | 91.2  | 13.8  |
| 6  | 2.5 | 84.1  | 22.7  | 87.2  | 17.8  |
| 7  | 3.0 | 88.8  | 17.5  | 81.5  | 23.5  |
| 8  | 3.5 | 92.0  | 13.8  | 73.2  | 31.8  |
| 9  | 4.0 | 94.4  | 11.3  | 61.1  | 43.9  |
| 10 | 4.5 | 96.0  | 9.4   | 43.6  | 61.4  |
| 11 | 5.0 | 97.2  | 8.1   | 18.3  | 86.7  |

表 6.5 から R のデータフレームを作成する。

```
> df <- data.frame(
+ x  = c(0.0, 0.5, 1.0, 1.5, 2.0, 2.5, 3.0, 3.5, 4.0, 4.5, 5.0),
+ y1 = c(10.0, 36.4, 55.0, 68.2, 77.5, 84.1, 88.8, 92.0, 94.4, 96.0,
+        97.2),
+ y2 = c(105.0, 75.7, 55.0, 40.4, 30.0, 22.7, 17.5, 13.8, 11.3, 9.4,
+        8.1),
+ y3 = c(98.0, 97.1, 95.8, 93.9, 91.2, 87.2, 81.5, 73.2, 61.1, 43.6,
+        18.3),
+ y4 = c(7.0, 7.9, 9.2, 11.1, 13.8, 17.8, 23.5, 31.8, 43.9, 61.4, 86.7))
```

まず，図 6.11–1. の場合である。

```
> ans1 <- nls(y1 ~ SSasymp(x, Asym, R0, lrc), df)
> summary(ans1)

Formula: y1 ~ SSasymp(x, Asym, R0, lrc)

Parameters:
      Estimate Std. Error t value Pr(>|t|)
Asym 99.991321   0.023650  4227.9   <2e-16 ***
R0   10.008127   0.026259   381.1   <2e-16 ***
lrc  -0.365943   0.000897  -408.0   <2e-16 ***
---
Signif. codes:  0 '***' 0.001 '**' 0.01 '*' 0.05 '.' 0.1 ' ' 1

Residual standard error: 0.02883 on 8 degrees of freedom

Number of iterations to convergence: 0
Achieved convergence tolerance: 1.340e-08
```

SSasymp 関数で求めたパラメータは\$m\$getPars 関数で取り出し，(6.17) にお
けるパラメータに変換する．

```
> ( p <- ans1$m$getPars() )
      Asym          R0         lrc
99.9913212 10.0081268 -0.3659425
> names(p) <- NULL
> ( a <- p[2]-p[1] )
[1] -89.9832
> ( b <- exp(-exp(p[3])) )
[1] 0.4998023
> ( c <- p[1] )
[1] 99.99132
```

次は (6.17) の形式でパラメータを推定してみる．168 ページに示した $a$, $b$, $c$ の条件を考え，試行錯誤でパラメータの初期値を探索する．初期値が不良だと以下のようなエラーメッセージが出る．以下の例の初期値は $a=0$ としたのがその原因である．

```
> ans1.2 <- nls(y1 ~ a*b^x+c, df, start=list(a=0, b=0.5, c=100))
 以下にエラー nlsModel(formula, mf, start, wts) :
   パラメータの初期値で勾配行列が特異です
```

よほどひどい初期値でない限り，次のように解が求まるであろう．

```
> ans1.2 <- nls(y1 ~ a*b^x+c, df, start=list(a=-10, b=0.5, c=100))
> summary(ans1.2)

Formula: y1 ~ a * b^x + c

Parameters:
    Estimate Std. Error t value Pr(>|t|)
a -8.998e+01  2.962e-02   -3038   <2e-16 ***
b  4.998e-01  3.109e-04    1607   <2e-16 ***
c  9.999e+01  2.365e-02    4228   <2e-16 ***
---
Signif. codes:  0 '***' 0.001 '**' 0.01 '*' 0.05 '.' 0.1 ' ' 1

Residual standard error: 0.02883 on 8 degrees of freedom

Number of iterations to convergence: 3
Achieved convergence tolerance: 2.003e-07
```

続いて，図 6.11–2. の場合である．

```
> ans2 <- nls(y2 ~ SSasymp(x, Asym, R0, lrc), df)
> summary(ans2)

Formula: y2 ~ SSasymp(x, Asym, R0, lrc)

Parameters:
      Estimate Std. Error t value Pr(>|t|)
Asym  4.980e+00  2.375e-02   209.7 2.99e-16 ***
R0    1.050e+02  2.632e-02  3989.2  < 2e-16 ***
lrc  -3.673e-01  8.097e-04  -453.7  < 2e-16 ***
---
Signif. codes:  0 '***' 0.001 '**' 0.01 '*' 0.05 '.' 0.1 ' ' 1

Residual standard error: 0.0289 on 8 degrees of freedom

Number of iterations to convergence: 0
Achieved convergence tolerance: 5.233e-08
```

SSasymp 関数で求めたパラメータは$m$getPars 関数で取り出し，(6.17) におけるパラメータに変換する．

```
> ( p <- ans2$m$getPars() )
       Asym          R0         lrc
  4.9803514 104.9896788  -0.3673429
> names(p) <- NULL
> ( a <- p[2]-p[1] )
[1] 100.0093
> ( b <- exp(-exp(p[3])) )
[1] 0.5002876
> ( c <- p[1] )
[1] 4.980351
```

次は (6.17) の形式でパラメータを推定してみる．

```
> ans2.2 <- nls(y2 ~ a*b^x+c, df, start=list(a=1, b=0.5, c=50))
> summary(ans2.2)

Formula: y2 ~ a * b^x + c

Parameters:
   Estimate Std. Error t value Pr(>|t|)
a 1.000e+02  2.970e-02  3367.1  < 2e-16 ***
b 5.003e-01  2.805e-04  1783.2  < 2e-16 ***
c 4.980e+00  2.375e-02   209.7 2.99e-16 ***
---
Signif. codes:  0 '***' 0.001 '**' 0.01 '*' 0.05 '.' 0.1 ' ' 1

Residual standard error: 0.0289 on 8 degrees of freedom

Number of iterations to convergence: 4
Achieved convergence tolerance: 1.887e-07
```

今度は図 6.11-3. の場合である．独立変数の指定時にマイナス記号を付ける点に注意する必要がある．

```
> ans3 <- nls(y3 ~ SSasymp(-x, Asym, R0, lrc), df)
> summary(ans3)

Formula: y3 ~ SSasymp(-x, Asym, R0, lrc)

Parameters:
       Estimate Std. Error t value Pr(>|t|)
Asym  9.999e+01  1.544e-02  6474.4  <2e-16 ***
R0    9.800e+01  1.132e-02  8660.7  <2e-16 ***
lrc  -2.977e-01  6.772e-04  -439.5  <2e-16 ***
---
Signif. codes:  0 '***' 0.001 '**' 0.01 '*' 0.05 '.' 0.1 ' ' 1

Residual standard error: 0.02051 on 8 degrees of freedom

Number of iterations to convergence: 0
Achieved convergence tolerance: 4.758e-08
```

SSasymp 関数で求めたパラメータは \$m\$getPars 関数で取り出し，(6.17) におけるパラメータに変換する．パラメータ $b$ に変換するときに注意すること．

```
> ( p <- ans3$m$getPars() )
      Asym        R0       lrc
99.9911001 97.9966044 -0.2976769
> names(p) <- NULL
> ( a <- p[2]-p[1] )
[1] -1.994496
> ( b <- exp(exp(p[3])) )  # 2回目のexpにマイナス記号を付けない
[1] 2.101269
> ( c <- p[1] )
[1] 99.9911
```

次は (6.17) の形でパラメータを推定してみる．

```
> ans3.2 <- nls(y3 ~ a*b^x+c, df, start=list(a=-1, b=1.5, c=200))
> summary(ans3.2)

Formula: y3 ~ a * b^x + c

Parameters:
    Estimate Std. Error t value Pr(>|t|)
a  -1.994496   0.005107  -390.5  <2e-16 ***
b   2.101269   0.001057  1988.5  <2e-16 ***
c  99.991100   0.015444  6474.4  <2e-16 ***
---
Signif. codes:  0 '***' 0.001 '**' 0.01 '*' 0.05 '.' 0.1 ' ' 1

Residual standard error: 0.02051 on 8 degrees of freedom

Number of iterations to convergence: 9
Achieved convergence tolerance: 2.206e-08
```

最後に図 6.11–4. の場合である．この場合も，独立変数の指定時にマイナス記号を付ける点に注意すること．

```
> ans4 <- nls(y4 ~ SSasymp(-x, Asym, R0, lrc), df)
> summary(ans4)

Formula: y4 ~ SSasymp(-x, Asym, R0, lrc)

Parameters:
      Estimate Std. Error  t value Pr(>|t|)
Asym  5.0088999  0.0154441   324.3  <2e-16 ***
R0    7.0033956  0.0113150   618.9  <2e-16 ***
lrc  -0.2976769  0.0006772  -439.5  <2e-16 ***
---
Signif. codes:  0 '***' 0.001 '**' 0.01 '*' 0.05 '.' 0.1 ' ' 1

Residual standard error: 0.02051 on 8 degrees of freedom

Number of iterations to convergence: 0
Achieved convergence tolerance: 4.467e-08
```

SSasymp 関数で求めたパラメータは$m$getPars 関数で取り出し，(6.17) におけるパラメータに変換する．パラメータ $b$ に変換するときに注意すること．

```
> ( p <- ans4$m$getPars() )
      Asym         R0        lrc
 5.0088999  7.0033956 -0.2976769
> names(p) <- NULL
> ( a <- p[2]-p[1] )
[1] 1.994496
> ( b <- exp(exp(p[3])) )  # 2回目のexpにマイナス記号を付けない
[1] 2.101269
> ( c <- p[1] )
[1] 5.0089
```

次は (6.17) の形でパラメータを推定してみる．

```
> ans4.2 <- nls(y4 ~ a*b^x+c, df, start=list(a=10, b=2, c=50))
> summary(ans4.2)

Formula: y4 ~ a * b^x + c

Parameters:
  Estimate Std. Error t value Pr(>|t|)
a 1.994496   0.005107   390.5  <2e-16 ***
b 2.101269   0.001057  1988.5  <2e-16 ***
c 5.008900   0.015444   324.3  <2e-16 ***
---
Signif. codes:  0 '***' 0.001 '**' 0.01 '*' 0.05 '.' 0.1 ' ' 1

Residual standard error: 0.02051 on 8 degrees of freedom

Number of iterations to convergence: 5
Achieved convergence tolerance: 4.289e-08
```

以上，4 通りの当てはめの結果を図示すると，169 ページの図 6.11 が得られる．

## 6.2.3 ロジスティック曲線とゴンペルツ曲線

ロジスティック曲線とゴンペルツ曲線は，成長曲線としてよく知られているものである。

● **ロジスティック曲線**

ロジスティック曲線は（6.20）で表される。

$$y = \frac{a}{1 + b\exp(-cx)} \tag{6.20}$$

多重ロジスティック曲線の関係から，

$$y = \frac{a}{1 + \exp(-b' - cx)} \tag{6.21}$$

で表現されることもある。この場合には $b' = -\log b$ である。

R には，$y = Asym/(1 + \exp((xmid - x)/scal))$ の形式の関数としてパラメータを推定するために，SSlogis 関数が用意されている。

SSlogis 関数の使用法を（6.22）に示す。(6.20) におけるパラメータとの対応は，$a = Asym$, $b = \exp(xmid/scale)$, $c = 1/scale$ である。

```
変数 <- nls(従属変数 ~ SSlogis(独立変数, Asym, xmid, scal),
            データフレーム)
```
(6.22)

例として表 6.6 のデータに当てはめてみよう。

▶ 表 6.6　成長曲線に当てはめるデータ例

|   | $x$ | $y$ |   | $x$ | $y$ |
|---|---|---|---|---|---|
| 1 | 1.0 | 2.9 | 9 | 9.0 | 78.6 |
| 2 | 2.0 | 5.2 | 10 | 10.0 | 87.0 |
| 3 | 3.0 | 9.1 | 11 | 11.0 | 92.4 |
| 4 | 4.0 | 15.5 | 12 | 12.0 | 95.7 |
| 5 | 5.0 | 25.0 | 13 | 13.0 | 97.6 |
| 6 | 6.0 | 37.8 | 14 | 14.0 | 98.6 |
| 7 | 7.0 | 52.6 | 15 | 15.0 | 99.2 |
| 8 | 8.0 | 66.9 |   |   |   |

表 6.6 から R のデータフレームを作成し、(6.22) の方法でパラメータを推定する。

```
> df <- data.frame(x=1:15,
+                  y=c(2.9, 5.2, 9.1, 15.5, 25, 37.8, 52.6, 66.9, 78.6,
+                      87, 92.4, 95.7, 97.6, 98.6, 99.2))
> ans <- nls(y ~ SSlogis(x, Asym, xmid, scal), df)
> summary(ans)

Formula: y ~ SSlogis(x, Asymp, xmid, scal)

Parameters:
      Estimate Std. Error t value Pr(>|t|)
Asym 9.995e+01  1.619e-02    6175   <2e-16 ***
xmid 6.827e+00  1.178e-03    5793   <2e-16 ***
scal 1.665e+00  9.754e-04    1707   <2e-16 ***
---
Signif. codes:  0 '***' 0.001 '**' 0.01 '*' 0.05 '.' 0.1 ' ' 1

Residual standard error: 0.02741 on 12 degrees of freedom

Number of iterations to convergence: 0
Achieved convergence tolerance: 4.574e-08
```

SSlogis 関数で求めたパラメータは\$m\$getPars 関数で取り出し、(6.20) におけるパラメータに変換する。

```
> ( p <- ans$m$getPars() )
     Asym      xmid      scal
99.948291  6.826821  1.664751
> names(p) <- NULL
> ( a <- p[1] )
[1] 99.9483
> ( b <- exp(p[2]/p[3]) )
[1] 60.38887
> ( c <- 1/p[3] )
[1] 0.6006903
```

次に (6.20) におけるパラメータを推定してみる。

```
> ans2 <- nls(y ~ a/(1+b*exp(-c*x)), df,
+             start=list(a=100, b=1, c=1))
> summary(ans2)

Formula: y ~ a/(1 + b * exp(-c * x))

Parameters:
   Estimate Std. Error t value Pr(>|t|)
a 9.995e+01  1.619e-02  6175.2   <2e-16 ***
b 6.039e+01  1.333e-01   452.9   <2e-16 ***
c 6.007e-01  3.519e-04  1706.8   <2e-16 ***
---
Signif. codes:  0 '***' 0.001 '**' 0.01 '*' 0.05 '.' 0.1 ' ' 1

Residual standard error: 0.02741 on 12 degrees of freedom

Number of iterations to convergence: 11
Achieved convergence tolerance: 9.2e-08
```

当てはめた曲線を以下のようにして図示すると，図 6.12 のようになる。

```
> df2 <- data.frame(x=seq(1, 15, length=200))
> plot(df, pch=19)
> lines(df2$x, predict(ans2, newdata=df2))
```

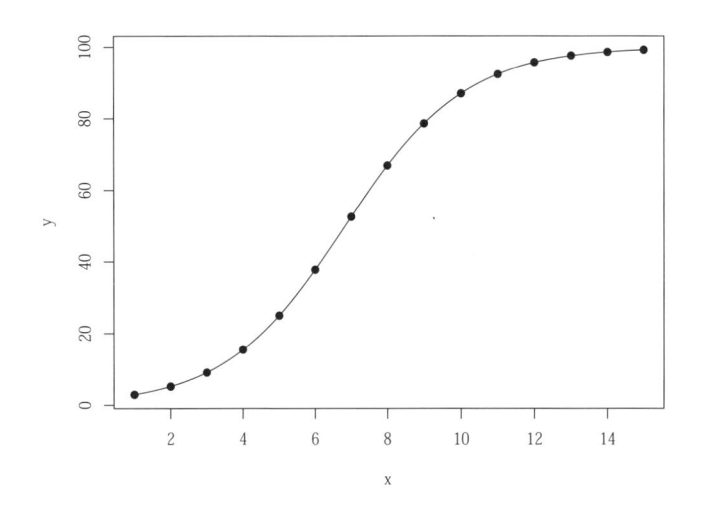

▶ 図 6.12　ロジスティック曲線への当てはめ結果

● **ゴンペルツ曲線**

ゴンペルツ曲線は (6.23) で表される。

$$y = a\, b^{\exp(-c\,x)} \tag{6.23}$$

R には，$y = Asym \times \exp(-b2 \times b3^x)$ の形式の関数としてパラメータを推定するために，SSgompertz 関数が用意されている。

SSgompertz 関数の使用法を (6.24) に示す。独立変数が大きくなるにつれて従属変数の値が小さくなる曲線 (179 ページの図 6.13 を左右反転させたような曲線) になる場合は，(6.24) の独立変数の前にマイナス記号を付ける。(6.23) におけるパラメータとの対応は，$a = Asym$，$b = \exp(-b2)$，$c = -\log(b3)$ である。

$$\boxed{\text{変数 <- nls(従属変数 ~ SSgompertz(独立変数, Asym, b2, b3), データフレーム)}} \tag{6.24}$$

例として，前項と同じ表 6.6 のデータに当てはめてみよう。

```
> df <- data.frame(x=1:15,
+                  y=c(2.9, 5.2, 9.1, 15.5, 25.0, 37.8, 52.6, 66.9,
+                      78.6, 87.0, 92.4, 95.7, 97.6, 98.6, 99.2))
> ans <- nls(y ~ SSgompertz(x, Asym, b2, b3), df)
> summary(ans)

Formula: y ~ SSgompertz(x, Asym, b2, b3)

Parameters:
       Estimate Std. Error t value Pr(>|t|)
Asym  105.08263    2.01602   52.12 1.63e-15 ***
b2      8.75815    1.03887    8.43 2.19e-06 ***
b3      0.69079    0.01499   46.09 7.10e-15 ***
---
Signif. codes:  0 '***' 0.001 '**' 0.01 '*' 0.05 '.' 0.1 ' ' 1

Residual standard error: 2.355 on 12 degrees of freedom

Number of iterations to convergence: 0
Achieved convergence tolerance: 2.057e-06
```

SSgompertz 関数で求めたパラメータは\$m\$getPars 関数で取り出し，(6.23) におけるパラメータに変換する．

```
> p <- ans$m$getPars()
> names(p) <- NULL
> ( a <- p[1] )
[1] 105.0826
> ( b <- exp(-p[2]) )
[1] 0.0001571747
> ( c <- -log(p[3]) )
[1] 0.3699248
```

次は (6.23) におけるパラメータを推定してみる．「モデルを評価する際，欠損値または無限大が生成されました」や，「勾配が特異です」といったエラーメッセージが出る場合には，初期値が不適切なことを表している．試行錯誤で決める必要があるかもしれない．

```
> ans2 <- nls(y ~ a*b^exp(-c*x), df,
+             start=list(a=100, b=0.0001, c=0.5))
> summary(ans2)

Formula: y ~ a * b^exp(-c * x)

Parameters:
   Estimate Std. Error t value Pr(>|t|)
a 1.051e+02  2.016e+00  52.124 1.63e-15 ***
b 1.572e-04  1.633e-04   0.963    0.355
c 3.699e-01  2.170e-02  17.050 8.91e-10 ***
---
Signif. codes:  0 '***' 0.001 '**' 0.01 '*' 0.05 '.' 0.1 ' ' 1

Residual standard error: 2.355 on 12 degrees of freedom

Number of iterations to convergence: 8
Achieved convergence tolerance: 8.288e-06
```

当てはめた曲線を以下のようにして図示すると，図 6.13 のようになる。

```
> df2 <- data.frame(x=seq(1, 15, length=200))
> plot(df, pch=19)
> lines(df2$x, predict(ans2, newdata=df2))
```

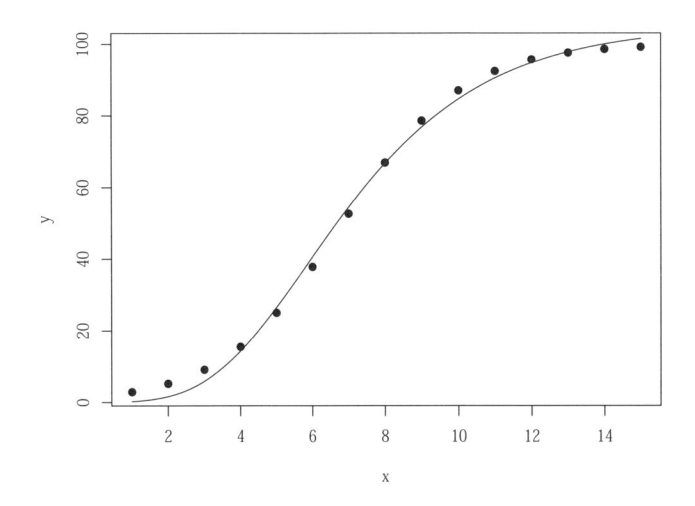

▶ 図 6.13　ゴンペルツ曲線への当てはめ結果

## 6.3　従属変数が二値データのときの回帰分析

　成功・失敗や生存・死亡のように，従属変数が 2 つの値のいずれかをとるとき，それを複数の独立変数で予測したいことがある。

　表 6.7 のような 0/1 データをとる従属変数 $y$ を，2 つの独立変数 $x_1$, $x_2$ で予測したいとしよう。

▶ 表 6.7　成功 (1) と失敗 (0) を予測するデータ例

|   | $x_1$ | $x_2$ | $y$ |    | $x_1$ | $x_2$ | $y$ |
|---|------|------|---|----|------|------|---|
| 1 | 62.3 | 55.8 | 1 | 7  | 54.4 | 55.6 | 1 |
| 2 | 50.0 | 46.7 | 0 | 8  | 57.2 | 53.0 | 0 |
| 3 | 52.5 | 48.9 | 0 | 9  | 52.4 | 52.7 | 1 |
| 4 | 57.5 | 52.1 | 1 | 10 | 46.4 | 51.5 | 1 |
| 5 | 49.5 | 49.5 | 0 | 11 | 33.6 | 48.7 | 1 |
| 6 | 51.7 | 51.3 | 0 | 12 | 38.1 | 44.6 | 0 |

完全に 0 か 1 かを予測するということであれば，6.5 節（188 ページ）の判別分析を使うこともできる。しかし，場合によっては予測値として失敗や死亡の確率を求めたいことがある。この問題を解くときに重回帰分析を使うと，予測値が 0～1 の範囲外の値をとることになるので，解釈に苦しむことになる。このような場合のために，ロジスティック回帰分析とプロビット回帰分析がある。両者はともに 0～1 の範囲の値をとる S 字状曲線として知られている。

### 6.3.1 ロジスティック回帰分析

ロジスティック回帰分析は，$p$ 個の独立変数 $x_i$ で (6.25) のように独立変数 $y$ を予測するものである。

$$y = \frac{1}{1 + \exp\{-(b_0 + b_1 x_1 + b_2 x_2 + \cdots + b_p x_p)\}} \tag{6.25}$$

R では，glm 関数を用いて，(6.26) のようにロジスティック回帰分析を行う。

変数 <- glm(従属変数 ~ 独立変数1+ 独立変数2+…+ 独立変数n,
         family=binomial(link="logit"), データフレーム)  (6.26)

表 6.7 のデータからデータフレームを作成してロジスティック回帰分析すると，以下のようになる。

```
> df <- data.frame(
+ x1 = c(62.3, 50.0, 52.5, 57.5, 49.5, 51.7, 54.4, 57.2, 52.4, 46.4,
+        33.6, 38.1),
+ x2 = c(55.8, 46.7, 48.9, 52.1, 49.5, 51.3, 55.6, 53.0, 52.7, 51.5,
+        48.7, 44.6),
+ y  = c(1, 0, 0, 1, 0, 0, 1, 0, 1, 1, 1, 0))
> ans <- glm(y~x1+x2, family=binomial(link="logit"), data=df)
> summary(ans)

Call:
glm(formula = y ~ x1 + x2,
    family = binomial(link = "logit"), data = df)

Deviance Residuals:
     Min        1Q    Median        3Q       Max
-1.36168  -0.20814   0.01881   0.41217   1.71507

Coefficients:
            Estimate Std. Error z value Pr(>|z|)
(Intercept) -66.1574    44.9378  -1.472    0.141
x1           -0.3952     0.2544  -1.553    0.120
x2            1.6828     1.0594   1.588    0.112

(Dispersion parameter for binomial family taken to be 1)

    Null deviance: 16.6355  on 11  degrees of freedom
Residual deviance:  6.8964  on  9  degrees of freedom
AIC: 12.896

Number of Fisher Scoring iterations: 7
```

glm 関数が返すオブジェクトの要素のうち，fitted.values は予測値，linear.predictors は (6.25) における $b_0 + b_1\,x_1 + b_2\,x_2 + \cdots + b_p\,x_p$ である．これらを表 6.8 および図 6.14 に示す．

▶ 表 6.8 ロジスティック回帰分析の結果

|    | $x_1$ | $x_2$ | $y$ | ans\$linear.predictors | ans\$fitted.values |
|----|------|------|---|-----------|-----------|
| 1  | 62.3 | 55.8 | 1 |  3.11954  | 0.95769 |
| 2  | 50.0 | 46.7 | 0 | −7.33254  | 0.00065 |
| 3  | 52.5 | 48.9 | 0 | −4.61847  | 0.00977 |
| 4  | 57.5 | 52.1 | 1 | −1.20968  | 0.22976 |
| 5  | 49.5 | 49.5 | 0 | −2.42310  | 0.08143 |
| 6  | 51.7 | 51.3 | 0 | −0.26358  | 0.43448 |
| 7  | 54.4 | 55.6 | 1 |  5.90531  | 0.99728 |
| 8  | 57.2 | 53.0 | 0 |  0.42340  | 0.60430 |
| 9  | 52.4 | 52.7 | 1 |  1.81567  | 0.86005 |
| 10 | 46.4 | 51.5 | 1 |  2.16771  | 0.89731 |
| 11 | 33.6 | 48.7 | 1 |  2.51484  | 0.92518 |
| 12 | 38.1 | 44.6 | 0 | −6.16315  | 0.00210 |

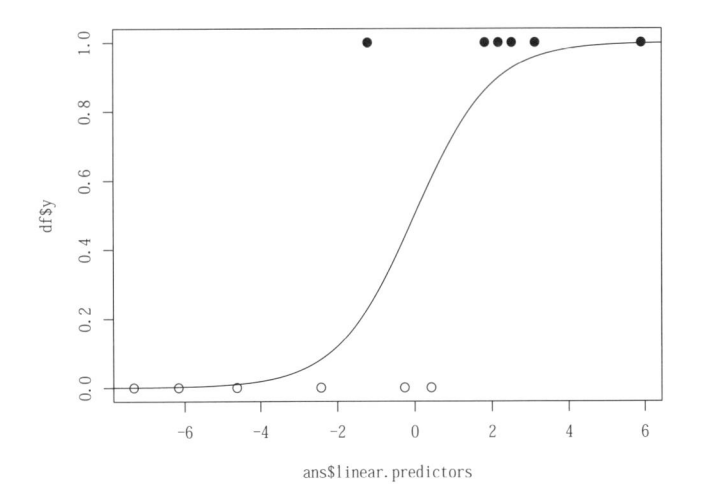

▶ 図 6.14 ロジスティック回帰分析の結果

## 6.3.2 プロビット回帰分析

プロビット回帰分析は，$p$ 個の独立変数 $x_i$ で (6.27) のように独立変数 $y$ を予測するものである．

$$y = \int_{-\infty}^{z} f(u)\, du = \int_{-\infty}^{z} \frac{1}{\sqrt{2\pi}} \exp\left(-\frac{u^2}{2}\right) du \tag{6.27}$$

ただし，$z = b_0 + b_1\, x_1 + b_2\, x_2 + \cdots + b_p\, x_p$

$f(u) = \frac{1}{\sqrt{2\pi}} \exp\left(-\frac{u^2}{2}\right)$ は，標準正規分布の密度関数である．(6.27) の $y$ は，$z = -(b_0 + b_1\, x_1 + b_2\, x_2 + \cdots + b_p\, x_p)$ とおいたとき，標準正規分布において $z$ より小さい値をとる確率 $F(z)$ である．R では y <- pnorm(z) で表される．

R では，glm 関数を用いて，(6.28) のようにプロビット回帰分析を行う．

```
変数 <- glm(従属変数 ~ 独立変数 1+ 独立変数 2+…+ 独立変数 n,
            family=binomial(link="probit"), データフレーム)
```
(6.28)

表 6.7 のデータからデータフレームを作成してプロビット回帰分析すると，以下のようになる．

```
> df <- data.frame(
+ x1 = c(62.3, 50.0, 52.5, 57.5, 49.5, 51.7, 54.4, 57.2, 52.4, 46.4,
+        33.6, 38.1),
+ x2 = c(55.8, 46.7, 48.9, 52.1, 49.5, 51.3, 55.6, 53.0, 52.7, 51.5,
+        48.7, 44.6),
+ y  = c(1, 0, 0, 1, 0, 0, 1, 0, 1, 1, 1, 0))
> ans <- glm(y~x1+x2, family=binomial(link="probit"), data=df)
> summary(ans)

Call:
glm(formula = y ~ x1 + x2,
    family = binomial(link = "probit"), data = df)

Deviance Residuals:
     Min        1Q    Median        3Q       Max
-1.382554 -0.161071  0.007323  0.368820  1.675056

Coefficients:
            Estimate Std. Error z value Pr(>|z|)
(Intercept) -39.6608    24.9597  -1.589   0.1121
x1           -0.2380     0.1399  -1.701   0.0889 .
x2            1.0108     0.5883   1.718   0.0858 .
---
Signif. codes:  0 '***' 0.001 '**' 0.01 '*' 0.05 '.' 0.1 ' ' 1

(Dispersion parameter for binomial family taken to be 1)

    Null deviance: 16.6355  on 11  degrees of freedom
Residual deviance:  6.7388  on  9  degrees of freedom
AIC: 12.739

Number of Fisher Scoring iterations: 8
```

glm 関数が返すオブジェクトの要素のうち，fitted.values は予測値，linear.predictors は (6.27) における $z$，すなわち $b_0 + b_1\,x_1 + b_2\,x_2 + \cdots + b_p\,x_p$ である．これらを表 6.9 および図 6.15 に示す．

▶ 表 6.9 プロビット回帰分析の結果

|    | $x_1$ | $x_2$ | $y$ | ans\$linear.predictors | ans\$fitted.values |
|----|------|------|---|------------|----------|
| 1  | 62.3 | 55.8 | 1 | 1.90971    | 0.97191  |
| 2  | 50.0 | 46.7 | 0 | $-4.36030$ | 0.00001  |
| 3  | 52.5 | 48.9 | 0 | $-2.73173$ | 0.00315  |
| 4  | 57.5 | 52.1 | 1 | $-0.68751$ | 0.24588  |
| 5  | 49.5 | 49.5 | 0 | $-1.41113$ | 0.07910  |
| 6  | 51.7 | 51.3 | 0 | $-0.11545$ | 0.45405  |
| 7  | 54.4 | 55.6 | 1 | 3.58813    | 0.99983  |
| 8  | 57.2 | 53.0 | 0 | 0.29360    | 0.61547  |
| 9  | 52.4 | 52.7 | 1 | 1.13300    | 0.87139  |
| 10 | 46.4 | 51.5 | 1 | 1.34836    | 0.91123  |
| 11 | 33.6 | 48.7 | 1 | 1.56522    | 0.94123  |
| 12 | 38.1 | 44.6 | 0 | $-3.65015$ | 0.00013  |

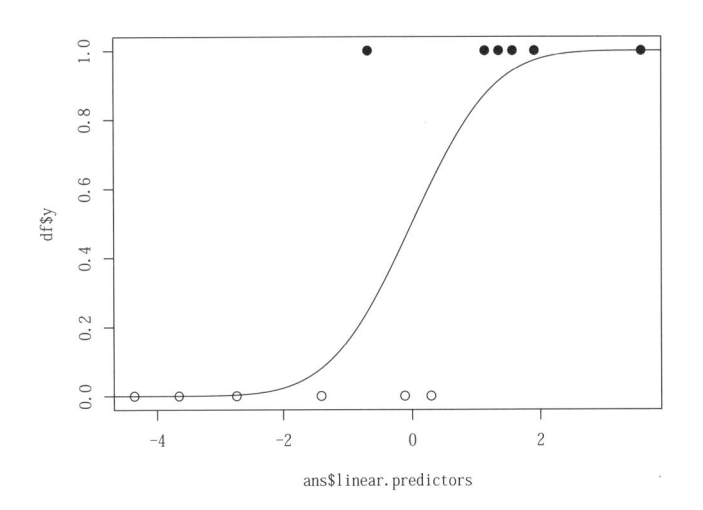

▶ 図 6.15 プロビット回帰分析の結果

## 6.4 正準相関分析

正準相関分析は重回帰分析の一般形ともいえる。重回帰分析では従属変数が 1 個だが，従属変数が複数個ある場合に相当するのが正準相関分析だといえる。

重回帰分析では，1 個の従属変数と複数個の独立変数の線形合成変数の相関が最大となるような独立変数の重みを求める。これに対して正準相関分析では，従属変数，独立変数という区別ではなく，それぞれ複数の変数からなる 2 つの変数群それぞれについて線形合成変数を求め，2 つの合成変数の相関（正準相関）が最も大きくなるような重みを求める。複数の合成変数が求められる可能性もある。2 番目以降の合成変数間の相関は順次小さくなっていくので，最初のほうの数個の合成変数の重みが有用である。

R で正準相関分析を行う関数は，cancor 関数である[*10]。cancor 関数の使用法は (6.29) のようになる。cancor 関数が返すオブジェクトは，正準相関係数，2 変数群の係数，2 変数群の平均値である。

```
変数 <- cancor(第 1 変数群のデータ行列, 第 2 変数群のデータ行列)
print(変数)
```
(6.29)

cancor 関数が返す 2 変数群の係数は $\sqrt{データ数 - 1}$ で割られているので，一般の教科書に書かれているものとは異なる。係数の定数倍は解として等価であり，それでなんの問題もないが，もし教科書と同じ答えが必要ならば (6.30) のように $\sqrt{データ数 - 1}$ を掛ければよい。また，有効な係数の組数は，2 つの変数群に含まれる変数の個数が少ないほうの数であるが，cancor 関数はその点についても無頓着である。

```
変数 <- cancor(第 1 変数群のデータ行列, 第 2 変数群のデータ行列)
変数$xcoef <- 変数$xcoef*sqrt(データ数-1)
変数$ycoef <- 変数$ycoef*sqrt(データ数-1)
print(変数)
```
(6.30)

---

[*10] 正準相関分析を行う R プログラムについては http://aoki2.si.gunma-u.ac.jp/R/cancor.html も参照のこと。

## 6.4 正準相関分析

　xとyの2変数群についての架空データを作成し，実際に分析してみよう。以下の例では，x変数群に5変数，y変数群に4変数を含めている。そしてcancor関数の結果を変数ansに付値し，正準相関係数の補正を行っている。

```
> set.seed(123)
> x <- matrix(rnorm(100), 20, 5)*10+50      # 第1変数群
> y <- matrix(rnorm(80), 20, 4)*12+60       # 第2変数群
> ans <- cancor(x, y)                        # 結果をansに付値する
> ans$xcoef <- ans$xcoef*sqrt(nrow(x)-1)     # 2組の係数を変換する
> ans$ycoef <- ans$ycoef*sqrt(nrow(x)-1)
```

結果を表示すると次のようになる。有効な正準相関係数は，2変数群に含まれる変数の個数が少ないほうの数である（今の場合は4）。

```
> ans                                        # 結果を表示する
$cor                                         # 正準相関係数
[1] 0.69486561 0.47310192 0.29156860 0.08017765

$xcoef                                       # 正準係数（4列までが有効）
            [,1]         [,2]          [,3]         [,4]         [,5]
[1,] -0.051772256 -0.08257852 -0.000721231 -0.046123057  0.012110244
[2,]  0.027892766 -0.07604777  0.036676914  0.103051166 -0.048689741
[3,] -0.114744717  0.04048550  0.004002347 -0.009847469 -0.020910904
[4,] -0.003836139  0.03347695 -0.016049921 -0.067760370 -0.084004403
[5,] -0.080118104  0.01543765 -0.129659694 -0.032652312 -0.007286255

$ycoef                                       # 正準係数
            [,1]        [,2]         [,3]         [,4]
[1,] -0.05974192 -0.06542106 -0.08542434 -0.02791338
[2,] -0.05216929 -0.02576624  0.03493749 -0.04319821
[3,]  0.01393632  0.03005055 -0.03086246 -0.06922326
[4,] -0.04925605  0.05722941 -0.01902437  0.01002633

$xcenter                                     # 第1変数群の平均値
[1] 51.41624 49.48743 51.06485 48.80083 53.75095

$ycenter                                     # 第2変数群の平均値
[1] 55.68743 59.53981 57.91996 62.00268
```

正準得点は (6.31) によって求めることができる。

$$
\begin{array}{l}
\text{第 1 変数群の正準得点} \; <- \; \text{第 1 変数群のデータ行列} \; \%*\% \; \text{変数\$xcoef} \\
\text{第 2 変数群の正準得点} \; <- \; \text{第 2 変数群のデータ行列} \; \%*\% \; \text{変数\$ycoef}
\end{array}
\tag{6.31}
$$

```
> ( xscore <- x%*%ans$xcoef )                    # 第1変数群の正準得点
        [,1]       [,2]       [,3]       [,4]       [,5]
 [1,] -10.35864 -2.339695 -5.771392 -3.699215 -7.161072
 [2,] -11.12139 -3.298328 -5.793118 -2.550015 -6.923418
 [3,] -10.46036 -4.649285 -5.191697 -3.971414 -6.179209
 [4,] -14.33468 -2.328627 -6.140630 -3.184054 -6.720470
 [5,] -12.53851 -2.996536 -5.011506 -2.691054 -6.455245
 [6,] -11.47607 -3.896756 -6.442430 -5.399208 -6.454407
 [7,] -11.56754 -4.322782 -6.493849 -2.638019 -8.163339
 [8,] -10.24642 -2.637279 -5.813642 -2.057123 -7.645584
 [9,] -11.76000 -1.454385 -5.394263 -4.117982 -7.882171
[10,] -11.45185 -3.216884 -6.646419 -2.925026 -9.891936
[11,] -12.71151 -4.704906 -6.339219 -2.808333 -7.211331
[12,] -11.71554 -4.233980 -5.739970 -1.748186 -5.345994
[13,] -11.26739 -4.116795 -5.434840 -2.684235 -8.679648
[14,] -11.98142 -4.000778 -3.983562 -1.261915 -7.497886
[15,] -11.41666 -3.738774 -6.645069 -1.519437 -7.380365
[16,] -13.16046 -4.595996 -4.373509 -3.429395 -8.692847
[17,] -11.19658 -4.678350 -7.940380 -2.694146 -7.244758
[18,] -11.97991 -1.725600 -7.063958 -1.554178 -6.855532
[19,] -11.53760 -3.733349 -5.123389 -3.363474 -7.366173
[20,] -10.41038 -2.899072 -4.061925 -2.432617 -7.164752

> ( yscore <- y%*%ans$ycoef )                    # 第2変数群の正準得点
         [,1]         [,2]       [,3]       [,4]
 [1,] -8.903080  1.26291098 -5.745097 -8.097838
 [2,] -7.848577 -0.95822913 -6.346355 -7.321837
 [3,] -7.867973 -1.32143748 -5.105278 -6.327254
 [4,] -10.593377  1.79717542 -5.952473 -5.921194
 [5,] -9.327395 -0.92128513 -3.585592 -7.175367
 [6,] -8.658496  0.01584831 -6.121055 -6.988577
 [7,] -9.039232  0.21901783 -4.723099 -6.386779
 [8,] -7.285916  0.96670629 -4.424268 -7.929874
 [9,] -7.913408  1.47372799 -6.931682 -8.874874
[10,] -9.881369 -1.14457761 -6.601953 -6.975872
[11,] -9.066679 -0.09325995 -5.069578 -9.054888
[12,] -9.462345 -0.52916556 -6.756067 -8.887176
[13,] -7.624112  1.11933231 -4.461909 -7.578011
[14,] -9.956234  1.03790551 -6.255054 -6.487162
[15,] -7.502617 -0.55953936 -7.202204 -6.918100
[16,] -9.157086 -1.67445657 -5.502766 -8.404794
[17,] -7.923393  0.36318938 -6.960251 -7.559861
[18,] -9.083565  0.11867911 -4.988363 -7.640740
[19,] -9.514492  0.49442394 -4.812481 -9.282562
[20,] -6.987449  0.56613878 -5.334579 -6.470977
```

有効な正準得点の種類は，2つの変数群に含まれる変数の個数が少ないほうの数である（今の場合は4）．各変数群に対する第 $i$ 正準得点間の相関は，正準相関係数と等しくなる．

```
> diag(cor(xscore, yscore))                      # 正準得点間の相関係数
[1] 0.69486561 0.47310192 0.29156860 0.08017765
> ans$cor                                        # 正準相関係数（再掲）
[1] 0.69486561 0.47310192 0.29156860 0.08017765
```

もし，標準化係数が必要であるならば cancor 関数が返す係数を（6.32）に従って変換すればよい．

```
変数 <- cancor(第1変数群のデータ行列, 第2変数群のデータ行列)
変数$xcoef <- 変数$xcoef*sqrt(データ数-1)
変数$ycoef <- 変数$ycoef*sqrt(データ数-1)                              (6.32)
変数$xcoef.std <- 変数$xcoef*apply(第1変数群のデータ行列, 2, sd)
変数$ycoef.std <- 変数$ycoef*apply(第2変数群のデータ行列, 2, sd)
print(変数)
```

```
> set.seed(123)
> x <- matrix(rnorm(100), 20, 5)*10+50        # 第1変数群
> y <- matrix(rnorm(80), 20, 4)*12+60         # 第2変数群
> ans <- cancor(x, y)                          # 結果をansに付値する

> ans$xcoef <- ans$xcoef*sqrt(nrow(x)-1)       # 係数を変換する
> ans$ycoef <- ans$ycoef*sqrt(nrow(x)-1)

> ans$xcoef.std <- ans$xcoef*apply(x, 2, sd)   # 標準化係数を計算する
> ans$ycoef.std <- ans$ycoef*apply(y, 2, sd)
```

以下に,追加で表示される部分のみを示す.

```
> ans                                          # 結果を表示する
 :
$xcoef.std                                     # 第1変数群の標準化係数
          [,1]        [,2]         [,3]          [,4]         [,5]
[1,] -0.50357077 -0.8032126 -0.007015163 -0.44862298  0.11779214
[2,]  0.23149286 -0.6311499  0.304395895  0.85526148 -0.40409499
[3,] -1.09849770  0.3875841  0.038316087 -0.09427381 -0.20018856
[4,] -0.03732971  0.3257663 -0.156182779 -0.65938036 -0.81745205
[5,] -0.66417544  0.1279774 -1.074872967 -0.27068618 -0.06040272

$ycoef.std                                     # 第2変数群の標準化係数
          [,1]        [,2]        [,3]         [,4]
[1,] -0.5025949 -0.5503722 -0.7186551 -0.2348287
[2,] -0.6794677 -0.3355868  0.4550358 -0.5626258
[3,]  0.1725740  0.3721172 -0.3821711 -0.8571945
[4,] -0.6343028  0.7369810 -0.2449894  0.1291157
```

以上の計算をすべて行うcancor2関数を定義しておくと便利であろう.

▶ cancor2関数
```
cancor2 <- function(x, y)                                  # 2組のデータセット
{
    ok <- complete.cases(x, y)                             # 欠損値を持たないケース
    x <- as.matrix(x[ok,])                                 # 欠損値を持つケースを除く
    y <- as.matrix(y[ok,])                                 # 欠損値を持つケースを除く
    ans <- cancor(x, y)                                    # 結果をansに付値する
    ans$xcoef <- ans$xcoef*sqrt(nrow(x)-1)                 # 係数を変換する
    ans$ycoef <- ans$ycoef*sqrt(nrow(x)-1)
    ans$xcoef.std <- ans$xcoef*apply(x, 2, sd)             # 標準化係数を計算する
    ans$ycoef.std <- ans$ycoef*apply(y, 2, sd)
    ans$xscore <- x%*%ans$xcoef                            # 第1変数群の正準得点
    ans$yscore <- y%*%ans$ycoef                            # 第2変数群の正準得点
    print(ans)                                             # 結果を表示する
    invisible(ans)                                         # 結果を非表示で返す
}
```

この cancor2 関数は，cancor 関数が返す結果を表示するほかに$xcoef.std, $ycoef.std, $xscore, $yscore も一緒に非表示で返すようにしている。これらは，結果を変数に付値すれば，変数$xscore のようにして利用できる。

```
> set.seed(123)
> x <- matrix(rnorm(100), 20, 5)*10+50      # 第1変数群
> y <- matrix(rnorm(80), 20, 4)*12+60       # 第2変数群
> cancor2(x, y)
```

## 6.5 判別分析

　判別分析の目的は，いくつかの変数に基づいて，各データがどの群に所属するかを判定することである。

　ここでは，線形判別分析と正準判別分析，および二次の判別分析を取り上げる。数量化 II 類として知られるカテゴリー変数を用いる判別分析もダミー変数を用いる判別分析であるが，これについては 6.9 節（219 ページ）であらためて説明する。

### 6.5.1　線形判別分析

　線形判別分析を行うのは，MASS パッケージに入っている lda 関数である。lda 関数は，2 群の判別の場合には線形判別分析を行うが，3 群以上の判別の場合には次節に示す正準判別分析を行う[*11]。判別結果を出力する補助関数として predict 関数を用いる。

　説明変数が数値データだけの場合には（6.33）のように使用する。なお，説明変数がカテゴリー変数（factor 変数）も含む場合には，6.9 節（219 ページ）に述べる（6.43）の形式で使用する。

```
library(MASS)
変数 1 <- lda(説明変数のデータ行列, 群を表す変数)
変数 2 <- predict(変数 1)
print(変数 1)                                              (6.33)
print(変数 2)
table(群を表す変数, 変数 2$class)
```

　各群 40 例ずつ，5 変数からなる 2 群のデータを用意して，判別分析を行ってみよう。説明変数のデータは，rnorm で生成した値を持つ 2 つのデータ行列を結合した行列 x である。群を表す変数 group は 80 個の要素を持つ数値ベクトルで，前半の 40 個の要素が 1，後半の 40 個の要素が 2 という値を持つように作っている。

---

[*11] 3 群以上の場合にも線形判別分析を行う R プログラムについては http://aoki2.si.gunma-u.ac.jp/R/sdis.html を参照のこと。

## 6.5 判別分析

```
> set.seed(123)
> x1 <- matrix(rnorm(200), ncol=5)          # 40×5行列（第1群）
> x2 <- matrix(rnorm(200), ncol=5)          # 40×5行列（第2群）
> x2 <- t(t(x2)+c(0.9, 0.4, 0.6, 0.7, 0.8)) # x2を若干平行移動
> x <- rbind(x1, x2)                        # 説明変数のデータ行列
> group <- factor(rep(1:2, each=40))        # 群を表すデータ
```

MASS パッケージを使う準備をしてから lda を呼び出し，結果を変数に付値して，さらに predict 関数を呼び出す．後で判別結果を調べるために，この結果も変数に付値しておく．

```
> library(MASS)                             # MASSパッケージを使う準備
> ( ans <- lda(x, group) )                  # 結果をansに付値
Call:
lda(x, grouping = group)

Prior probabilities of groups:              # 各群の事前確率
  1   2
0.5 0.5

Group means:                                # 各群ごとの各変数の平均値
           1            2           3          4          5
1 0.04518332 -0.006715917 0.007857127 -0.1058427 0.01666599
2 0.91057129  0.493120224 0.777965104  0.6879788 0.74097004

Coefficients of linear discriminants:       # 判別係数
          LD1
[1,] 0.6484736
[2,] 0.2701631
[3,] 0.6426850
[4,] 0.4109785
[5,] 0.3145832

> ( ans2 <- predict(ans) )                  # 判別結果を表示する
$class                                      # どの群に判別されたか
 [1] 1 1 1 2 2 1 2 1 1 1 2 1 1 1 1 2 1 1 1 2 1 1 1 1 1 1 1 1 1 1 2 1 1
[34] 1 1 2 1 1 1 1 2 2 2 2 2 2 2 2 2 2 2 2 2 2 2 2 2 2 1 2 1 2 2 2 2 2
[67] 1 1 2 2 2 1 2 1 1 2 2 2 2
Levels: 1 2

$posterior                                  # 各群に所属する事後確率
              1           2
 [1,] 0.858881188 0.141118812
 [2,] 0.936729262 0.063270738
 [3,] 0.858757236 0.141242764
 [4,] 0.129206305 0.870793695
 [5,] 0.487685932 0.512314068
  :
[80,] 0.042793004 0.957206996

$x                                          # 判別値
            LD1
 [1,] -1.03482336
 [2,] -1.54417244
 [3,] -1.03423761
 [4,]  1.09324829
 [5,]  0.02822871
  :
[80,]  1.78062740
```

predict 関数が返すオブジェクトを plot 関数に渡せば図 6.16 のようなヒストグラムとして各群ごとの判別値の分布を描くことができる。

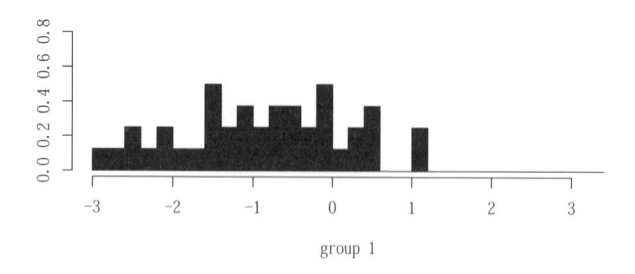

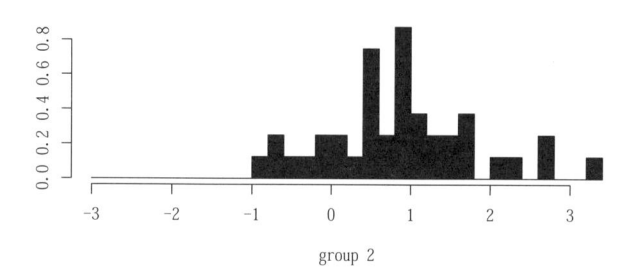

▶ 図 6.16　lda 関数による 2 群判別における判別値の分布

各ケースがどの群に判別されたかは ans2$class に付値されているので，table 関数でクロス集計してみよう。

```
> table(group, ans2$class)   # 判別結果の総括表

group  1  2
    1 32  8                  # 第1グループの40人中，32人が正しく判別された
    2  7 33                  # 第2グループの40人中，33人が正しく判別された
```

これらの結果を得るための簡単な関数 lda2 を次のように定義しておくとよい。

▶ lda2 関数
```
lda2 <- function(x,                       # 説明変数行列
                 group)                   # 群変数ベクトル
{
    library(MASS)                         # MASSパッケージを使用
    ans <- lda(x, group)                  # 線形判別分析の結果をansに付値
    print(ans)                            # 結果を表示
    ans2 <- predict(ans)                  # 判別
    print(ans2)                           # 判別結果
    print(table(group, ans2$class))       # 判別結果を集計
    plot(ans)                             # 判別図を描く
    invisible(ans)                        # 結果を非表示で返す
}
```

## 6.5.2 正準判別分析

6.5.1 項 (188 ページ) の線形判別分析では，判別する群が $k$ 個ある場合，一般的には $(k-1)$ 個の判別関数が必要になる。しかし，判別に必要な合成変数はもっと少なくて済む場合が多い。このような場合に用いられるのが正準判別分析である。このため，正準判別分析は，「次元の減少を伴う判別分析」ともいわれる。

R で正準判別分析を行う関数は，MASS パッケージに入っている lda 関数である[*12]。判別結果を出力する補助関数として predict 関数を用いる。これらを組み合わせて (6.34) のように使用する。

```
library(MASS)
変数 1 <- lda(説明変数のデータ行列, 群を表す変数)
変数 2 <- predict(変数 1)
print(変数 1)
print(変数 2)
table(群を表す変数, 変数 2$class)
```
(6.34)

R に用意されているフィッシャーのアヤメのデータ (iris) で 3 群の正準判別分析を行う例を以下に示す。

```
> library(MASS)
> x <- iris[,1:4]
> g <- iris[,5]
> ans <- lda(x, g)         # lda(iris[,1:4], iris[,5])でもよい
> ans
Call:
lda(x, g)

Prior probabilities of groups:      # 事前確率
    setosa versicolor  virginica
 0.3333333  0.3333333  0.3333333

Group means:                                      # 各群の平均値
           Sepal.Length Sepal.Width Petal.Length Petal.Width
setosa            5.006       3.428        1.462       0.246
versicolor        5.936       2.770        4.260       1.326
virginica         6.588       2.974        5.552       2.026

Coefficients of linear discriminants: # 正準判別係数
                    LD1         LD2
Sepal.Length   0.8293776  0.02410215
Sepal.Width    1.5344731  2.16452123
Petal.Length  -2.2012117 -0.93192121
Petal.Width   -2.8104603  2.83918785

Proportion of trace:
   LD1    LD2
0.9912 0.0088
```

---

[*12] lda 関数は線形判別分析を行うものと説明されているが，3 群以上の判別の場合には，実際は正準判別分析を行っている。2 群の判別においては正準判別分析と線形判別分析は同じであるが，3 群以上の場合には異なるものになる。正準判別分析を行う R プログラムについては http://aoki2.si.gunma-u.ac.jp/R/candis.html も参照のこと。

判別は predict 関数によって行う。

```
> ( ans2 <- predict(ans) )
$class                              # 分類された群
  [1] setosa     setosa     setosa     setosa     setosa     setosa
  [7] setosa     setosa     setosa     setosa     setosa     setosa
 [13] setosa     setosa     setosa     setosa     setosa     setosa
        :
[133] virginica  versicolor virginica  virginica  virginica  virginica
[139] virginica  virginica  virginica  virginica  virginica  virginica
[145] virginica  virginica  virginica  virginica  virginica  virginica
Levels: setosa versicolor virginica

$posterior                          # 各ケースがそれぞれの群に所属する事後確率
          setosa      versicolor    virginica
  [1,] 1.000000e+00 3.896358e-22 2.611168e-42
  [2,] 1.000000e+00 7.217970e-18 5.042143e-37
  [3,] 1.000000e+00 1.463849e-19 4.675932e-39
  [4,] 1.000000e+00 1.268536e-16 3.566610e-35
  [5,] 1.000000e+00 1.637387e-22 1.082605e-42
        :
[148,] 5.548962e-35 3.145874e-03 9.968541e-01
[149,] 1.613687e-40 1.257468e-05 9.999874e-01
[150,] 2.858012e-33 1.754229e-02 9.824577e-01

$x                                  # 判別値
             LD1           LD2
  [1,]  8.0617998   0.300420621
  [2,]  7.1286877  -0.786660426
  [3,]  7.4898280  -0.265384488
  [4,]  6.8132006  -0.670631068
  [5,]  8.1323093   0.514462530
        :
[148,] -4.9677409   0.821140550
[149,] -5.8861454   2.345090513
[150,] -4.6831543   0.332033811
```

判別の結果は以下のようにして求める。実際の群を表す変数と predict 関数が返すオブジェクトの class 要素を table 関数で集計する。

```
> table(g, ans2$class)

g            setosa versicolor virginica
  setosa         50          0         0
  versicolor      0         48         2
  virginica       0          1        49
```

この結果は，実際には virginica であったもののうち正しく verginica と判別されたのが 49 例，versicolor と判別されたものが 1 例あったと読む。

lda 関数が返すオブジェクトを plot 関数に渡すことにより，図 6.17 のように判別値による判別の様子を散布図として表現できる。左のほうから vrg (virginica)，vrs (versicolor)，s (setosa) が分布している。vrg と vrs は近くに分布しているが，それほど混ざり合っていないことがわかる。

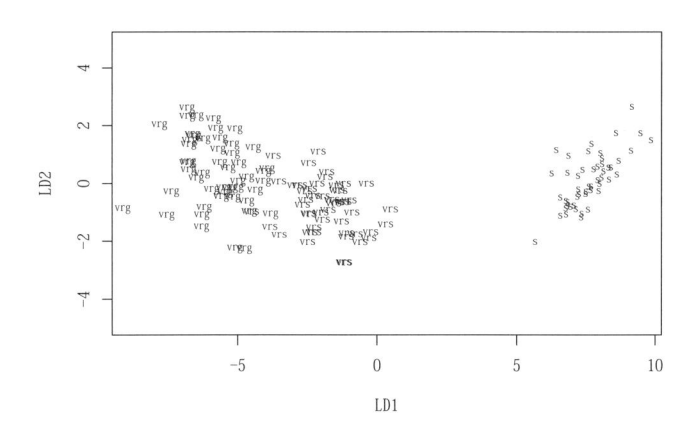

▶ 図 6.17 lda 関数による 3 群の正準判別分析

plot 関数による散布図は自由度が低いので，predict 関数が返すオブジェクトの class 要素と x 要素を使って以下のようにしたほうがよいかもしれない。この結果は図 6.18 のようになる。分散（情報量）が，縦軸より横軸のほうが大きいことがわかるように，縦軸と横軸の目盛り間隔が同じになるようにしている。

```
> plot(ans2$x[,1],                # 横軸に判別得点の1列目
+      ans2$x[,2],                # 縦軸に判別得点の2列目
+      pch=as.integer(g),         # 群ごとにプロット記号を変える
+      ylim=c(-3, 3),             # 描画範囲の指定
+      asp=1)                     # 縦軸と横軸の目盛り幅を同じに
```

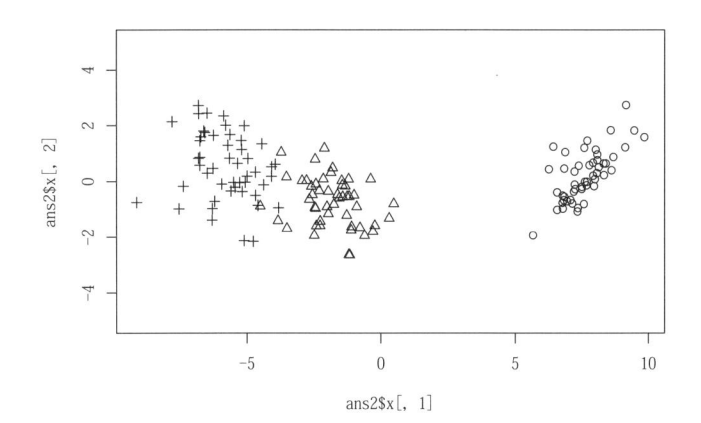

▶ 図 6.18 lda 関数による 3 群の正準判別分析（描き直したもの）

## 6.5.3 二次の判別分析

6.5.1 項（188ページ）の線形判別分析は，各群の説明変数の分散共分散行列が等しいと仮定するものである．二次の判別分析は，群ごとの分散共分散行列が等しいと仮定できない場合に採用される．

R で二次の判別分析を行う関数は，MASS パッケージに入っている qda 関数である[*13]．判別結果を出力する補助関数として predict 関数を用いる．

qda 関数の使用法は（6.35）のようになる．

```
library(MASS)
変数1 <- qda(説明変数のデータ行列, 群を表す変数)
変数2 <- predict(変数1)
print(変数1)
print(変数2)
table(群を表す変数, 変数2$class)
```
(6.35)

6.5.1 項と同じ仮想的なデータを用意して二次の判別分析を行ってみよう．

```
> set.seed(123)
> library(MASS)                              # MASSパッケージを使う準備
> x1 <- matrix(rnorm(200), ncol=5)           # 40×5行列（第1群）
> x2 <- matrix(rnorm(200), ncol=5)           # 40×5行列（第2群）
> x2 <- t(t(x2)+c(0.9, 0.4, 0.6, 0.7, 0.8))  # x2を若干平行移動
> x <- rbind(x1, x2)                         # 説明変数のデータ行列
> group <- factor(rep(1:2, each=40))         # 群を表すデータ
> ( ans <- qda(x, group) )                   # 結果をansに付値

Call:
qda(x, grouping = group)

Prior probabilities of groups:               # 各群の事前確率
  1   2
0.5 0.5

Group means:                                 # 各群ごとの各変数の平均値
           1            2           3           4          5
1 0.04518332 -0.006715917 0.007857127 -0.1058427 0.01666599
2 0.91057129  0.493120224 0.777965104  0.6879788 0.74097004
> ( ans2 <- predict(ans) )                   # 判別結果を表示する
$class                                       # どの群に判別されたか
 [1] 1 1 1 1 1 1 2 1 1 1 2 1 1 1 1 1 1 1 1 1 1 1 1 1 1 1 1 1 1 1 1 1 1
[34] 1 1 2 1 1 1 1 2 2 2 2 2 2 2 2 2 2 2 2 2 2 2 2 2 2 2 2 2 2 2 2 2 2
[67] 1 1 2 2 2 2 2 1 1 2 2 2 2 2
Levels: 1 2

$posterior                  # 各ケースがそれぞれの群に所属する事後確率
              1           2
 [1,] 0.884753130 0.115246870
 [2,] 0.957944575 0.042055425
 [3,] 0.941326085 0.058673915
```

---

[*13] 二次の判別分析を行う R のプログラムについては http://aoki2.si.gunma-u.ac.jp/R/quad_disc.html も参照のこと．

```
     [4,] 0.584338927 0.415661073
     [5,] 0.828686648 0.171313352
      ⋮
    [80,] 0.061536936 0.938463064

> table(group, ans2$class)  # 判別結果の総括表

group  1  2
    1 35  5                  # 第1グループの40人中，35人が正しく判別された
    2  6 34                  # 第2グループの40人中，34人が正しく判別された
```

これらの結果を得るための簡単な関数 qda2 を以下のように定義しておくとよい。

▶ qda2関数
```
qda2 <- function(x,                      # 説明変数行列
                 group)                  # 群変数ベクトル
{
    library(MASS)                        # MASSパッケージを使用
    ans <- qda(x, group)                 # 分析の結果をansに付値
    print(ans)                           # 結果を表示
    ans2 <- predict(ans)                 # 判別
    print(ans2)                          # 判別結果
    print(table(group, ans2$class))      # 判別結果を集計
    invisible(ans)                       # 結果を非表示で返す
}
```

## 6.6 主成分分析

主成分分析は，多変量データの持つ情報を，少数個の総合特性値（合成変数）に要約する手法である．別の言い方をすると，なるべく少ない合成変数でなるべく多くの情報を把握するという，情報の縮約を行う手法である．

$p$ 個の変数を $x_1, x_2, \ldots, x_p$，これらの重み付け合成変数を $z_1, z_2, \ldots, z_m$ とする（$m \leqq p$）．

$$\begin{cases} z_1 = L_{11}\,x_1 + L_{12}\,x_2 + \cdots + L_{1p}\,x_p \\ \vdots \\ z_i = L_{i1}\,x_1 + L_{i2}\,x_2 + \cdots + L_{ip}\,x_p \\ \vdots \\ z_m = L_{m1}\,x_1 + L_{m2}\,x_2 + \cdots + L_{mp}\,x_p \\ \quad \text{ただし,}\ L_{i1}^2 + L_{i2}^2 + \cdots + L_{ip}^2 = 1, \quad (i = 1, 2, \ldots, m) \end{cases} \quad (6.36)$$

このような $m$ 個の合成変数において，以下のような性質を持つものを考える．

- 各合成変数の相関が 0

  相関が 0（ない）ということは，ある合成変数を評価するときには，ほかの合成変数を考えなくてよいということである．人間はたくさんのことを同時に考えるのは苦手なので，これは人間の思考特性にとって有利だといえる．

- 合成変数の分散 $Var(z_i)$ が $Var(z_1) \geqq Var(z_2) \geqq \cdots \geqq Var(z_m)$

  この不等式が成り立つということは，最初のほうの合成変数の分散が大きければ，後のほうの合成変数の分散は小さくなるということである．実は，合成変数の分散は，合成変数が持つ情報の大きさを表す．最後のほうの合成変数が持つ情報（分散）は小さなものであり，無視できる場合が多い．言い換えれば，最初のほうのいくつかの合成変数だけを考えれば十分なのである．これも，人間の思考特性にとって有利なことといえる．

$p$ 個の変数の相関係数行列の固有値を $\lambda_1 \geqq \lambda_2 \geqq \cdots \geqq \lambda_i \geqq \cdots \geqq \lambda_m \geqq \cdots \geqq \lambda_p \geqq 0$ としたとき，$\lambda_i$ に対応する固有ベクトル $L_{ij},\ j = 1, 2, \ldots, p$ を重みとした合成変数が $z_i$ に対応し，$z_i$ の分散が $\lambda_i$ に等しくなる（固有ベクトルは互いに直交する，すなわち互いに相関が 0 である．付録 A.4.7 項を参照）．

$z_1, z_2, \ldots, z_m$ は主成分と呼ばれ，そのなかで最も分散の大きい $z_1$ を第 1 主成分，次に分散の大きい $z_2$ を第 2 主成分と呼ぶ．各主成分と，元の各変数の間の相関係数は，主成分負荷量と呼ばれる．

R で主成分分析を行う関数は，princomp 関数か prcomp 関数である[14]．

---

[14] 主成分分析を行う R のプログラムについては
http://aoki2.si.gunma-u.ac.jp/R/pca.html
http://aoki2.si.gunma-u.ac.jp/R/prcomp2.html
http://aoki2.si.gunma-u.ac.jp/R/princomp2.html も参照のこと．

## 6.6 主成分分析

princomp 関数は固有値と固有ベクトルの計算に基づくもので，prcomp 関数は特異値分解に基づくものである（付録 A.4.8 項）。princomp 関数と prcomp 関数は，実用範囲ではほとんど差がないと思われるが，計算精度が優れていること，変数の個数が観察数より多い場合にも計算可能であることから，本書では prcomp 関数を使用する。

prcomp 関数は（6.37）のように使用する。引数にはデータフレームまたは行列を指定できるが，実際に分析に使用する変数以外の変数が含まれているときには，それらを排除して指定しなければならない。

$$
\begin{aligned}
&\text{変数 <- prcomp(データフレームまたはデータ行列, scale=TRUE)} \\
&\text{print(変数)}
\end{aligned}
\tag{6.37}
$$

主成分分析は，分散共分散行列と相関係数行列のいずれに対しても適用できる。しかし，分散共分散行列を対象にするためには，分析に用いる変数がすべて同じ単位でなければならない。例えば，長さと重さが混在するようなデータや，センチメートルとメートルのように単位が混在しているデータには適用できない。変数がすべて同じ単位でない場合には，相関係数行列に対して主成分分析を行わなければならない。すなわち，元のデータを変数ごとに正規化して分析することになる。そのための引数として，center と scale がある。両方を TRUE にすれば正規化されることになる。center はデフォルトが TRUE なので問題ないが，scale のデフォルトは FALSE なので，標準化しなければならないときには（実は多くの場合は標準化が必要である），必ず scale=TRUE を指定するように注意したい[15]。

prcomp 関数は，変数に付値してから print 関数で表示しなくても，単に prcomp 関数を入力するだけで結果が表示される。しかし，prcomp 関数が返す情報を後で利用する場合には，（6.37）のように変数に付値しておかねばならない。

20 ケース，5 変数の架空データを rnorm 関数と matrix 関数を使って生成し，その主成分分析を prcomp 関数を使って行ってみよう。

```
> set.seed(123)
> x <- matrix(rnorm(100), ncol=5)          # 例示のためのデータ行列
> colnames(x) <- paste("X", 1:5, sep="")    # 変数名を付ける
> ans <- prcomp(x, scale=TRUE)              # 結果をansに付値する
> print(ans)                                # 結果を表示する
```

最後の print(ans) で表示される結果は，以下のように固有値の平方根と固有ベクトルだけである。

---

[15] ade4 パッケージに含まれている dudi.pca 関数は，データを正規化するのがデフォルトになっている。また，スクリープロットを描いて主成分数を決めることができる，主成分負荷量を表示できる，重み付きの主成分分析に対応しているといった特徴がある。

```
Standard deviations:                              # 固有値の平方根
[1] 1.2319356 1.1243639 1.0686284 0.8771723 0.5538435

Rotation:                                         # 固有ベクトル
          PC1         PC2         PC3         PC4         PC5
X1  0.30679471 -0.58628528  0.07987106  0.7274516  0.1630380
X2 -0.53412942 -0.03931111 -0.58309420  0.3670419 -0.4883050
X3  0.32744133  0.50401972 -0.59599796  0.2254383  0.4824006
X4 -0.08614867 -0.62731465 -0.48237333 -0.4945129  0.3490382
X5 -0.71129695  0.08464427  0.25636726  0.2018143  0.6167972
```

## 6.6.1 主成分負荷量について

prcomp が表示する固有ベクトルは，主成分得点を計算する際の重みである。しかし，多くの教科書では因子分析との関連から主成分負荷量を示している。主成分負荷量を計算するには固有値と固有ベクトルが必要である。

prcomp 関数が返すオブジェクトの構造は str 関数を使えばわかる。変数 ans に付値されているオブジェクトの構造は以下のようになっている。

```
> str(ans)
List of 5
 $ sdev    : num [1:5] 1.232 1.124 1.069 0.877 0.554
 $ rotation: num [1:5, 1:5] 0.3068 -0.5341 0.3274 -0.0861 -0.7113 ...
  ..- attr(*, "dimnames")=List of 2
  .. ..$ : chr [1:5] "X1" "X2" "X3" "X4" ...
  .. ..$ : chr [1:5] "PC1" "PC2" "PC3" "PC4" ...
 $ center  : Named num [1:5] 0.1416 -0.0513 0.1065 -0.1199 0.3751
  ..- attr(*, "names")= chr [1:5] "X1" "X2" "X3" "X4" ...
 $ scale   : Named num [1:5] 0.973 0.83 0.957 0.973 0.829
  ..- attr(*, "names")= chr [1:5] "X1" "X2" "X3" "X4" ...
 $ x       : num [1:20, 1:5] 0.4314 -0.0924 1.2638 0.9676 1.3374 ...
  ..- attr(*, "dimnames")=List of 2
  .. ..$ : NULL
  .. ..$ : chr [1:5] "PC1" "PC2" "PC3" "PC4" ...
 - attr(*, "class")= chr "prcomp"
```

固有値の平方根は要素名 sdev，固有ベクトルは要素名 rotation に付値されている。これらを使うことにより，主成分負荷量と固有値は以下のようにして求めることができる。

```
> t(t(ans$rotation)*ans$sdev)                     # 主成分負荷量
          PC1         PC2         PC3         PC4         PC5
X1  0.3779513 -0.65919800  0.08535248  0.6381004  0.09029754
X2 -0.6580131 -0.04419994 -0.62311100  0.3219590 -0.27044455
X3  0.4033866  0.56670158 -0.63690032  0.1977482  0.26717440
X4 -0.1061296 -0.70532995 -0.51547782 -0.4337731  0.19331252
X5 -0.8762721  0.09517096  0.27396132  0.1770259  0.34160912

> ans$sdev^2                                      # 固有値
[1] 1.5176654 1.2641942 1.1419666 0.7694313 0.3067426
```

以上のような計算をまとめて行うために，以下のような prcomp3 関数を定義しておくとよい。主成分負荷量は loadings，固有値は eigenvalues という名前の

## 6.6 主成分分析

要素にそれぞれ付値し，prcomp が返すほかの結果とともに表示するようにしてある．同時に，それらがオブジェクトとして非表示で返されるようになっている．

▶ prcomp3 関数
```
prcomp3 <- function(df)                 # データフレームまたはデータ行列
{
    df <- na.omit(df)                   # 欠損値を持つケースを除く
    ans <- prcomp(df, scale=TRUE)       # 全変数を標準化する
    ans$loadings <- t(t(ans$rotation)*ans$sdev)   # 主成分負荷量
    ans$eigenvalues <- ans$sdev^2       # 固有値
    print.default(ans)                  # すべての要素を表示する
    invisible(ans)                      # 結果を非表示で返す
}
```

prcomp3 関数の利用例を以下に示す．

```
> set.seed(123)
> x <- matrix(rnorm(100), ncol=5)       # 例示のためのデータ行列
> colnames(x) <- paste("X", 1:5, sep="")    # 変数名を付ける
> ans3 <- prcomp3(x)                    # 結果を付値する
$sdev                                   # 固有値の平方根（主成分得点の標準偏差）
[1] 1.2319356 1.1243639 1.0686284 0.8771723 0.5538435

$rotation                               # 固有ベクトル（主成分得点の重み）
          PC1         PC2         PC3         PC4         PC5
X1  0.30679471 -0.58628528  0.07987106  0.7274516  0.1630380
X2 -0.53412942 -0.03931111 -0.58309420  0.3670419 -0.4883050
X3  0.32744133  0.50401972 -0.59599796  0.2254383  0.4824076
X4 -0.08614867 -0.62731465 -0.48237333 -0.4945129  0.3490382
X5 -0.71129695  0.08464427  0.25636726  0.2018143  0.6167972

$center                                 # 各変数の平均値
         X1           X2           X3           X4           X5
 0.14162380 -0.05125716   0.10648523 -0.11991706   0.37509474

$scale                                  # 各変数の標準偏差
       X1         X2         X3         X4         X5
0.9726653  0.8299387  0.9573406  0.9731062  0.8289955

$x                                      # 主成分得点
            PC1         PC2         PC3         PC4         PC5
 [1,]  0.43141998 -0.3102117   0.793499624 -1.50711896 -0.01890350
 [2,] -0.09239762  0.3140370   0.475044710 -0.22902545 -0.25224192
 [3,]  1.26382609 -1.4689078   1.530374849  0.23253077 -0.51161747
 [4,]  0.96761811  1.7676268  -0.285009417  0.65504205  1.30406490
 [5,]  1.33741382  1.1673338   0.004045901  0.33513012  0.10600181
 [6,]  1.12793355 -1.7956982   1.820413098 -0.06178608  0.72603917
 [7,] -1.31524829 -0.7952911  -0.339713432  0.39902414  0.01454694
 [8,] -0.83828404  0.4311177   0.030396966 -1.16976738 -0.53825819
 [9,]  1.17775979  0.1620042  -0.457103668 -1.64197252  0.69220578
[10,] -1.94606282 -1.1276733  -1.683350545 -0.82116033  0.39204803
[11,] -0.41355815 -0.2954055   0.037046057  1.39455591  0.30135858
[12,]  0.22466500  1.2379406   1.412095867  1.17828110 -0.54432678
[13,] -0.56106544 -1.0192427  -1.150805724 -0.02804836 -0.28634077
[14,]  0.73655750  0.9165783  -1.459313572  0.74037945 -0.87365820
[15,] -1.69071092  0.6709873   0.122730748  0.31476385 -0.26835874
[16,]  1.26049754 -1.1224650  -2.131976886  1.07019496  0.23611823
[17,] -2.38360857 -0.8235202   1.276704629  0.66923356  0.15880744
[18,] -1.39030318  2.3508168   0.440338726 -0.62766802  0.36019897
[19,]  0.84382127 -0.5727235  -0.124105804  0.00829820 -0.09397289
[20,]  1.25972740  0.3126966  -0.311312129 -0.91088703 -0.90371139
```

```
$loadings                              # 主成分負荷量
          PC1         PC2         PC3         PC4         PC5
X1   0.3779513 -0.65919800  0.08535248  0.6381004  0.09029754
X2  -0.6580131 -0.04419999 -0.62311100  0.3219590 -0.27044455
X3   0.4033866  0.56670158 -0.63690032  0.1977482  0.26717440
X4  -0.1061296 -0.70532995 -0.51547782 -0.4337731  0.19331252
X5  -0.8762721  0.09517096  0.27396132  0.1770259  0.34160912

$eigenvalues                           # 固有値（主成分得点の不偏分散）
[1] 1.5176654 1.2641942 1.1419666 0.7694313 0.3067426

attr(,"class")
[1] "prcomp"                           # このオブジェクトのクラスはprcompである
```

## 6.6.2 主成分が持つ情報量

主成分分析は，元のデータが持つ情報を少数個の主成分で要約する手法である。元のデータに $p$ 個の変数があれば，主成分は第 1 主成分から第 $p$ 主成分まである。それぞれの主成分が元の情報をどれくらい要約しているかを表すのは，主成分に対応する固有値の大きさである。今の場合，第 1 主成分に対する固有値は 1.518 である。

```
> ans3$eigenvalues                     # 固有値
[1] 1.5176654 1.2641942 1.1419666 0.7694313 0.3067426
```

5 つの主成分の固有値の和は $p = 5$ である。つまり，元の $p$ 個の変数は，それぞれが大きさ 1 の情報量を持つ。$p$ 個の変数は全体で大きさ $p$ の情報を持つ。各主成分が持つ情報の全体の情報に対する割合は，固有値を $p$ で割ったものに等しい。今の場合，第 1 主成分が持つ情報の割合は $1.518/5 = 0.304$ になる。

```
> sum(ans3$eigenvalues)                # 固有値の合計（元の変数の個数に等しい）
[1] 5

> cumsum(ans3$eigenvalues)             # 固有値の累積和
[1] 1.517665 2.781860 3.923826 4.693257 5.000000
```

主成分のうちで意味があるのは，対応する固有値が 1 以上のものである。固有値が 1 未満ということは，その主成分が持っている情報が元の変数の 1 つ分に満たない，つまり 1 人前の主成分ではないことを意味する。今の場合，固有値が 1 以上のものは 3 つであるから，第 3 主成分までを採用することになるであろう。第 3 主成分までの情報量の割合を合計すると $0.304 + 0.253 + 0.228 = 0.785$ となり，3 つの主成分で元の情報のほぼ 80% を要約したことを意味する。

```
> ( ans4 <- ans3$eigenvalues/sum(ans3$eigenvalues) )    # 寄与率
[1] 0.30353309 0.25283883 0.22839331 0.15388625 0.06134852

> cumsum(ans4)                                          # 累積寄与率
[1] 0.3035331 0.5563719 0.7847652 0.9386515 1.0000000
```

変数の個数が多いとき，固有値が 1 以上のものが多いこともあろう。そのような場合には screeplot 関数を (6.38) のように用い，図 6.19 のような固有値の棒グラフ（スクリープロット）を描くとよい。固有値が 1 よりも大きいもののなかで，固有値の大きさが極端に変化するところまでを有効な主成分とすればよいであろう。

```
screeplot(prcomp が返すオブジェクト)                              (6.38)
```

(6.38) により描かれたスクリープロット（図 6.19）は，縦軸が固有値の大きさになっている。縦軸の名前が Variances（分散）になっているのは，固有値は主成分得点の分散に等しいからである。固有値が 1 より大きいかどうかの基準から 3 つの主成分が有効であることは前述のとおりであるが，この場合には第 3 主成分の固有値と第 4 主成分の固有値にギャップがあることからも，有効な主成分は 3 つとするのが妥当だといえる。

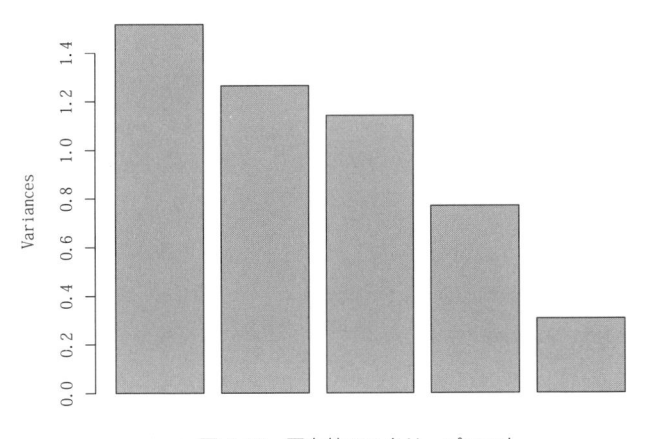

▶ 図 6.19　固有値のスクリープロット

## 6.6.3 主成分得点について

prcompが返すオブジェクトのなかでも有用なものは主成分得点であろう．主成分得点は要素名がxのオブジェクトに付値されている．

199ページでprcomp3関数が返すオブジェクトをans3に付値したが，その主成分得点は以下のようにして確認できる．

```
> ans3$x
              PC1         PC2          PC3         PC4         PC5
 [1,]  0.43141998  -0.3102117   0.793499624  -1.50711896  -0.01890350
 [2,] -0.09239762   0.3140370   0.475044710  -0.22902545  -0.25224192
 [3,]  1.26382609  -1.4689078   1.530374849   0.23253077  -0.51161747
 [4,]  0.96761811   1.7676268  -0.285009417   0.65504205   1.30406490
 [5,]  1.33741382   1.1673338   0.004045901   0.33513012   0.10600181
 [6,]  1.12793355  -1.7956982   1.820413098  -0.06178608   0.72603917
 [7,] -1.31524829  -0.7952911  -0.339713432   0.39902414   0.01454694
 [8,] -0.83828404   0.4311177   0.030396966  -1.16976738  -0.53825819
 [9,]  1.17775979   0.1620042  -0.457103668  -1.64197252   0.69220578
[10,] -1.94606282  -1.1276733  -1.683350545  -0.82116033   0.39204803
[11,] -0.41355815  -0.2954055   0.037046057   1.39455591   0.30135858
[12,]  0.22466500   1.2379406   1.412095867   1.17828110  -0.54432678
[13,] -0.56106645  -1.0192427  -1.150805724  -0.02804836  -0.28634077
[14,]  0.73655750   0.9165783  -1.459313572   0.74037945  -0.87365820
[15,] -1.69071092   0.6709873   0.122730748   0.31476385  -0.26835874
[16,]  1.26049754  -1.1224650  -2.131976886   1.07019496   0.23611823
[17,] -2.38360857  -0.8235202   1.276704629   0.66923356   0.15880744
[18,] -1.39030318   2.3508168   0.440338726  -0.62766802   0.36019897
[19,]  0.84382127  -0.5727235  -0.124105804   0.00829820  -0.09397289
[20,]  1.25972740   0.3126966  -0.311312129  -0.91088703  -0.90371139
```

この主成分得点は，各主成分ごとの平均値は0，不偏分散は固有値に対応している．また，各主成分得点の相関は0である（直交している）．

```
> colMeans(ans3$x)                                  # 主成分得点の平均値
          PC1          PC2          PC3          PC4          PC5
 3.885781e-17  0.000000e+00  3.729655e-17 -1.700029e-17 -2.775558e-18

> apply(ans3$x, 2, var)                             # 主成分得点の不偏分散
      PC1       PC2       PC3       PC4       PC5
1.5176654 1.2641942 1.1419666 0.7694313 0.3067426

> cor(ans3$x)                                       # 主成分得点間の相関は0
              PC1           PC2           PC3           PC4           PC5
PC1  1.000000e+00 -3.633780e-16  3.173342e-16 -2.312694e-16 -7.186983e-16
PC2 -3.633780e-16  1.000000e+00 -5.031588e-16  4.956292e-16 -4.531502e-16
PC3  3.173342e-16 -5.031588e-16  1.000000e+00 -2.851623e-16  2.604159e-16
PC4 -2.312694e-16  4.956292e-16 -2.851623e-16  1.000000e+00 -1.349070e-16
PC5 -7.186983e-16 -4.531502e-16  2.604159e-16 -1.349070e-16  1.000000e+00
```

## 6.6.4 主成分の意味付け

主成分負荷量は，主成分と元の変数との相関係数に相当するものである。

```
> ans3$loadings                        # 主成分負荷量
          PC1         PC2         PC3        PC4         PC5
X1  0.3779513 -0.65919800  0.08535248  0.6381004  0.09029754
X2 -0.6580131 -0.04419999 -0.62311100  0.3219590 -0.27044455
X3  0.4033866  0.56670158 -0.63690032  0.1977482  0.26717440
X4 -0.1061296 -0.70532995 -0.51547782 -0.4337731  0.19331252
X5 -0.8762721  0.09517096  0.27396132  0.1770259  0.34160912
```

例えば，上の分析例の第 3 主成分 PC3 は，X3 との相関は $-0.637$，X5 との相関は 0.274 なので，X3 と X5 は正反対の関係にあることがわかる。

変数と主成分の関係を解釈するために，2 つずつの主成分の組み合わせで図 6.20 のような図を描くとよい。原点付近に位置する変数は，それぞれの主成分とあまり相関のないものである。両端に離れるほど相関が強くなる。原点を中心として両極端にある変数は互いに逆の性質を持っていることが一目でわかる。

```
> plot(ans3$loadings[,1], ans3$loadings[,3], # 第1，第3主成分負荷量を表示
+      asp=1)
> abline(h=0, v=0)                           # 座標軸を表示
> text(ans3$loadings[,1], ans3$loadings[,3], # ラベル（変数名）を付加
+      labels=paste("X", 1:5, sep=""), pos=3)
```

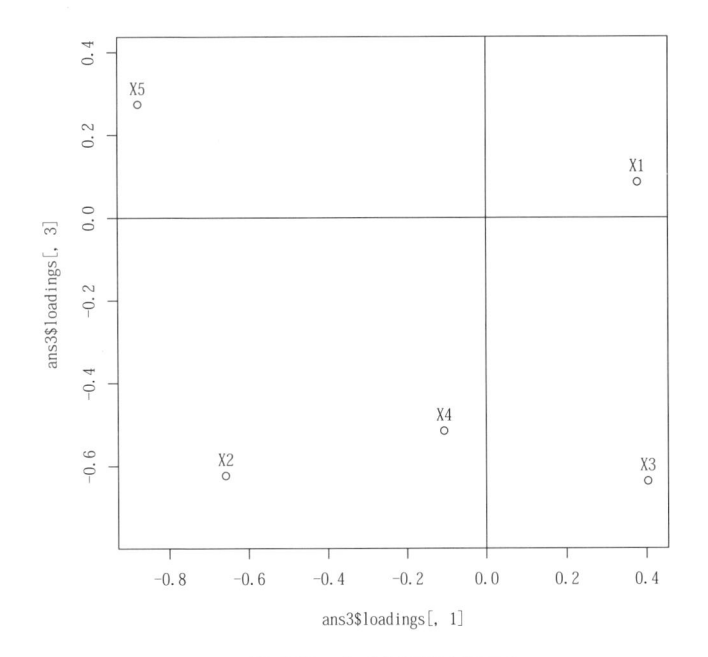

▶ 図 6.20 主成分負荷量の図示

主成分得点も同じようにして図を描くとよい。それぞれの主成分負荷量が正あるいは負の値をとったときの意味は，主成分得点に反映される。図 6.21 において，第 1 主成分得点（横軸）が負の値をとる 17 番とか 10 番のケースは X2 や X5 と関係が深いが，第 3 主成分の観点から見ると両者は逆の関係にあるといったことが読みとれる。

```
> plot(ans3$x[,1], ans3$x[,3], asp=1)          # 第1，第3主成分得点を表示
> abline(h=0, v=0)                             # 座標軸を表示
> text(ans3$x[,1], ans3$x[,3], labels=1:20,    # ラベル（データ番号）を付加
+      pos=3)
```

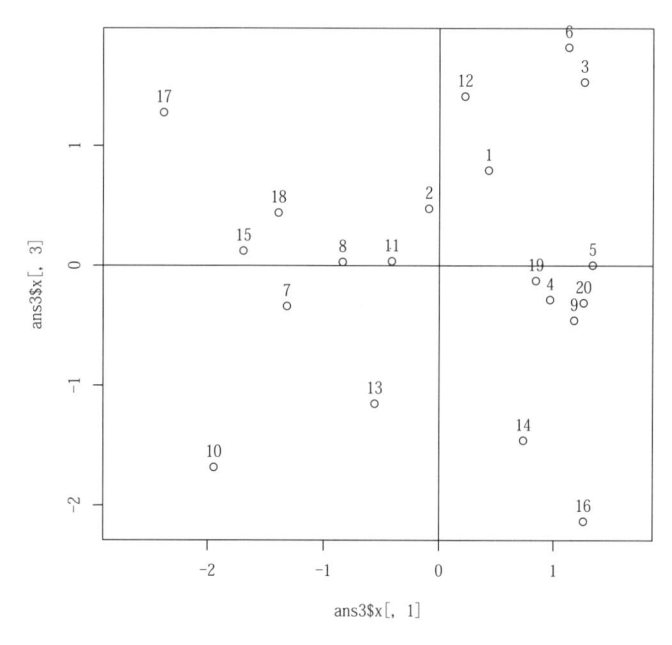

▶ 図 6.21　主成分得点の図示

主成分負荷量と主成分得点を 1 つの図に表現する，バイプロットというものがある。R では biplot 関数を使って描くことができる。biplot 関数は (6.39) のように使用する。choices 引数は，描画する 2 つの主成分を指定するためのものであり，2 つの要素を持つ整数ベクトルである。数値 1 で指定された主成分が横軸，数値 2 で指定された主成分が縦軸にスケールを調整して描画される。

```
biplot(prcomp が返すオブジェクト, choices=c(数値 1, 数値 2))          (6.39)
```

図 6.20 と図 6.21 を一緒にしたものに相当する図 6.22 のようなバイプロットは，以下のようにして得られる。

```
> biplot(ans3, choices=c(1, 3))
```

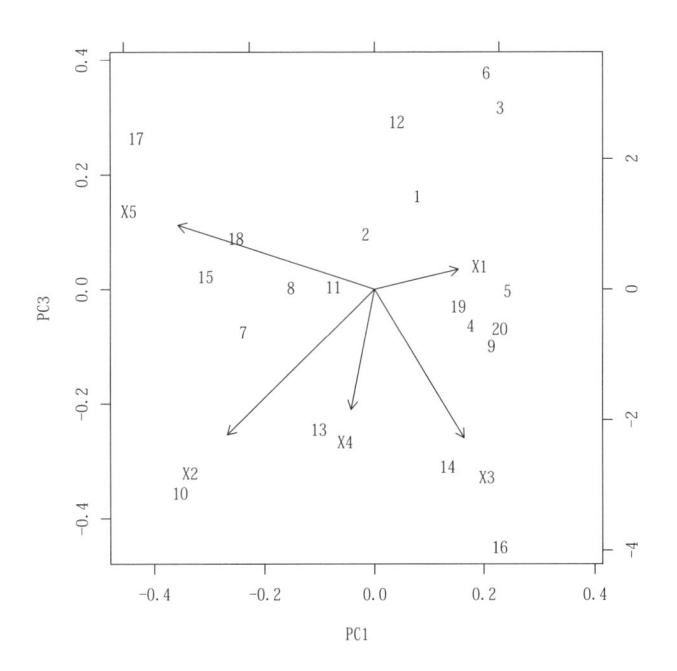

▶ 図 6.22 主成分分析のバイプロット

矢印で表されるのが主成分負荷量である。矢印の先が主成分負荷量の値であり，変数名が描かれる。各ケースの主成分得点は番号の位置で表される。

### 6.6.5 主成分負荷量が持つ意味

主成分負荷量には以下のような意味もある。すなわち，全主成分を考えて主成分負荷量を $L$ としたとき，その転置行列 $L'$ との積 $LL'$ は元の変数間の相関係数行列に一致するのである。これは，全主成分を考えたので情報の損失がないからである。

実際に今の例（197 ページで用意した架空データ）について $LL'$ と相関係数行列を比べてみると，両者が一致していることがわかる。

```
> ans3$loadings %*% t(ans3$loadings)                    # LL'
           X1          X2          X3         X4         X5
X1  1.00000000 -0.09172278 -0.12516064  0.1215078 -0.2267347
X2 -0.09172278  1.00000000  0.09778865  0.2302727  0.3662924
X3 -0.12516064  0.09778865  1.00000000 -0.1483446 -0.3477532
X4  0.12150784  0.23027270 -0.14834457  1.0000000 -0.1261012
X5 -0.22673468  0.36629236 -0.34775320 -0.1261012  1.0000000

> cor(x)                                                 # 相関係数行列
           X1          X2          X3         X4         X5
X1  1.00000000 -0.09172278 -0.12516064  0.1215078 -0.2267347
X2 -0.09172278  1.00000000  0.09778865  0.2302727  0.3662924
X3 -0.12516064  0.09778865  1.00000000 -0.1483446 -0.3477532
X4  0.12150784  0.23027270 -0.14834457  1.0000000 -0.1261012
X5 -0.22673468  0.36629236 -0.34775320 -0.1261012  1.0000000
```

次に，固有値が 1 以上の主成分だけを考えよう。その主成分負荷量行列を $M$ とすると，転置行列との積 $MM'$ は，元の変数間の相関係数行列を近似するものとなる。今の場合は第 3 主成分までを考え，第 4，第 5 主成分を捨てることになる。固有値が 1 未満の主成分を捨てた場合，残る情報は 100% ではなくなるために，相関係数行列の近似になるわけである。

なお，この行列の対角成分は，使用した主成分で対応する変数がどれくらい説明できるかを表している。主成分の寄与率と紛らわしいが，これも寄与率と呼ばれる。例えば，変数 X2 は 0.823 という値になっており，この変数は 3 つの主成分で 82% ほどが説明できていることを表している。

```
> ( M <- ans3$loadings[,1:3] )             # 第3主成分までの主成分負荷量
          PC1         PC2         PC3
X1  0.3779513 -0.65919800  0.08535248
X2 -0.6580131 -0.04419999 -0.62311100
X3  0.4033866  0.56670158 -0.63690032
X4 -0.1061296 -0.70532995 -0.51547782
X5 -0.8762721  0.09517096  0.27396132

> M %*% t(M)                                # 相関係数行列の近似
           X1         X2         X3         X4         X5
X1  0.5846743 -0.2727445 -0.2754690  0.3808429 -0.3705414
X2 -0.2727445  0.8232022  0.1063777  0.4222101  0.4016836
X3 -0.2754690  0.1063777  0.8895135 -0.1142149 -0.4740290
X4  0.3808429  0.4222101 -0.1142149  0.7744712 -0.1153495
X5 -0.3705414  0.4016836 -0.4740290 -0.1153495  0.8519650
```

## 6.7 因子分析

因子分析は，多変量データから潜在的ないくつかの共通因子を推定する手法である。

$p$ 種類の知能テストが測定する $m$ 種類の能力を $F_1, F_2, \ldots, F_m$，知能テストの得点を $x_1, x_2, \ldots, x_p$ としたとき，これらの得点は以下のように表せるであろう。

$$\begin{cases} x_1 = a_{11} F_1 + a_{12} F_2 + \cdots + a_{1m} F_m + E_1 \\ \vdots \\ x_i = a_{i1} F_1 + a_{i2} F_2 + \cdots + a_{im} F_m + E_i \\ \vdots \\ x_p = a_{p1} F_1 + a_{p2} F_2 + \cdots + a_{pm} F_m + E_p \end{cases} \quad (6.40)$$

$F_1, F_2, \ldots, F_m$ は各知能テストによって共通して把握できるある特性であり，共通因子と呼ばれるものである。各特性が得点にどの程度反映されるかを表すのが $a_{ij}$ ($i = 1, 2, \ldots, p$; $j = 1, 2, \ldots, m$) で，これらは共通因子と各知能テストの得点の間の相関係数に相当し，因子負荷量と呼ばれる。$E_1, E_2, \ldots, E_p$ は特殊因子（独自因子）と呼ばれ，それぞれの知能テストによってのみ把握される特性である。

因子分析の結果を表 6.10 のように表す。共通性の欄は，各変数が $m$ 個の共通因子でどれくらい説明されるかを表す（$0 \leqq$ 共通性 $\leqq 1$）。

▶ 表 6.10　因子分析の結果

|  | 第 1 因子 | 第 2 因子 | $\cdots$ | 第 $m$ 因子 | 共通性 |
| --- | --- | --- | --- | --- | --- |
| $x_1$ | $a_{11}$ | $a_{12}$ | $\cdots$ | $a_{1m}$ | $\sum a_{1k}^2$ |
| $x_2$ | $a_{21}$ | $a_{22}$ | $\cdots$ | $a_{2m}$ | $\sum a_{2k}^2$ |
| $\vdots$ | $\vdots$ | $\vdots$ | $\cdots$ | $\vdots$ | $\vdots$ |
| $x_p$ | $a_{p1}$ | $a_{p2}$ | $\cdots$ | $a_{pm}$ | $\sum a_{pk}^2$ |
| 因子負荷量 2 乗和 | $\sum a_{j1}^2$ | $\sum a_{j2}^2$ | $\cdots$ | $\sum a_{jm}^2$ |  |
| 寄与率 | $\sum a_{j1}^2/p$ | $\sum a_{j2}^2/p$ | $\cdots$ | $\sum a_{jm}^2/p$ |  |

R で因子分析を行うのは，factanal 関数である[16]。factanal 関数は (6.41) のように使用する。引数にはデータフレームまたは行列を指定できるが，実際に分析に使用する変数以外の変数が含まれているときには，それらを排除して指定しなければならない。

抽出する因子数を factors 引数で指定する。引数の rotation は因子軸の回転方

---

[16] 因子分析を行う R プログラムとしては，psych パッケージに factor.pa がある。また，
http://aoki2.si.gunma-u.ac.jp/R/pfa.html
http://aoki2.si.gunma-u.ac.jp/R/factanal2.html も参照のこと。

法を指定するためのものである。バリマックス回転を行うときには"varimax"，プロマックス回転を行うときには"promax"，因子軸の回転を行わないときには"none"を指定する。デフォルトは rotation="varimax"である。因子得点を求めるときには，scores 引数により因子得点の計算法を指定する。指定できるのは"regression"（回帰法）か"Bartlett"（バートレット法）のいずれかである。デフォルトでは因子得点を計算しない。

factanal 関数による分析結果を表示するには print 関数を使うが，その際には2つの引数を使用できる。1つは cutoff である。因子負荷量の絶対値が cutoff によって指定する数値未満のものは表示されなくなる。デフォルトでは cutoff として 0.1 が設定されている。もう1つは sort である。sort 引数に TRUE を指定すると，因子負荷量の絶対値が 0.5 以上のものを対象に，いちばん大きい因子負荷量を持つ因子に含まれるとして因子単位にまとめて表示する。デフォルトは FALSE である。

```
変数 <- factanal(データフレームまたはデータ行列,
                factors=抽出する因子数,
                rotation=因子軸の回転法,
                scores=因子得点の計算法,
                それ以外の引数)
print(変数, cutoff=数値, sort=TRUE か FALSE)
```
(6.41)

### 6.7.1 バリマックス解

表 6.11 のような 20 ケース，9 変数のデータについて，因子分析を行ってみよう。まずは表 6.11 のデータからデータフレームを作成する。

```
> x <- data.frame(
+   X1=c(31,35,39,49,55,44,56,56,69,46,51,56,37,58,53,59,53,52,66,37),
+   X2=c(42,28,37,48,51,54,37,48,53,54,56,64,35,64,42,62,54,59,61,50),
+   X3=c(42,38,49,46,52,46,45,56,65,50,49,64,38,60,25,52,55,59,66,42),
+   X4=c(44,37,42,40,46,37,57,55,60,43,58,67,41,72,45,40,62,52,53,50),
+   X5=c(33,36,43,59,47,50,50,49,65,55,47,54,39,75,39,61,49,53,53,42),
+   X6=c(37,48,57,43,73,58,56,37,57,50,56,57,30,53,49,38,57,37,55,52),
+   X7=c(37,48,45,47,52,47,48,46,50,68,45,69,39,53,55,53,66,26,58,50),
+   X8=c(46,59,54,28,66,44,57,42,55,46,56,50,39,58,43,63,61,30,51,52),
+   X9=c(41,41,48,34,68,36,45,47,52,65,43,45,51,65,48,47,68,43,61,51))
```

▶ 表 6.11  20 ケース, 9 変数のデータ例

|    | $X_1$ | $X_2$ | $X_3$ | $X_4$ | $X_5$ | $X_6$ | $X_7$ | $X_8$ | $X_9$ |
|----|----|----|----|----|----|----|----|----|----|
| 1  | 31 | 42 | 42 | 44 | 33 | 37 | 37 | 46 | 41 |
| 2  | 35 | 28 | 38 | 37 | 36 | 48 | 48 | 59 | 41 |
| 3  | 39 | 37 | 49 | 42 | 43 | 57 | 45 | 54 | 48 |
| 4  | 49 | 48 | 46 | 40 | 59 | 43 | 47 | 28 | 34 |
| 5  | 55 | 51 | 52 | 46 | 47 | 73 | 52 | 66 | 68 |
| 6  | 44 | 54 | 46 | 37 | 50 | 58 | 47 | 44 | 36 |
| 7  | 56 | 37 | 45 | 57 | 50 | 56 | 48 | 57 | 45 |
| 8  | 56 | 48 | 56 | 55 | 49 | 37 | 46 | 42 | 47 |
| 9  | 69 | 53 | 65 | 60 | 65 | 57 | 50 | 55 | 52 |
| 10 | 46 | 54 | 50 | 43 | 55 | 50 | 68 | 46 | 65 |
| 11 | 51 | 56 | 49 | 58 | 47 | 56 | 45 | 56 | 43 |
| 12 | 56 | 64 | 64 | 67 | 54 | 57 | 69 | 50 | 45 |
| 13 | 37 | 35 | 38 | 41 | 39 | 30 | 39 | 39 | 51 |
| 14 | 58 | 64 | 60 | 72 | 75 | 53 | 53 | 58 | 65 |
| 15 | 53 | 42 | 25 | 45 | 39 | 49 | 55 | 43 | 48 |
| 16 | 59 | 62 | 52 | 40 | 61 | 38 | 53 | 63 | 47 |
| 17 | 53 | 54 | 55 | 62 | 49 | 57 | 66 | 61 | 68 |
| 18 | 52 | 59 | 59 | 52 | 53 | 37 | 26 | 30 | 43 |
| 19 | 66 | 61 | 66 | 53 | 53 | 55 | 58 | 51 | 61 |
| 20 | 37 | 50 | 42 | 50 | 42 | 52 | 50 | 52 | 51 |

相関係数行列は以下のようになる（round 関数により小数点以下 3 桁にそろえている）。

```
> round(cor(x), 3)
      X1    X2    X3    X4    X5    X6    X7    X8    X9
X1 1.000 0.618 0.657 0.572 0.717 0.316 0.348 0.215 0.342
X2 0.618 1.000 0.714 0.527 0.708 0.200 0.343 0.071 0.308
X3 0.657 0.714 1.000 0.614 0.680 0.251 0.224 0.168 0.341
X4 0.572 0.527 0.614 1.000 0.513 0.291 0.304 0.260 0.390
X5 0.717 0.708 0.680 0.513 1.000 0.163 0.274 0.085 0.273
X6 0.316 0.200 0.251 0.291 0.163 1.000 0.486 0.595 0.407
X7 0.348 0.343 0.224 0.304 0.274 0.486 1.000 0.428 0.528
X8 0.215 0.071 0.168 0.260 0.085 0.595 0.428 1.000 0.499
X9 0.342 0.308 0.341 0.390 0.273 0.407 0.528 0.499 1.000
```

このデータに対してバリマックス回転を行い，因子得点を求めよう。factanal 関数では，rotation を指定しなければ因子軸をバリマックス回転した解が得られる。抽出する因子数（factors 引数）については，解析結果の最後に示される因子数の十分性の検定結果や，因子負荷量の二乗和が 1 以上になるものがないことを確認し

ながら，何回か変更して行う必要がある．

```
> ans <- factanal(x, factors=2, scores="regression")
```

求めた因子得点をデフォルト設定で出力すると以下のようになる．このデータが明瞭な 2 因子構造を持っていることがわかる．

```
> ans

Call:
factanal(x = x, factors = 2, scores = "regression")

Uniquenesses:        # 各変数の独自性 (=1-共通性)
   X1    X2    X3    X4    X5    X6    X7    X8    X9
0.342 0.313 0.306 0.517 0.277 0.463 0.585 0.366 0.548

Loadings:            # 因子負荷量
   Factor1 Factor2
X1  0.767   0.263
X2  0.820   0.117
X3  0.813   0.180
X4  0.620   0.314
X5  0.846           # Factor2は絶対値が0.1未満のため非表示
X6  0.136   0.720
X7  0.250   0.594
X8          0.796   # Factor1は絶対値が0.1未満のため非表示
X9  0.274   0.614

                Factor1 Factor2
SS loadings       3.179   2.103   # 因子負荷量の二乗和
Proportion Var    0.353   0.234   # 寄与率
Cumulative Var    0.353   0.587   # 累積寄与率

# 以下の3行は抽出した因子数の十分性の検定
Test of the hypothesis that 2 factors are sufficient.
The chi square statistic is 3.63 on 19 degrees of freedom.
The p-value is 1
```

因子負荷量（Loadings）は，それぞれの因子と元の変数の相関係数に相当するものである．例えば，第 1 因子は X1〜X5 との相関が高く，第 2 因子は X6〜X9 との相関が高いことがわかる．

第 1 因子における X8，第 2 因子における X5 の因子負荷量は表示されていない．これは，絶対値が 0.1 未満の因子負荷量はデフォルトでは表示されないためである．このような変数は因子との相関が低い（重要性が低い）ことを意味する．

バリマックス解は因子軸が直交するので，以下のようにして図 6.23 のような図を描くと変数と因子の関係を把握しやすいであろう．

```
> # 第1，第2因子の因子負荷量を表示
> plot(ans$loadings[,1], ans$loadings[,2], asp=1)
> abline(h=0, v=0)                                  # 座標軸を表示
> text(ans$loadings[,1], ans$loadings[,2],          # ラベル（変数名）を付加
+      labels=paste("X", 1:10, sep=""), pos=3)
```

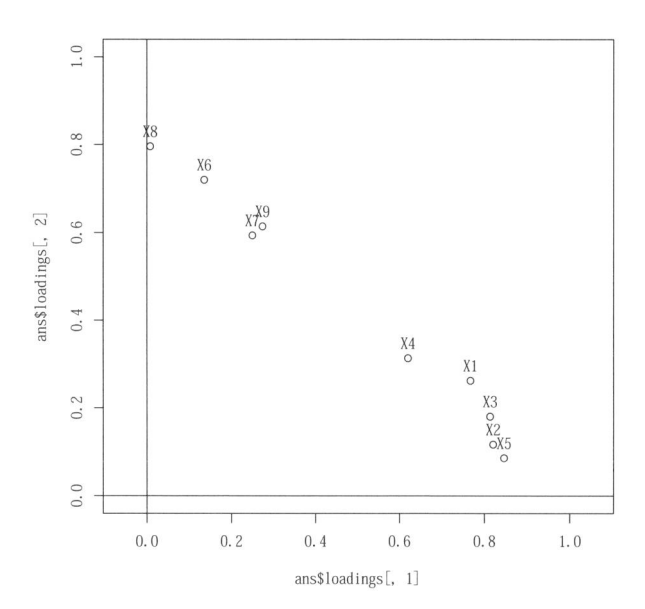

▶ 図 6.23　因子負荷量の図示

因子得点は，factanal 関数の scores 引数で"regression"または"Bartlett"を指定した場合には scores という名前の要素に付値されるので，以下のようにして求められる．

```
> ans$scores
        Factor1     Factor2
1   -1.22931042 -0.81945944
2   -1.78706628  0.28374164
3   -0.93498736  0.30953251
4    0.30019497 -1.62818974
5   -0.25605969  1.73822627
6   -0.20032569 -0.46086231
7   -0.37228292  0.48812019
8    0.38961255 -0.78749774
9    1.28685064  0.37718473
10   0.13531950  0.30834060
11   0.04558596  0.24573769
12   1.06174866  0.40161968
13  -1.12928114 -1.09317978
14   1.62888402  0.56910912
15  -1.06966608 -0.08661119
16   0.69228222 -0.01503823
17   0.19311286  1.35095838
18   0.90964532 -1.87141280
19   1.06436186  0.47989797
20  -0.72861898  0.20978246
```

因子得点についても，以下のように 2 つの因子の組み合わせで図を描くとよい．結果は図 6.24 のようになる．

```
> plot(ans$score[,1], ans$score[,2], asp=1)    # 第1，第2因子得点を表示
> abline(h=0, v=0)                              # 座標軸を表示
> text(ans$score[,1], ans$score[,2],            # ラベル（変数名）を付加
+      labels=1:20, pos=3)
```

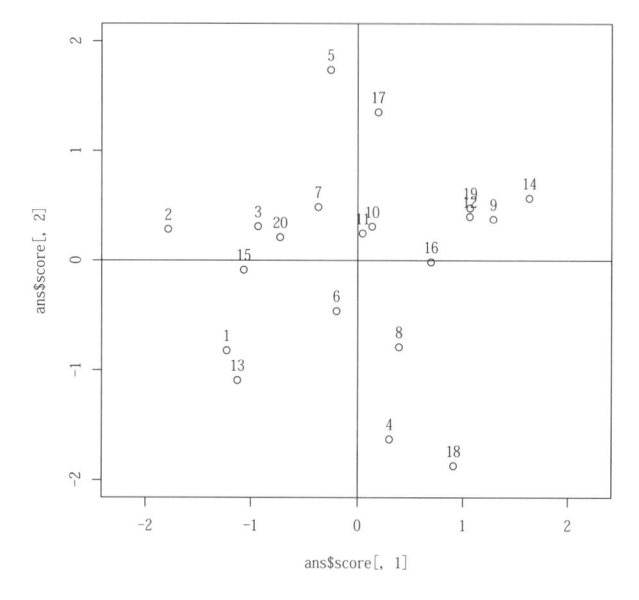

▶ 図 6.24　因子得点の図示

軸の意味と，値が正のときと負のときの意味は因子負荷量の図（図 6.23）と同じなので，ケースと変数の関係を把握しやすいであろう。例えば，第 1 因子において 1, 2, 3, 13, 15 のケースと 9, 12, 14, 18, 19 のケースは逆の関係であるが，ともに第 1 因子と関係が深い（因子負荷量の絶対値が大きい）。しかし，そのうちの 2, 3, 15 と 9, 12, 14, 19 は第 2 因子とはあまり関係がないことがわかる。

### 6.7.2　プロマックス解

バリマックス解は因子軸が直交するが，因子軸が直交するということは因子間の相関がないことを意味する。これに対して，因子軸が直交しない（斜交する）とする因子分析もある。R で用意されているのは，そのうちのプロマックス回転を行うものである。factanal 関数の rotation に "promax" を指定すればプロマックス回転をした解が得られる。前項と同じ表 6.11 のデータ（209 ページ）についてプロマックス解を求めてみよう。今回は，結果を print 関数で出力する際に，因子負荷量を全部書き出して（cutoff=0），因子負荷量の順に並べてみる（sort=TRUE）。

## 6.7 因子分析

```
> ans2 <- factanal(x, factors=2, rotation="promax")  # プロマックス回転
> print(ans2, sort=TRUE, cutoff=0)  # 因子負荷量の順に並べ替え，全部書く

Call:
factanal(x = x, factors = 2, rotation = "promax")

Uniquenesses:         # 各変数の独自性（=1-共通性）
   X1    X2    X3    X4    X5    X6    X7    X8    X9
0.342 0.313 0.306 0.517 0.277 0.463 0.585 0.366 0.548

Loadings:             # 因子負荷量（因子パターン行列）
   Factor1 Factor2
X1  0.773   0.074
X2  0.872  -0.101
X3  0.847  -0.030
X4  0.597   0.171
X5  0.909  -0.143
X6 -0.048   0.754
X7  0.112   0.583
X8 -0.210   0.874
X9  0.133   0.599

# 以下の4行は，プロマックス回転の場合には不適切（不要）
               Factor1 Factor2
SS loadings     3.333   2.098
Proportion Var  0.370   0.233
Cumulative Var  0.370   0.603

# 以下の3行は抽出した因子数の十分性の検定
Test of the hypothesis that 2 factors are sufficient.
The chi square statistic is 3.63 on 19 degrees of freedom.
The p-value is 1
```

並べ替えを行うアルゴリズムの仕様が期待するものでないため，結果を見ると因子負荷量の大きい順に並んでいない。次のような sort.loadings 関数を使えば，期待する表示結果が得られる。

▶ sort.loadings 関数（因子負荷量の大きさの順に変数を並べ替える）
```
sort.loadings <- function(x)              # factanalが返すオブジェクト
{
    a <- x$loadings
    y <- abs(a)                           # 因子負荷量の絶対値
    z <- apply(y, 1, which.max)           # 各変数をどの因子に含めるべきか
    loadings <- NULL                      # 結果
    for (i in 1:ncol(y)) {
        b <- a[z == i,, drop=FALSE]
        if (nrow(b)) {
            t <- order(b[, i, drop=FALSE],
                       decreasing=TRUE)   # 因子単位で並べ替え情報を得る
            loadings <- rbind(loadings, b[t,, drop=FALSE])
        }
    }
    class(loadings) <- "loadings"         # クラスの設定
    return(loadings)                      # 結果を返す
}
```

sort.loadings 関数に factanal 関数が返すオブジェクトを与えると，以下のような結果が得られる。

```
> print(sort.loadings(ans2), cutoff=0)

Loadings:
   Factor1 Factor2
X5  0.909  -0.143
X2  0.872  -0.101
X3  0.847  -0.030
X1  0.773   0.074
X4  0.597   0.171
X8 -0.210   0.874
X6 -0.048   0.754
X9  0.133   0.599
X7  0.112   0.583

                Factor1 Factor2
SS loadings       3.333   2.098
Proportion Var    0.370   0.233
Cumulative Var    0.370   0.603
```

● **因子間相関係数**

212 ページでは，プロマックス回転は斜交回転なので因子間の相関が 0 ではないと述べた．因子間の相関係数行列は factanal 関数では直接求められていないが，(6.42) のようにして求めることができる．

$$
\begin{aligned}
&\text{変数 1 <- factanal(データフレームまたはデータ行列,}\\
&\qquad\qquad\text{factors=抽出する因子数,}\\
&\qquad\qquad\text{rotation="none", それ以外の引数)}\\
&\text{変数 2 <- promax(変数 1\$loadings)}\\
&\text{変数 3 <- 変数 2\$rotmat}\\
&\text{solve(t(変数 3) \%*\% 変数 3)}
\end{aligned}
\qquad(6.42)
$$

変数 1 には，回転を行わない因子分析の結果が付値される．その因子負荷量 (loadings 要素) を promax 関数によりプロマックス回転したものが変数 2 に付値される．さらに promax 関数が返す回転行列 rotmat を変数 3 に付値して，最後の計算を行う．

(6.42) の計算過程を関数にすると以下のようになる．

▶ factor.correlation 関数（プロマックス解の因子間相関係数行列）
```
factor.correlation <- function(x, factors, ...)
{
    ans <- factanal(x, factors,
                    rotation="none", ...)    # 回転を行わない結果を求める
    ans2 <- promax(ans$loadings)             # プロマックス回転する
    ans3 <- ans2$rotmat                      # 回転行列を取り出す
    r <- solve(t(ans3) %*% ans3)             # 因子間相関係数行列を計算する
    colnames(r) <- rownames(r) <- colnames(ans2$loadings)  # 名前を付け
    return(list(loadings=ans2$loadings, r=r))              # 結果を返す
}
```

factor.correlation 関数は，x 引数にデータフレーム（データ行列），factors に抽出する因子数を指定して呼び出すことで，因子間相関係数行列とプロマックス解による因子負荷量行列を返す。表 6.11 のデータの場合には以下のようになる。

```
> factor.correlation(x, 2)
$loadings

Loadings:
   Factor1 Factor2
X1  0.773
X2  0.872  -0.101
X3  0.847
X4  0.597   0.171
X5  0.909  -0.143
X6          0.754
X7  0.112   0.583
X8 -0.210   0.874
X9  0.133   0.599

               Factor1 Factor2
SS loadings      3.333   2.098
Proportion Var   0.370   0.233
Cumulative Var   0.370   0.603

$r
          Factor1   Factor2
Factor1 1.0000000 0.4736334
Factor2 0.4736334 1.0000000
```

factanal 関数は因子の順序を SS loadings の大きい順にソートし，因子負荷量の符号も調整して表示するので，factor.correlation 関数と結果が異なるように思うかもしれないが，同じものである。因子負荷量の符号だけが違う場合には相関係数の符号も変わる。

## 6.8 数量化 I 類

数量化 I 類は，ダミー変数を用いる重回帰分析である。本節では，重回帰分析を行う lm 関数を使い，数量化 I 類と同じ分析結果を得る方法を示す。

### 6.8.1 数量化 I 類と等価な分析を行う

数量化 I 類は，lm 関数で行うことができる。lm 関数を使う際には，カテゴリー変数をダミー変数に変換するような手順は不要で，単にカテゴリー変数を factor として定義して lm 関数を用いるだけである。使用法は 140 ページの (6.2) と同じである。

3 つのカテゴリー (Lo, Med, Hi) を持つカテゴリー変数と 4 つのカテゴリー (G1, G2, G3, G4) を持つカテゴリー変数を用いて数量化 I 類を行う例を取り上げてみよう。カテゴリーデータは，実際にデータファイルとして用意される際に，それぞ

れ 1 から始まる整数値などにコード化して入力されているであろう。しかし，それをそのまま R による分析で使用すると数値データとして扱われてしまう。そこで，2.8.1 項（27 ページ）で示したように，factor 関数を使って factor として定義する必要がある。

```
> x1 <- c(2, 2, 2, 3, 3, 1, 3, 3)         # x1, x2ともにこのままでは数値変数
> x2 <- c(2, 3, 4, 1, 2, 3, 4, 2)
> y <- c(9.58, 6.29, 12.35, 9.12,         # 従属変数
+        13.84, 1.63, 15.37, 13.45)
> x1f <- factor(x1, levels=1:3,           # factorとして定義する
+               labels=c("Lo", "Med", "Hi"))
> x2f <- factor(x2, levels=1:4,           # factorとして定義する
+               labels=c("G1", "G2", "G3", "G4"))
> df <- data.frame(X1=x1f, X2=x2f, Y=y)   # 例示のためのデータフレーム
```

データフレーム中の X1, X2 は，数値変数ではなくカテゴリー変数になっている。

```
> df
   X1  X2      Y
1 Med  G2   9.58
2 Med  G3   6.29
3 Med  G4  12.35
4  Hi  G1   9.12
5  Hi  G2  13.84
6  Lo  G3   1.63
7  Hi  G4  15.37
8  Hi  G2  13.45
```

上記の df を数量化 I 類によって直接分析すると，表 6.12, 6.13 のような結果が得られる[17]。

▶ 表 6.12　数量化 I 類による分析結果 — カテゴリースコア

| カテゴリー | カテゴリースコア |
|---|---|
| X1:Lo | −5.8860714 |
| X1:Med | −1.2260714 |
| X1:Hi | 2.3910714 |
| X2:G1 | −3.4748214 |
| X2:G2 | 0.9008929 |
| X2:G3 | −2.6876786 |
| X2:G4 | 3.0737500 |
| 定数項 | 10.2037500 |

---

[17] 数量化 I 類を行う R のプログラムについては http://aoki2.si.gunma-u.ac.jp/R/qt1.html を参照のこと。

▶ 表 6.13　数量化 I 類による分析結果 — 予測値と残差

|  | 予測値 | 観察値 | 残差 |
|---|---|---|---|
| Case1 | 9.878571 | 9.58 | −0.2985714 |
| Case2 | 6.29 | 6.29 | 0 |
| Case3 | 12.051429 | 12.35 | 0.2985714 |
| Case4 | 9.12 | 9.12 | 0 |
| Case5 | 13.495714 | 13.84 | 0.3442857 |
| Case6 | 1.63 | 1.63 | 0 |
| Case7 | 15.668571 | 15.37 | −0.2985714 |
| Case8 | 13.495714 | 13.45 | −0.0457143 |

それでは lm 関数を使って表 6.12, 6.13 と同じ分析結果を得てみよう。

この例で重回帰分析に使う独立変数は，df\$X1 および df\$X2 である。x1 は数値で表された 3 つのカテゴリーを持つ。実際に重回帰分析で使われるのは，それを factor にした x1f をデータフレームのなかで扱う X1 である。さらに，1 番目のカテゴリーを除いた残り 2 つのカテゴリー（Med と Hi）が分析に使われる。この変数名は，X1Med, X1Hi のように，データフレーム上での変数名と factor 関数で指定したカテゴリー名を結合して作られる。結果の表示にもこの変数名が使われる。X2 についても同様で，実際には X2G2, X2G3, X2G4 の 3 変数が使われる。

```
> ans <- lm(Y~X1+X2, df)    # 重回帰分析を行う
> summary(ans)              # 要約を表示する

Call:
lm(formula = Y ~ X1 + X2, data = df)

Residuals:
        1         2         3         4         5         6
-2.986e-01 -3.053e-16  2.986e-01  1.388e-16  3.443e-01  2.914e-16
        7         8
-2.986e-01 -4.571e-02

Coefficients:
            Estimate Std. Error t value Pr(>|t|)
(Intercept)   0.8429     0.8651   0.974  0.43267
X1Med         4.6600     0.6229   7.481  0.01740 *
X1Hi          8.2771     0.7446  11.117  0.00799 **
X2G2          4.3757     0.5265   8.311  0.01417 *
X2G3          0.7871     0.7446   1.057  0.40126
X2G4          6.5486     0.5767  11.355  0.00767 **
---
Signif. codes:  0 '***' 0.001 '**' 0.01 '*' 0.05 '.' 0.1 ' ' 1

Residual standard error: 0.4405 on 2 degrees of freedom
Multiple R-Squared: 0.9973,Adjusted R-squared: 0.9907
F-statistic: 149.5 on 5 and 2 DF,  p-value: 0.006657
```

数量化 I 類では，分析に用いられたカテゴリー変数のすべてのカテゴリーに対して，表 6.12 のようなノーマライズドカテゴリースコアが与えられる。しかし，重回帰分析の結果には，それぞれのカテゴリー変数の 1 番目のカテゴリーに関する情報が含まれていない。

予測値は predict(ans) で得られる。これは表 6.13 に示した数量化 I 類の結果と一致していることがわかる[*18]。

```
> predict(ans)
       1        2        3        4        5        6        7
9.878571  6.290000 12.051429  9.120000 13.495714  1.630000 15.668571
       8
13.495714
```

### 6.8.2 数量化 I 類とダミー変数を使う重回帰分析が同じである理由

カテゴリーに与える係数が違うのに予測値が同じなのはなぜかという問いに答えるために，数量化 I 類とダミー変数を使う重回帰分析が同じことを行っているということを説明しよう。重回帰分析の結果から数量化 I 類の結果を導く過程を表 6.14 に示す。

▶ 表 6.14　重回帰分析の結果から数量化 I 類の結果を導く方法

|  | $\alpha$ Estimate | $\beta$ 反応数 | $\gamma$ $=\alpha\cdot\beta$ | $\delta$ $=\bar{\gamma}$ | $\varepsilon$ $=\alpha-\delta$ | $\zeta$ $=\varepsilon\cdot\beta$ | $\eta$ $=\bar{\zeta}$ |
|---|---|---|---|---|---|---|---|
| (Int.) | 0.8429 | | | 10.2038♠ | | | |
| X1Lo | — | 1 | 0.0000 | | −5.8861 | −5.8861 | |
| X1Med | 4.6600 | 3 | 13.9800 | | −1.2261 | −3.6782 | |
| X1Hi | 8.2771 | 4 | 33.1086 | | 2.3911 | 9.5643 | |
| | | | 47.0886 | 5.8861♣ | | 0.0000 | 0.0000 |
| X2G1 | — | 1 | 0.0000 | | −3.4748 | −3.4748 | |
| X2G2 | 4.3757 | 3 | 13.1271 | | 0.9009 | 2.7027 | |
| X2G3 | 0.7871 | 2 | 1.5743 | | −2.6877 | −5.3754 | |
| X2G4 | 6.5486 | 2 | 13.0971 | | 3.0738 | 6.1475 | |
| | | | 27.7985 | 3.4748♡ | | 0.0000 | 0.0000 |

♣　$5.8861 = (0 + 13.98 + 33.1086)/8$
♡　$3.4748 = (0 + 13.1271 + 1.5743 + 13.0971)/8$
♠　$10.2038 = 0.8429 + 5.8861 + 3.4748$

---

[*18] そのほかの結果については 6.1 節（139 ページ）を参照のこと。

$\alpha$ 列は，lm 関数の返すオブジェクトを summary 関数に適用した結果得られる偏回帰係数（Estimate と表示されている）である．各カテゴリー変数の第 1 カテゴリーはベースラインとされており，結果には表れないが，実際，偏回帰係数は 0 となっているのである．

$\beta$ 列は，各カテゴリーへの反応数（該当数）である．例では 8 人の回答者のうち，X1 では Lo が 1 人，Med が 3 人，Hi が 4 人などを示す．

$\gamma$ 列は，X1 について 8 人のスコアの合計が $13.98 + 33.1086 = 47.0886$ になる，といったことを示している．

$\delta$ 列は平均値であり，$\gamma$ 列の合計を 8 で割ったものになる．この平均値が 0 になるように偏回帰係数の平行移動を行うとカテゴリースコアになる．X1 についていえば，$\alpha$ 列の偏回帰係数から平均値（$\delta$ 列の $\bar{\gamma}$）を引いた $\varepsilon$ 列がカテゴリースコアである．この調整を行った影響を打ち消すため，定数項（lm 関数の結果表示における Intercept）に対し，引きすぎた場合には足し，足しすぎた場合には引くという調整を行う．このような調整を行うので，重回帰分析の偏回帰係数と数量化 I 類のカテゴリースコアは一見して別物のように見えるが，個々の予測値を計算するとまったく同じになるわけである．

結局，ダミー変数を使う重回帰分析と数量化 I 類との違いは，重回帰分析では実際には存在する 1 つのカテゴリーの偏回帰係数を 0 にするのに対し，数量化 I 類は偏回帰係数が 0 になるカテゴリーを作らないというだけである．

## 6.9 数量化 II 類

数量化 II 類は，ダミー変数を用いる線形判別分析である．R で実行する際には，カテゴリー変数をダミー変数に変換するような手順は不要で，単にカテゴリーデータを factor として定義して MASS パッケージの lda 関数を用いるだけである[19]．

lda 関数の使用法は 6.5.1 項（188 ページ）のとおりである．ただし，形式は (6.43) を用いる．この形式は機械的な変数の指定には向かないが，この形式でないとダミー変数（factor）を認識できない．変数の列番号を指定して分析を行うには，後述するような簡単な関数を定義すればよい．

---

[19] 数量化 II 類を行う R のプログラムについては http://aoki2.si.gunma-u.ac.jp/R/qt2.html も参照のこと．

```
library(MASS)
変数 1 <- lda(群を表す変数 ~
              説明変数 1 + 説明変数 2 + … + 説明変数 k,
              データフレーム名)
print(変数 1)
変数 2 <- predict(変数 1)
print(変数 2)
table(群を表す変数, 変数 2$class)
```
(6.43)

3つのカテゴリー (Lo, Med, Hi) を持つカテゴリー変数と4つのカテゴリー (G1, G2, G3, G4) を持つカテゴリー変数を用いて数量化 II 類を行う例を取り上げてみよう。カテゴリーデータは，実際にデータファイルとして用意される際に，それぞれ1から始まる整数値などにコード化して入力されているであろう。しかし，それをそのまま R による分析に使用すると数値データとして扱われてしまう。そこで，2.8.1 項 (27 ページ) に示したように，factor 関数を使って factor として定義する必要がある。

```
> x1 <- c(2, 2, 2, 3, 3, 1, 3, 3)         # x1, x2, gは，ともに数値変数
> x2 <- c(2, 3, 4, 1, 2, 3, 4, 2)
> g <- c(1, 1, 2, 2, 2, 1, 2, 2)
> x1f <- factor(x1, levels=1:3,           # factorとして定義する
+               labels=c("Lo", "Med", "Hi"))
> x2f <- factor(x2, levels=1:4,           # factorとして定義する
+               labels=c("c1", "c2", "c3", "c4"))
> gf <- factor(g, levels=1:2,             # factorとして定義する
+              labels=c("第1群", "第2群"))
> df <- data.frame(X1=x1f, X2=x2f, G=gf)  # 例示のためのデータフレーム
> library(MASS)                           # MASSパッケージを使う準備
> ( ans <- lda(G ~ X1+X2, df) )           # 線形判別分析を行う
Call:
lda(G ~ X1 + X2, data = df)

Prior probabilities of groups:            # 各群の事前確率
第1群 第2群
0.375 0.625

Group means:                              # 各群ごとの各変数の平均値
          X1Med     X1Hi  X2c2      X2c3      X2c4
第1群 0.6666667    0.0 0.3333333 0.6666667   0.0
第2群 0.2000000    0.8 0.4000000 0.0000000   0.4

Coefficients of linear discriminants:     # 判別係数
              LD1
X1Med -1.720846e-15
X1Hi   2.844273e+00
X2c2  -7.110682e-01
X2c3  -2.133205e+00
X2c4   1.422136e+00
```

## 6.9 数量化Ⅱ類

```
> ( ans2 <- predict(ans) )          # 判別結果を表示する
$class                              # 各ケースがどの群に判別されたか
[1] 第1群 第1群 第2群 第2群 第2群 第1群 第2群 第2群
Levels: 第1群 第2群

$posterior                          # 各ケースがそれぞれの群に所属する事後確率
        第1群         第2群
1 9.877412e-01 1.225883e-02
2 9.999692e-01 3.076278e-05
3 9.845703e-03 9.901543e-01
4 2.464713e-05 9.999754e-01
5 4.948180e-04 9.995052e-01
6 9.999692e-01 3.076278e-05
7 6.109562e-08 9.999999e-01
8 4.948180e-04 9.995052e-01

$x                                  # 判別値
        LD1
1 -1.6887870
2 -3.1109234
3  0.4444176
4  1.8665540
5  1.1554858
6 -3.1109234
7  3.2886904
8  1.1554858

> table(df$G, ans2$class)           # 判別結果の総括表

gf       第1群 第2群
  第1群    3     0                  # 第1グループの3人，第2グループの5人が
  第2群    0     5                  # すべて正しく判別された
```

　データフレームにおける変数の列番号を指定して分析を行うためには，以下に示すような簡単な関数（quant2）を定義すればよい．この関数の引数は3つで，1つ目はデータフレームの名前，2つ目はグループを表す変数の列番号，3つ目は説明変数の列番号ベクトルである．この関数を作業ディレクトリに保存しておき，必要になったときに source("quant2.R") として読み込んで，quant2(df, 25, c(2, 4:6, 9)) のように使用すればよい．

▶ quant2 関数
```
quant2 <- function(df,              # データフレーム
                   g,               # グループを表す変数の列番号
                   x)               # 説明変数の列番号ベクトル
{
    library(MASS)                   # MASSパッケージを使う準備
    vname <- colnames(df)
    str <- paste(vname[g], paste(vname[x], collapse="+"),
                 sep="~")
    cat(str, "\n")
    formula0 <- as.formula(str)
    ans <- lda(formula0, df)        # 線形判別分析を行う
    ans2 <- predict(ans)
    ans3 <- table(df[,g], ans2$class)
    print(ans)                      # 結果を表示する
    print(ans2)                     # 判別結果を表示する
    print(ans3)                     # 判別結果の総括表
}
```

quant2 関数を使った分析例を以下に示す．

```
> x1 <- c(2, 2, 2, 3, 3, 1, 3, 3)     # x1, x2, gともに，このままでは数値変数
> x2 <- c(2, 3, 4, 1, 2, 3, 4, 2)
> g  <- c(1, 1, 2, 2, 2, 1, 2, 2)
> x1f <- factor(x1, levels=1:3, labels=c("Lo", "Med", "Hi"))
> x2f <- factor(x2, levels=1:4, labels=c("c1", "c2", "c3", "c4"))
> gf  <- factor(g, levels=1:2, labels=c("第1群", "第2群"))
> df <- data.frame(X1=x1f, X2=x2f, G=gf)  # 例示のためのデータフレーム
> source("quant2.R", encoding="euc-jp")   # quant2関数を使う準備
> quant2(df, 3, 1:2)                       # quant2関数を使って分析
G~X1+X2
Call:
lda(formula0, data = df)

Prior probabilities of groups:
第1群 第2群
0.375 0.625                               # 各群の事前確率

Group means:                              # 各群ごとの各変数の平均値
        X1Med X1Hi      X2c2      X2c3 X2c4
第1群 0.6666667  0.0 0.3333333 0.6666667  0.0
第2群 0.2000000  0.8 0.4000000 0.0000000  0.4

Coefficients of linear discriminants:     # 判別係数
            LD1
X1Med -1.720846e-15
X1Hi   2.844273e+00
X2c2  -7.110682e-01
X2c3  -2.133205e+00
X2c4   1.422136e+00
$class                                    # 各ケースがどの群に判別されたか
[1] 第1群 第1群 第2群 第2群 第2群 第1群 第2群 第2群
Levels: 第1群 第2群

$posterior                                # 各ケースがそれぞれの群に所属する事後確率
        第1群         第2群
1 9.877412e-01 1.225883e-02
2 9.999692e-01 3.076278e-05
3 9.845703e-03 9.901543e-01
4 2.464713e-05 9.999754e-01
5 4.948180e-04 9.995052e-01
6 9.999692e-01 3.076278e-05
7 6.109562e-08 9.999999e-01
8 4.948180e-04 9.995052e-01

$x                                        # 判別値
        LD1
1 -1.6887870
2 -3.1109234
3  0.4444176
4  1.8665540
5  1.1554858
6 -3.1109234
7  3.2886904
8  1.1554858

       第1群 第2群         # 判別結果の総括表
第1群    3     0           # 第1グループの3人，第2グループの5人が
第2群    0     5           # すべて正しく判別された
```

## 6.10 数量化 III 類

数量化 III 類と等価な分析法はいろいろあるが,ここではコレスポンデンス分析(対応分析)の使用例を挙げておこう[20]。コレスポンデンス分析は 2 次元の表を対象にするが,その種類は幅広い。数量化 III 類が対象にするのはそのうちの 2 つである(図 6.25)。1 つは各被験者(対象)が複数の項目に応答したかどうかを 0/1 の二値データとしてまとめたカテゴリーデータ行列である。もう 1 つは,複数の質問項目のどのカテゴリーに答えたかを表すアイテムデータ行列である。アイテムデータ行列はカテゴリーデータ行列に変換されて分析に用いられる。

コレスポンデンス分析を行う corresp 関数は,MASS パッケージに含まれている。

### 6.10.1 カテゴリーデータ行列の分析

カテゴリーデータ行列を分析する場合には (6.44) のようにする。nf は解の個数を表し,数値としては「列数と行数の小さいほうから 1 を引いた値」まで指定できる。実際には,結果に示される First canonical correlation(s) のうち,値の大きいほうから数個が有用である。

```
library(MASS)
corresp(カテゴリーデータ行列, nf=解の個数)
```
(6.44)

```
> cat.dat <- matrix(c(          # 12×10のカテゴリー行列
+  0, 0, 1, 0, 0, 0, 0, 0, 0, 0,
+  0, 0, 1, 1, 1, 0, 0, 0, 0, 0,
+  1, 1, 1, 1, 1, 1, 1, 1, 1, 1,
+  1, 1, 1, 0, 0, 0, 1, 0, 0, 0,
+  1, 1, 1, 1, 0, 1, 1, 1, 0, 0,
+  1, 1, 1, 1, 1, 1, 0, 1, 0, 0,
+  1, 1, 1, 1, 0, 1, 1, 1, 1, 1,
+  1, 1, 1, 1, 0, 1, 1, 0, 0, 0,
+  1, 0, 0, 0, 0, 1, 0, 0, 0, 0,
+  1, 1, 1, 0, 0, 0, 0, 0, 0, 0,
+  1, 1, 0, 0, 0, 1, 1, 0, 0, 0,
+  1, 0, 0, 0, 0, 1, 0, 0, 0, 0
+ ), ncol=10, byrow=TRUE)

> cat.dat
      [,1] [,2] [,3] [,4] [,5] [,6] [,7] [,8] [,9] [,10]
 [1,]    0    0    1    0    0    0    0    0    0     0
 [2,]    0    0    1    1    1    0    0    0    0     0
 [3,]    1    1    1    1    1    1    1    1    1     1
 [4,]    1    1    1    0    0    0    1    0    0     0
 [5,]    1    1    1    1    0    1    1    1    0     0
 [6,]    1    1    1    1    1    1    0    1    0     0
 [7,]    1    1    1    1    0    1    1    1    1     1
 [8,]    1    1    1    1    0    1    1    0    0     0
```

---

[20] 数量化 III 類を行う R のプログラムについては http://aoki2.si.gunma-u.ac.jp/R/qt3.html も参照のこと。

```
 [9,]   1  0  0  0  0  1  0  0  0
[10,]   1  1  1  0  0  0  0  0  0
[11,]   1  1  0  0  0  1  1  0  0
[12,]   1  0  0  0  0  1  0  0  0

> library(MASS)                    # MASSパッケージを使用するための準備
> corresp(cat.dat, nf=3)           # corresp関数による分析
                                   # 正準相関係数
First canonical correlation(s): 0.5407692 0.4285373 0.4064046

 Row scores:                       # 行に付与する数量(サンプルスコア)
           [,1]         [,2]         [,3]
R  1  -1.6851770  -3.61758251   1.12588635
R  2  -2.4157854  -1.03888146  -2.49975810
R  3  -0.4671300   0.97463551  -0.15525183
R  4   0.3183937  -1.33810707   1.25545845
R  5  -0.4136203   0.50457280   1.05210802
R  6  -0.3181112  -0.07975082  -0.73175256
R  7  -0.1136167   1.11196935   0.58695606
R  8   0.3709833  -0.63258540  -0.02620765
R  9   2.4690014  -0.05886608  -1.85936019
R 10   0.2888764  -1.86340447   1.06617112
R 11   1.4561265  -0.23505927   0.12672639
R 12   2.4690014  -0.05886608  -1.85936019

 Col scores:                       # 列に付与する数量(カテゴリースコア)
           [,1]         [,2]         [,3]
C  1   1.1206082  -0.3909721  -0.1339828
C  2   0.2593301  -0.4543739   0.9763079
C  3  -0.9112918  -1.5502692   0.4575654
C  4  -1.0347237   0.3266771  -0.7274795
C  5  -1.9731317  -0.1120064  -2.7778251
C  6   1.5497117   0.3405195  -1.3773221
C  7   0.2200636   0.1018998   0.7410058
C  8  -0.6129336   2.0155207   1.2170239
C  9  -0.6067645   1.4651155   0.4626299
C 10  -0.5369635   2.4345660   0.5311262
```

## 6.10.2 アイテムデータ行列の分析

アイテムデータ行列は,実際に分析するためにはカテゴリーデータ行列に変換する必要がある。この変換を行うプログラム例を make.dummy 関数として示しておく。

アイテムデータ行列

| x1 | x2 | x3 |
|----|----|----|
| 1  | 2  | 3  |
| 3  | 2  | 1  |
| 2  | 3  | 1  |
| 1  | 2  | 3  |
| 2  | 1  | 2  |
| 2  | 3  | 2  |

→

カテゴリーデータ行列

| c11 | c12 | c13 | c21 | c22 | c23 | c31 | c32 | c33 |
|-----|-----|-----|-----|-----|-----|-----|-----|-----|
| 1   | 0   | 0   | 0   | 1   | 0   | 0   | 0   | 1   |
| 0   | 0   | 1   | 0   | 1   | 0   | 1   | 0   | 0   |
| 0   | 1   | 0   | 0   | 0   | 1   | 1   | 0   | 0   |
| 1   | 0   | 0   | 0   | 1   | 0   | 0   | 0   | 1   |
| 0   | 1   | 0   | 1   | 0   | 0   | 0   | 1   | 0   |
| 0   | 1   | 0   | 0   | 0   | 1   | 0   | 1   | 0   |

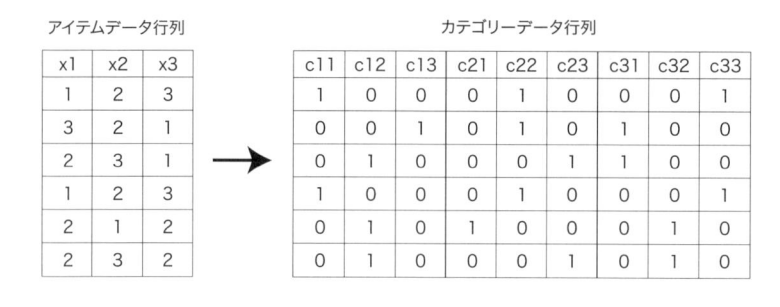

▶図 6.25 アイテムデータ行列をカテゴリーデータ行列に変換する

## 6.10 数量化III類

▶ make.dummy 関数（アイテムデータをカテゴリーデータに変換）

```
make.dummy <- function(dat)
{
    ncat <- ncol(dat)
    mx <- apply(dat, 2, max)
    start <- c(0, cumsum(mx)[1:(ncat-1)])
    name <- NULL
    for (i in 1:ncat) {
        name <- c(name, paste("Cat", i, 1:mx[i], sep="-"))
    }
    nobe <- sum(mx)
    retv <- t(apply(dat, 1,
            function(obs)
                {
                    zeros <- rep(0, nobe)
                    zeros[start+obs] <- 1
                    zeros
                }
            ))
    colnames(retv) <- name
    retv
}
```

ひとたびカテゴリーデータ行列に変換した後は，6.10.1 項（223 ページ）と同じように分析することができる。

```
> item.dat <- matrix(c(           # 6行3列のアイテムデータ行列の例
+ 1, 2, 3,
+ 3, 2, 1,
+ 2, 3, 1,
+ 1, 2, 3,
+ 2, 1, 2,
+ 2, 3, 2
+ ), ncol=3, byrow=TRUE)
> cat.dat <- make.dummy(item.dat) # corresp関数を使うための準備
> library(MASS)                   # MASSパッケージを使用するための準備
> corresp(cat.dat, nf=3)          # corresp関数による分析
                                  # 正準相関係数
First canonical correlation(s): 0.9656767 0.7736979 0.6015998

 Row scores:                      # 行に付与する数量（サンプルスコア）
          [,1]        [,2]        [,3]
[1,] -1.2038865 -0.7038106  0.2229481
[2,] -0.4728660  1.8387224 -1.0573759
[3,]  0.6932495  0.8004800  1.2836530
[4,] -1.2038865 -0.7038106  0.2229481
[5,]  1.1425870 -0.9543440 -1.5420864
[6,]  1.0448026 -0.2772372  0.8699130

 Column scores:                   # 列に付与する数量（カテゴリースコア）
             [,1]        [,2]        [,3]
Cat-1-1 -1.2466766 -0.9096711  0.3705921
Cat-1-2  0.9943421 -0.1857319  0.3388075
Cat-1-3 -0.4896733  2.3765380 -1.7576068
Cat-2-1  1.1831983 -1.2334841 -2.5633094
Cat-2-2 -0.9943421  0.1857319 -0.3388075
Cat-2-3  0.8999141  0.3381442  1.7898660
Cat-3-1  0.1141083  1.7055769  0.1880628
Cat-3-2  1.1325683 -0.7959058 -0.5586549
Cat-3-3 -1.2466766 -0.9096711  0.3705921
```

## 6.11 クラスター分析

クラスター分析は，似たものを集める方法である．階層的クラスター分析と非階層的クラスター分析に分けられる．階層的クラスター分析は対象数が多くなると分析結果を解釈することが難しくなるので，そのような場合には事前にクラスター数を指定して分類する非階層的クラスター分析を適用するとよいだろう．

### 6.11.1 階層的クラスター分析

階層的クラスター分析では，似通った個体あるいは変数のグループ化を行い，結果はデンドログラム（樹状図）として表現する．

ケースが似通っているかどうかの判定基準としてはいくつかあるが，取り扱いが容易なユークリッド距離がよく使われる．

クラスター分析は以下のような段階で行う．

今，$n$ 個のケースについて，$p$ 個の変数 $X_{i1}, X_{i2}, \ldots, X_{ip}$ $(i = 1, 2, \ldots, n)$ があるとする．初期状態として，$n$ 個のクラスターがあるとする（各クラスターが 1 ケースずつを含むと考える）．

- 第 1 段階
  (6.45) により，クラスター間のユークリッド距離 $d_{ij}$ を計算する．

$$d_{ij} = \sqrt{\sum_{k=1}^{p}(X_{ik} - X_{jk})^2}, \qquad (i, j = 1, 2, \ldots, n) \tag{6.45}$$

- 第 2 段階
  ユークリッド距離の最も近い 2 つのクラスターを併合して，1 つのクラスターとする．

  クラスター $a$ とクラスター $b$ が併合されてクラスター $c$ が作られるとする．$d_{ab}, d_{xa}, d_{xb}$ を，クラスター $a$ とクラスター $b$ が併合される前の各クラスター間の距離としたとき，併合後のクラスター $c$ とクラスター $x$ $(x \neq a, x \neq b)$ との距離は，クラスター作成方法によって (6.46) または (6.47) で表される．定数 $\alpha_a, \alpha_b, \beta, \gamma$ は，手法によって表 6.15 のように定義される．

$$d_{xc} = \alpha_a\, d_{xa} + \alpha_b\, d_{xb} + \beta\, d_{ab} + \gamma\, |d_{xa} - d_{xb}| \tag{6.46}$$

$$d_{xc}^2 = \alpha_a\, d_{xa}^2 + \alpha_b\, d_{xb}^2 + \beta\, d_{ab}^2 + \gamma\, |d_{xa}^2 - d_{xb}^2| \tag{6.47}$$

- 第 3 段階

  2 個のクラスターが 1 個のクラスターにまとめられたので，総クラスター数が 1 個減る。クラスター数が 1 になるまで第 2 段階を繰り返す。

▶ 表 6.15　クラスター作成方法の距離の再定義において使用されるパラメータ

| クラスター作成方法 | $\alpha_a$ | $\alpha_b$ | $\beta$ | $\gamma$ | 使用される式 |
| --- | --- | --- | --- | --- | --- |
| 最短距離法 (single) | 0.5 | 0.5 | 0 | $-0.5$ | (6.46) |
| 最長距離法 (complete) | 0.5 | 0.5 | 0 | 0.5 | (6.46) |
| McQuitty 法 (mcquitty) | 0.5 | 0.5 | 0 | 0 | (6.46) |
| メディアン法 (median) | 0.5 | 0.5 | $-0.25$ | 0 | (6.46) |
| 重心法 (centroid) | $n_a/n_c$ | $n_b/n_c$ | $-(n_a n_b)/n_c^2$ | 0 | (6.47) |
| 群平均法 (average) | $n_a/n_c$ | $n_b/n_c$ | 0 | 0 | (6.47) |
| ウォード法 (ward) | $\dfrac{n_x+n_a}{n_x+n_c}$ | $\dfrac{n_x+n_b}{n_x+n_c}$ | $-\dfrac{n_x}{n_x+n_c}$ | 0 | (6.47) |

階層的クラスター分析を R で行う場合は，(6.48) のような 3 段階の手順になる。

$$
\begin{array}{l}
\text{1. dist 関数により距離行列を作る} \\
\quad \text{d <- dist(データフレームまたはデータ行列, method=距離の計算方法)} \\
\text{2. hclust 関数によりクラスターを構成する} \\
\quad \text{ans <- hclust(d, method=クラスター作成方法)} \\
\quad\quad \text{または, method で"ward", "centroid"を指定するときは特に} \\
\quad \text{ans <- hclust(d\textasciicircum 2, method=クラスター作成方法)} \\
\text{3. plot 関数により，デンドログラムを描く} \\
\quad \text{plot(ans, hang=-1)}
\end{array}
\tag{6.48}
$$

dist 関数の引数にはデータフレームまたは行列を指定できるが，実際に分析に使用する変数以外の変数が含まれているときには，それらを排除して指定しなければならない。method に指定する距離の計算方法としては，"manhattan"，"euclidean"，"maximum"，"minkowski"，"canberra"，"binary"のいずれかを指定する。それぞれの距離の定義を表 6.16 に示す。

▶ 表 6.16　距離の計算方法

| 計算方法 | 定義式 |
| --- | --- |
| マンハッタン距離<br>(manhattan) | $\sum_{k=1}^{p} |X_k - Y_k| = \left(\sum_{k=1}^{p} |X_k - Y_k|^1\right)^{1/1}$ |
| ユークリッド距離<br>(euclidean) | $\sqrt{\sum_{k=1}^{p} (X_k - Y_k)^2} = \left(\sum_{k=1}^{p} |X_k - Y_k|^2\right)^{1/2}$ |
| 最長距離<br>(maximum) | $\max_{k=1,\ldots,p} |X_k - Y_k| = \lim_{m \to \infty} \left(\sum_{k=1}^{p} |X_k - Y_k|^m\right)^{1/m}$ |
| ミンコフスキー距離<br>(minkowski) | $\sqrt[m]{\sum_{k=1}^{p} |X_k - Y_k|^m} = \left(\sum_{k=1}^{p} |X_k - Y_k|^m\right)^{1/m}$, $m = 1, \ldots, \infty$ |
| キャンベラ距離<br>(canberra) | $\sum_{k=1}^{p} \dfrac{|X_k - Y_k|}{|X_k + Y_k|}$　分母が 0 になるものは除く |
| バイナリー距離<br>(binary) | sum(xor(X, Y)) / sum(X \| Y) |

　マンハッタン距離（市街地距離），ユークリッド距離，最長距離は，それらの一般形であるミンコフスキー距離における次元を表す数値（表中の $m$）がそれぞれ $1, 2, \infty$ に対応するものである。バイナリー距離は，2 つの対象のデータ $(X_i, Y_i;\ 1, \ldots, p)$ において，0 のものを FALSE，0 以外のものを TRUE とみなして，2 つの対象の論理ベクトルを次元ごと（1～$p$）に比較し，いずれかのみが TRUE のものの個数（排他論理和が TRUE の個数）を，どちらかが TRUE のものの個数で割った値として定義されるものである。デフォルトは"euclidean"（ユークリッド距離）である。しかし，ウォード法と重心法を採用する場合にはユークリッド平方距離を使うべきである。ユークリッド平方距離を選択できるオプションがないので，後述の hclust の第 1 引数としてユークリッド距離を二乗したものを指定することを忘れないようにしよう。

　なお，解析に用いるデータを正規化する場合としない場合とでは結果がかなり異なることがある。解析に使用する変数が異なった単位で表されているときには，正規化したほうがよいかもしれない。しかし，ある変数が決定的な性質を持つ場合には，正規化することはほかの変数と同格に取り扱ってしまうことになるので，正規化しないほうがよいかもしれない。

　hclust 関数の method に指定するクラスター作成方法としては，"ward"（ウォー

ド法), "single" (最短距離法), "complete" (最長距離法), "average" (群平均法), "mcquitty" (McQuitty 法), "median" (メディアン法), "centroid" (重心法) のいずれかを指定する。各方法の分類感度は，クラスターの融合によって空間が拡散される場合に高く，濃縮される場合に低いという傾向がある。各方法の特徴を表 6.17 にまとめる。デフォルトは "complete" になっているが，"ward" のほうがより明確なクラスターを作るようである。

▶ 表 6.17　クラスター作成方法の特徴

| クラスター作成方法 | 特徴 |
| --- | --- |
| ウォード法 (ward) | 最も明確なクラスターを作る（分類感度が高い） |
| 最短距離法 (single) | 分類感度は低く，鎖状のクラスター（友達の友達は皆友達）を作る傾向がある |
| 最長距離法 (complete) | 空間の拡散が起こり，分類感度は高い |
| McQuitty 法 (mcquitty) | 可変法と呼ばれる方法の特定の場合であり，(6.46) と表 6.15 による距離の再定義が，最短距離法では $d_{xc} = \min(d_{xa}, d_{xb})$，最長距離法では $d_{xc} = \max(d_{xa}, d_{xb})$ となるが，McQuitty 法では，$d_{xc} = (d_{xa} + d_{xb})/2$ のようになり，最短距離法と最長距離法による距離の平均値として定義される。結果として McQuitty 法は，最短距離法と最長距離法の中間的な性質を持つ |
| メディアン法 (median) | 最短距離法と最長距離法の折衷法である。クラスター間の距離の逆転が生じる場合がある |
| 重心法 (centroid) | クラスター間の距離の逆転が生じる場合がある |

分析の結果は図 6.26 のようなデンドログラムとして表現される。デンドログラムをファイルに出力するためには，以下のように，plot 関数の前後に pdf 関数と dev.off 関数を挿入する。

```
> set.seed(123)
> x <- round(matrix(rnorm(100), ncol=5), 3)   # 5変数のデータ行列
> d <- dist(x)                                 # ユークリッド距離を計算
> ans <- hclust(d^2, method="ward")            # ウォード法により分析
> pdf("cluster.pdf", height=375/72, width=500/72) # ファイル出力の準備
> plot(ans, hang=-1)                           # デンドログラムを描く
> dev.off( )                                   # ファイルへの出力を終了する
quartz
    2
```

Cluster Dendrogram

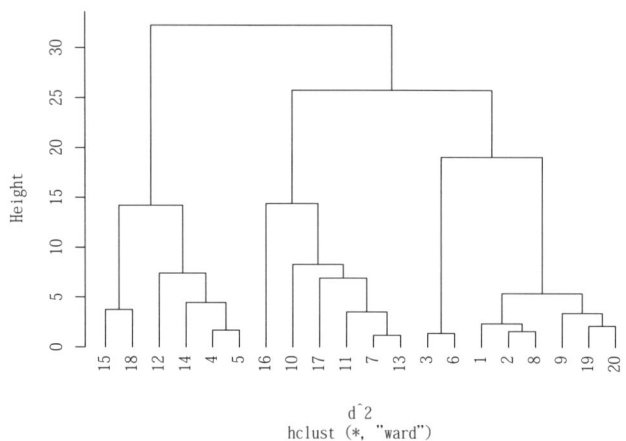

▶ 図 6.26 クラスター分析のデンドログラムの例

デンドログラムに基づいてグループ分けをするときは，クラスターを併合した後で距離が大きく変化する箇所に注目すればよいであろう．もし3つのグループに分けるならば図 6.27 のようにすればよい．

Cluster Dendrogram

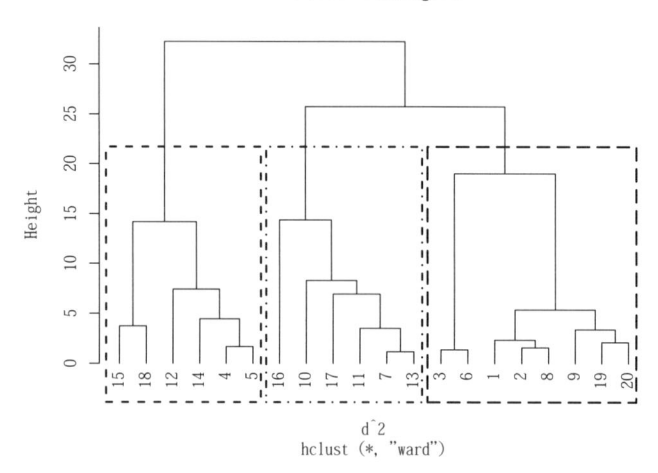

▶ 図 6.27 デンドログラムによる群の分割

## 6.11 クラスター分析

適切な分割数が決まれば，cutree 関数を適用することで各ケースがどのグループに分割されたかの情報が返されるので，以下のようにしてグループとケースの対応表を作ることができる．

```
> ( group <- cutree(ans, 3) )          # ansはhclust関数の戻り値を付値
 [1] 1 1 1 2 2 1 3 1 1 3 3 2 3 2 2 3 3 2 1 1
> for (i in 1:3) print((1:20)[group==i])
[1]  1  2  3  6  8  9 19 20              # 第1グループに含まれるケース番号
[1]  4  5 12 14 15 18                    # 第2グループに含まれるケース番号
[1]  7 10 11 13 16 17                    # 第3グループに含まれるケース番号
```

クラスター分析に使われた変数それぞれについて，クラスターごとの平均値に差があるかどうか，以下のようにして一元配置分散分析を行ってみる．

```
> lapply(as.data.frame(x), function(y) oneway.test(y~group))
$V1

One-way analysis of means (not assuming equal variances)

data:  y and group
F = 1.9976, num df = 2.000, denom df = 11.199, p-value = 0.1812

$V2

One-way analysis of means (not assuming equal variances)

data:  y and group
F = 17.8665, num df = 2.000, denom df = 9.992, p-value = 0.0005013

$V3

One-way analysis of means (not assuming equal variances)

data:  y and group
F = 3.2731, num df = 2.000, denom df = 9.889, p-value = 0.08112

$V4

One-way analysis of means (not assuming equal variances)

data:  y and group
F = 11.2968, num df = 2.000, denom df = 9.288, p-value = 0.003255

$V5

One-way analysis of means (not assuming equal variances)

data:  y and group
F = 3.0521, num df = 2.000, denom df = 8.953, p-value = 0.09757
```

検定の結果，2, 4 番目の変数においてのみ，クラスターの平均値に有意な差が認められることがわかる．

続いて，変数ベクトルに差があるかどうかの検定（一元配置分散分析の多変量版）を行おう．そのための Wilks.test 関数は，rrcov パッケージに入っている．使用法は (6.49) による．

```
library(rrcov)
Wilks.test(群を識別する変数 ~ クラスター分析に使ったデータ行列)         (6.49)
```

先のデータ行列 x に対して実行すると，以下のようになる。

```
> library(rrcov)
> Wilks.test(group~x)

One-way MANOVA (Bartlett Chi2)

data:  x
Wilks' Lambda = 0.0367, Chi2-Value = 49.59, DF = 10.00,
p-value = 3.174e-07
sample estimates:
          x1           x2        x3         x4         x5
1  0.0950000 -0.708750000 -0.32975  0.1082500 -0.1001250
2 -0.3086667 -0.001833333  0.84600 -1.1696667  0.5396667
3  0.6541667  0.776000000 -0.05150  0.6256667  0.8443333
```

3つのクラスターの中心（平均値）ベクトルは sample estimates:以降に示されている。平均値ベクトルに有意な差が認められることが読みとれる。

● 変数のクラスター分析

変数を対象としてクラスター分析を行う際には，変数間のユークリッド距離を相関係数 $r_{ij}$, $(i,j=1,2,\ldots,p)$ に基づいて（6.50）により計算する。

$$d_{ij} = \sqrt{2(1-r_{ij})}, \qquad (i,j=1,2,\ldots,p) \tag{6.50}$$

R で分析するには，計算された距離行列を as.dist 関数により dist クラスのオブジェクトに変換し，それを hclust 関数に渡せばよい。

表 6.11（209 ページ）のデータに対して変数のクラスター分析をする例を以下に示す。

```
> x <- data.frame(                          # データフレーム
+   X1=c(31,35,39,49,55,44,56,56,69,46,51,56,37,58,53,59,53,52,66,37),
+   X2=c(42,28,37,48,51,54,37,48,53,54,56,64,35,64,42,62,54,59,61,50),
+   X3=c(42,38,49,46,52,46,45,56,65,50,49,64,38,60,25,52,55,59,66,42),
+   X4=c(44,37,42,40,46,37,57,55,60,43,58,67,41,72,45,40,62,52,53,50),
+   X5=c(33,36,43,59,47,50,50,49,65,55,47,54,39,75,39,61,49,53,63,41),
+   X6=c(37,48,57,43,73,58,56,37,57,50,56,57,30,53,49,38,57,37,55,52),
+   X7=c(37,48,45,47,52,47,48,46,50,68,45,69,39,53,55,53,66,26,58,50),
+   X8=c(46,59,54,28,66,44,57,42,55,46,56,50,39,58,43,63,61,30,51,52),
+   X9=c(41,41,48,34,68,36,45,47,52,65,43,45,51,65,48,47,68,43,61,51))
> r <- cor(x)                               # 相関係数行列を求める
> round(r, 3)                               # 小数点以下3桁まで表示する
      X1    X2    X3    X4    X5    X6    X7    X8    X9
X1 1.000 0.618 0.657 0.572 0.717 0.316 0.348 0.215 0.342
X2 0.618 1.000 0.714 0.527 0.708 0.200 0.343 0.071 0.308
X3 0.657 0.714 1.000 0.614 0.680 0.251 0.224 0.168 0.341
X4 0.572 0.527 0.614 1.000 0.513 0.291 0.304 0.260 0.390
X5 0.717 0.708 0.680 0.513 1.000 0.163 0.274 0.085 0.273
X6 0.316 0.200 0.251 0.291 0.163 1.000 0.486 0.595 0.407
```

```
X7 0.348 0.343 0.224 0.304 0.274 0.486 1.000 0.428 0.528
X8 0.215 0.071 0.168 0.260 0.085 0.595 0.428 1.000 0.499
X9 0.342 0.308 0.341 0.390 0.273 0.407 0.528 0.499 1.000
> d <- sqrt(2*(1-r))                      # ユークリッド距離を求める
> d <- as.dist(d)                         # distクラスのオブジェクトに変換
> round(d, 3)                             # 非類似度行列（距離行列）
      X1    X2    X3    X4    X5    X6    X7    X8
X2 0.874
X3 0.829 0.756
X4 0.926 0.973 0.878
X5 0.752 0.765 0.800 0.987
X6 1.170 1.265 1.224 1.190 1.294
X7 1.142 1.146 1.245 1.180 1.205 1.014
X8 1.253 1.363 1.290 1.216 1.352 0.900 1.070
X9 1.148 1.177 1.148 1.105 1.206 1.089 0.972 1.001
> plot(hclust(d^2, method="ward"), hang=-1) # 二乗距離を使って分析
```

結果として図 6.28 のようなデンドログラムが得られる。変数は X1〜X5 と X6〜X9 が 2 つのグループを作っており，因子分析の結果と同じグループ分けになっていることがわかる。

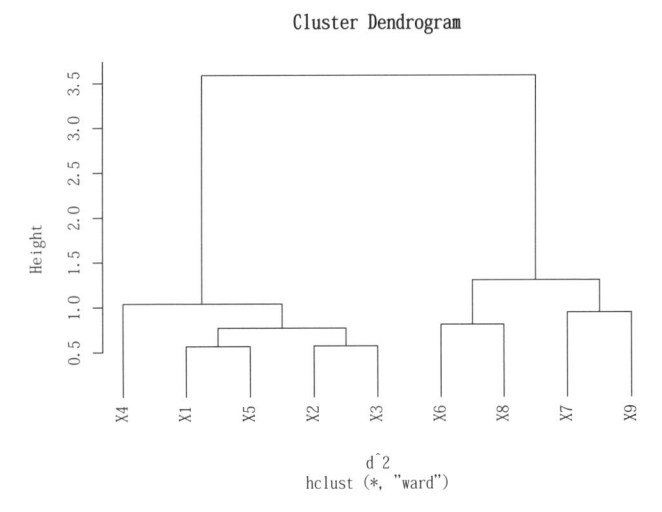

▶ 図 6.28　変数を対象としたクラスター分析の結果

### 6.11.2　非階層的クラスター分析

k-means 法による非階層的クラスター分析は，$p$ 次元（$p$ 変数）における $n$ 個のデータを，クラスター内平方和が最小になるように $k$ 個のクラスターに分割する。

$k$ 個のクラスターの中心座標 $c_{ij}$, $i = 1, 2, \ldots, k$; $j = 1, 2, \ldots, p$ は，そのクラスターに属するデータ点 $x_{ijm}$, $i = 1, 2, \ldots, k$; $j = 1, 2, \ldots, p$; $m = 1, 2, \ldots, n_k$ の，次元（変数）ごとの平均値である。$k$ 番目のクラスターに含まれるデータ数を

$n_k$ とすると，(6.51) で表せる。

$$c_{ij} = \frac{\sum_{m=1}^{n_k} x_{ijm}}{n_k}, \ i = 1, 2, \ldots, k; \ j = 1, 2, \ldots, p \tag{6.51}$$

クラスター内平方和 $ss_w$ は，各クラスターに属するデータとそのクラスターの中心座標間のユークリッド平方距離の総和であり，(6.52) で表される。

$$ss_w = \sum_{i=1}^{k} \sum_{j=1}^{p} \sum_{m=1}^{n_k} (x_{ijm} - c_{ij})^2 \tag{6.52}$$

k-means 法によるクラスター分析は，以下のような手順で行われる。

1. $k$ 個の初期クラスターの中心を決める。
2. すべてのデータをクラスター内平方和が最も小さくなるクラスターに再分類する。
3. 新たにできたクラスターの重心を，クラスターの中心にする。
4. クラスターの中心に変化があれば，2 番目の手順に戻る。

R で非階層的クラスター分析を行うのは kmeans 関数である。期待されるクラスター数を指定して (6.53) のように使用する。

```
kmeans(データフレームまたはデータ行列, クラスター数, nstart=試行回数)    (6.53)
```

kmeans 関数の引数にはデータフレームまたは行列を指定できるが，実際に分析に使用する変数以外の変数が含まれているときには，それらを排除して指定しなければならない。

第 2 引数はクラスター数（$k$）の指定である。事前にクラスターがいくつあるかは想定できないこともあるので，何通りか試してみることも必要であろう。

k-means 法は，クラスターの中心値を $k$ 個設定することから始める。この中心値は実際のデータからランダムに $k$ 個選ばれるが，どのような初期クラスターにするかによって，最終的な分析結果が異なることがある。そのため，何通りかの初期値を設定して分析を繰り返し，そのなかでクラスター内平方和が最小となるものを分析結果として返す。nstart 引数は，何通りの初期値を設定するかを指定するものである。1 つの初期値で分析するのに必要な時間はデータの大きさによって違ってくるが，計算時間の許す限り数十～数百通りの初期値を設定して分析を行うことを推奨する。最初に nstart=1（デフォルト）で分析して計算時間を見積もり，現実的な範囲で大きくするとよい。最後に，同じ nstart の値でもう一度繰り返し分

## 6.11 クラスター分析

析を行い，結果が同じであることを確認すれば万全であろう．

(6.53) には示していないが，kmeans 関数にはクラスターを作るアルゴリズムの指定をする algorithm 引数もある．デフォルトは algorithm="Hartigan-Wong" であるが，ほかに指定できるアルゴリズムとして "Lloyd"，"Forgy"，"MacQueen" がある．ここでは詳しく述べないが，これらのアルゴリズムも何通りか試してみるとよいだろう．

前項と同じデータを kmeans 関数で分析してみよう．

```
> set.seed(123)
> x <- round(matrix(rnorm(100), ncol=5), 3)   # 5変数のデータ行列
> ( ans <- kmeans(x, 3, nstart=100) )         # クラスター数を3とする
K-means clustering with 3 clusters of sizes 5, 8, 7

Cluster means:                              # 各クラスターの平均値
       [,1]        [,2]        [,3]        [,4]        [,5]
1 -0.2592000 -0.1666000  1.06040000 -1.2660000  0.3754000
2  0.0108750  0.5905000 -0.34075000  0.1988750  0.9808750
3  0.5774286 -0.7022857 -0.06385714  0.3344286 -0.3172857

Clustering vector:                          # 分類結果
 [1] 3 2 3 1 1 3 2 2 3 2 2 1 2 1 2 3 2 1 3 3

Within cluster sum of squares by cluster:   # クラスターごとに求めた
[1] 12.40268 16.81298 20.24847              # ユークリッド平方距離の和

Available components:
[1] "cluster"  "centers"  "withinss" "size"
```

各ケースがどのクラスターに含まれているのかは，kmeans 関数が返すオブジェクトの class 要素に付値されている．

```
> for (i in 1:3)
+   print((1:20)[ans$cluster==i])        # ansはkmeans関数の戻り値
[1]  4  5 12 14 18                       # 第1グループに含まれるケース番号
[1]  2  7  8 10 11 13 15 17              # 第2グループに含まれるケース番号
[1]  1  3  6  9 16 19 20                 # 第3グループに含まれるケース番号
```

クラスター分析に使われた変数それぞれについて，クラスターごとの平均値に差があるかどうか，以下のようにして一元配置分散分析を行ってみる．

```
> lapply(as.data.frame(x), function(y) oneway.test(y~ans$cluster))
$V1

One-way analysis of means (not assuming equal variances)

data:  y and ans$cluster
F = 0.9484, num df = 2.00, denom df = 9.57, p-value = 0.4209

$V2

One-way analysis of means (not assuming equal variances)

data:  y and ans$cluster
F = 7.8093, num df = 2.000, denom df = 9.179, p-value = 0.01045
```

```
$V3

One-way analysis of means (not assuming equal variances)

data:  y and ans$cluster
F = 5.244, num df = 2.00, denom df = 8.77, p-value = 0.03177

$V4

One-way analysis of means (not assuming equal variances)

data:  y and ans$cluster
F = 11.3321, num df = 2.000, denom df = 10.114, p-value = 0.002616

$V5

One-way analysis of means (not assuming equal variances)

data:  y and ans$cluster
F = 10.3154, num df = 2.000, denom df = 9.026, p-value = 0.004661
```

検定の結果，1番目の変数以外のすべての変数で，クラスターの平均値に有意な差が認められた．さらに Wilks.test 関数により検定を行ったところ，以下のように3つのクラスターの平均値ベクトルには有意な差が認められた．

```
> library(rrcov)
> Wilks.test(ans$cluster~x)

One-way MANOVA (Bartlett Chi2)

data:  x
Wilks' Lambda = 0.0678, Chi2-Value = 40.377, DF = 10.000,
p-value = 1.454e-05
sample estimates:
         x1          x2          x3          x4          x5
1 -0.2592000 -0.1666000  1.06040000 -1.2660000  0.3754000
2  0.0108750  0.5905000 -0.34075000  0.1988750  0.9808750
3  0.5774286 -0.7022857 -0.06385714  0.3344286 -0.3172857
```

第7章

# 統合化された関数を利用する

　Rは，SPSSなどに比べると，印刷すればそれだけで報告書に添付できるような体裁よくまとめられた分析結果は得られない。また，対話的に統計処理を進めるのが基本的な使い方なので，何度も同じような処理を行う場合にいちいちコンソールから指示することになり大変である。

　本章では，データ解析を効率的に行うために簡単な指定によって統計解析ができるように筆者が作成したいくつかの関数を紹介する[*1]。

## 7.1　共通する引数

　まず，本章で説明する関数に共通する引数について説明しておこう。

i, j など　　分析に使用する変数がデータフレーム上で位置する列番号。1個の整数値を指定する場合，連続する値を「:」でつないで 6:13 のように指定する場合，飛び飛びの値を c 関数を用いて c(3, 6, 8, 14) のように指定する場合，それらを混在させて c(3, 7, 9, 13:16, 19) のように指定する場合がある。複数の変数を指定した場合には，それぞれの変数に対して分析が行われる。

df　　分析に使用する変数が納められているデータフレーム。通常はデータファイルからデータフレームに読み込まれ，若干の定義や加工が加えられたものになる。

latex　　分析結果の出力形式。デフォルトでは，分析結果を LaTeX のソースとして出力する (latex=TRUE と指定する必要はない)。
MS Word などのアプリケーションに読み込んで利用する場合は，latex=FALSE と指定する。latex=FALSE を指定すると，結果の数値などがタブで区切られて出力される。タブの表示に対応していないアプリケーションでは文字の位置がそろわないが，MS Word などに取り込んで「表に変換する」などの操作を行えば文字位置がそろう。その後で罫線などを加えればよい。

output　　分析結果を出力するファイル名。デフォルトではコンソールに出力する (output="" と指定する必要はない)。

encoding　　分析結果をファイルに出力するときのエンコーディング名。文字列でencoding="utf-8"のように指定する。OS によってデフォルト値が決まっており，Mac OS X の場合には"utf-8"，Windows の場合には"cp932"であ

---

[*1] これらの関数は http://www.ohmsha.co.jp/data/link/978-4-274-06757-0/ からダウンロードできる。また，最新版は http://aoki2.si.gunma-u.ac.jp/R/index.html で参照できる。

る。デフォルトのままでよければ指定する必要はない（encoding="..."という記述自体を省略できる）。出力結果を他のプラットホームや特定のアプリケーションで使用するような場合に任意のエンコーディングを指定できる。

plot　　　　グラフをファイルに出力する場合のファイル名（拡張子を含めない）。plot="名前"のように指定すれば，複数のグラフが出力されるときには名前001.pdf，名前002.pdf，...という連番のファイル名になる。デフォルトは空文字列（""）で，その場合にはグラフを出力しない（plot=""と指定する必要はない）。

type　　　　グラフの形式を表す文字列。"pdf", "png", "jpeg", "bmp"のうちのいずれか1つを指定する。デフォルトではPDF形式（type="pdf"）である。Mac OS Xの場合で"png", "jpeg", "bmp"を指定する場合には，事前にX11を起動しておかなければならない。

width　　　画像の横幅をピクセル数で指定する（デフォルトでは500ピクセルである）。

height　　　画像の高さをピクセル数で指定する（デフォルトでは375ピクセルである）。

## 7.2 度数分布表と度数分布図を作る

　本節で解説するfrequency関数は，データフレーム上の複数の変数を指定して，度数分布表と度数分布図を作るためのものである。指定された変数が数値変数かカテゴリー変数かを識別して，それぞれに対して適切な度数分布表を作り，ヒストグラムまたは棒グラフのいずれかを描画する。

　カテゴリー変数を数値データとして用意している場合には，2.8.1項（27ページ）に示したように，事前にfactor関数によりfactorにしておかねばならない。

### 引数

frequency関数は，以下のような引数を持つ。

```
frequency(i, df, latex=TRUE, output="", encoding=getOption("encoding"),
          plot="", type=c("pdf", "png", "jpeg", "bmp"),
          width=500, height=375, xlab=NULL, ylab="度数", main="")
```

i　　　　　度数分布をとる変数のデータフレーム上の列の番号を指定する。

xlab　　　横軸のラベルを指定する（デフォルトはデータフレームでの変数名）。ラベルを描かない場合には空文字列（""）を指定する。

ylab　　　縦軸のラベルを指定する（デフォルトは「度数」である）。ラベルを描かない場合には空文字列（""）を指定する。

## 7.2 度数分布表と度数分布図を作る

main　図のタイトルを指定する（デフォルトでは何も描かない）。

**使用例**

正規分布に従う変数 x と，A〜D（1〜4）の値を持つカテゴリー変数 y がデータフレームにあるとする。

```
> set.seed(123)
> x <- rnorm(1000, mean=50, sd=10)        # 数値変数
> y <- factor(sample(4, 1000, replace=TRUE), # カテゴリー変数
+             labels=LETTERS[1:4])
> df <- data.frame(x=x, y=y)              # 例示用のデータフレーム
> df                                      # データを表示してみる
        x y
1  44.39524 A
2  47.69823 A
3  65.58708 A
4  50.70508 C
5  51.29288 B
6  67.15065 C
 ⋮
```

それぞれの変数の度数分布表を作成し，適切なグラフを作図する（図 7.1，7.2）。

```
> frequency(1, df, latex=FALSE, plot="A")   # df の 1 列目 (x) の度数分布
> frequency(2, df, latex=FALSE, plot="B")   # df の 2 列目 (y) の度数分布
```

表　xの度数分布　　　　# 数値変数の場合の形式

| 階級 | 度数 | 相対度数 | 累積度数 | 累積相対度数 |
|---|---|---|---|---|
| 20〜 | 5 | 0.5 | 5 | 0.5 |
| 25〜 | 14 | 1.4 | 19 | 1.9 |
| 30〜 | 47 | 4.7 | 66 | 6.6 |
| 35〜 | 99 | 9.9 | 165 | 16.5 |
| 40〜 | 130 | 13.0 | 295 | 29.5 |
| 45〜 | 200 | 20.0 | 495 | 49.5 |
| 50〜 | 202 | 20.2 | 697 | 69.7 |
| 55〜 | 146 | 14.6 | 843 | 84.3 |
| 60〜 | 83 | 8.3 | 926 | 92.6 |
| 65〜 | 46 | 4.6 | 972 | 97.2 |
| 70〜 | 22 | 2.2 | 994 | 99.4 |
| 75〜 | 5 | 0.5 | 999 | 99.9 |
| 80〜 | 1 | 0.1 | 1000 | 100.0 |
| 合計 | 1000 | 100.0 | | |

表　yの度数分布　　　　# カテゴリー変数の場合の形式

| 項目 | 度数 | 相対度数 |
|---|---|---|
| A | 265 | 26.5 |
| B | 241 | 24.1 |
| C | 249 | 24.9 |
| D | 245 | 24.5 |
| 合計 | 1000 | 100.0 |

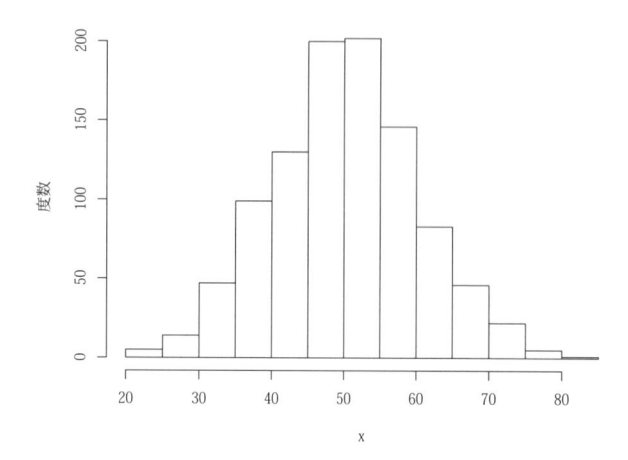

▶ 図 7.1　ヒストグラムの例（数値変数の場合）

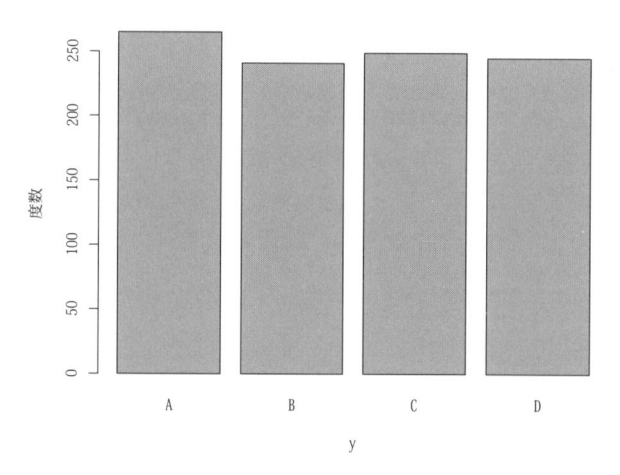

▶ 図 7.2　棒グラフの例（カテゴリー変数の場合）

## LaTeX の出力例

連続変数の場合とカテゴリー変数の場合それぞれの度数分布表を LaTeX 形式で出力しタイプセットした例を，表 7.1，7.2 に示す．

```
> set.seed(123)
> x <- rnorm(1000, mean=50, sd=10)           # 数値変数
> y <- factor(sample(4, 1000, replace=TRUE), # カテゴリー変数
+             labels=LETTERS[1:4])
> df <- data.frame(x=x, y=y)                 # 例示用のデータフレーム
> frequency(1:2, df)      # LaTeX形式の結果を出力し，図は出力しない
```

▶ 表 7.1 x の度数分布

| 階級 | 度数 | 相対度数 | 累積度数 | 累積相対度数 |
|---|---|---|---|---|
| 20〜 | 5 | 0.5 | 5 | 0.5 |
| 25〜 | 14 | 1.4 | 19 | 1.9 |
| 30〜 | 47 | 4.7 | 66 | 6.6 |
| 35〜 | 99 | 9.9 | 165 | 16.5 |
| 40〜 | 130 | 13.0 | 295 | 29.5 |
| 45〜 | 200 | 20.0 | 495 | 49.5 |
| 50〜 | 202 | 20.2 | 697 | 69.7 |
| 55〜 | 146 | 14.6 | 843 | 84.3 |
| 60〜 | 83 | 8.3 | 926 | 92.6 |
| 65〜 | 46 | 4.6 | 972 | 97.2 |
| 70〜 | 22 | 2.2 | 994 | 99.4 |
| 75〜 | 5 | 0.5 | 999 | 99.9 |
| 80〜 | 1 | 0.1 | 1000 | 100.0 |
| 合計 | 1000 | 100.0 | | |

▶ 表 7.2 y の度数分布

| 項目 | 度数 | 相対度数 |
|---|---|---|
| A | 265 | 26.5 |
| B | 241 | 24.1 |
| C | 249 | 24.9 |
| D | 245 | 24.5 |
| 合計 | 1000 | 100.0 |

## 7.3 散布図，箱ひげ図を描く

　本節で紹介する twodim.plot 関数は，二変数が数値変数の場合には，散布図を描く。この場合には相関係数，直線回帰の係数を求め，回帰直線とともに図に描き込むこともできる。相関係数の種類としてはピアソンの積率相関係数，ケンドールの順位相関係数，スピアマンの順位相関係数の 3 種類から 1 つを選択できる。

　片方の変数がカテゴリー変数の場合には，箱ひげ図を描く。カテゴリー変数を数値データとして用意している場合には，2.8.1 項（27 ページ）に示したように，事前に factor 関数により factor にしておかねばならない。

## 引数

twodim.plot 関数は，以下のような引数を持つ．

```
twodim.plot(i, j, df, k=NULL, lm=FALSE,
            cor=c("none", "pearson", "kendall", "spearman"),
            digits=3,   plot="", type=c("pdf", "png", "jpeg", "bmp"),
            width=500, height=375, xlab=NULL, ylab=NULL, ...)
```

i, j   x軸，y軸にとる変数のデータフレーム上での列番号を指定する（ベクトルにより複数指定することができる）．i は x 軸，j は y 軸にとる変数を指定する．x 軸にとる変数と y 軸にとる変数のどちらも数値変数のときは散布図を描き，x 軸にとる変数か y 軸にとる変数のいずれかがカテゴリー変数のときは箱ひげ図を描く．
i, j がベクトルの場合には，i の要素と j の要素のすべての組み合わせについてグラフを描く．

k   群別に記号を変えて散布図を描くときに，群を表す変数（factor）のデータフレーム上での列番号を 1 つだけ指定できる．k= という引数名付きで指定すること（例えば，k=3 のように）．デフォルトではすべてのデータを同じ記号で描く．

lm   散布図に回帰直線を描き込むときに TRUE にする（デフォルトは FALSE）．

cor   散布図を描き相関係数を計算して図に描き込むときに，どの相関係数を使うかを指定する．ピアソンの積率相関係数なら "pearson"，ケンドールの順位相関係数なら "kendall"，スピアマンの順位相関係数なら "spearman" を指定する．散布図に相関係数を描き込まないときは "none" にする（デフォルト）．

digits   図に相関係数を描き込むときに，小数点以下何桁までにするかを指定する．デフォルトでは 3 である．

xlab   横軸のラベルを指定する（デフォルトはデータフレームでの変数名）．何も描かないときには空文字列（""）を指定する．

ylab   縦軸のラベルを指定する（デフォルトはデータフレームでの変数名）．何も描かないときには空文字列（""）を指定する．

...   plot などの描画関数へ引き渡される引数を指定する．

## 使用例

正規分布に従う 2 変数 x, y と, A〜E (1〜5) の値を持つカテゴリー変数 z がデータフレームにあるとする.

```
> set.seed(123)
> df <- data.frame(x=rnorm(100), y=rnorm(100),      # 例示用のデータフレーム
+                  z=factor(sample(5, 100, replace=TRUE),
+                  levels=1:5, labels=LETTERS[1:5]))
> df                                                # データを表示してみる
           x           y z
1 -0.560475647 -0.71040656 E
2 -0.230177489  0.25688371 A
3  1.558708314 -0.24669188 E
4  0.070508391 -0.34754260 C
5  0.129287735 -0.95161857 B
6  1.715064987 -0.04502772 C
  ⋮
```

x, y の散布図 (図 7.3) と, z を群分け変数としたときの y についての箱ひげ図 (図 7.4) を描画する. 散布図には, 二変数間のピアソンの積率相関係数と回帰直線の切片と傾きを描き込み, 回帰直線も加える.

```
> twodim.plot(1, 2, df, lm=TRUE, cor="pearson", plot="scatter")
> twodim.plot(3, 2, df, plot="boxplot")
```

ピアソンの積率相関係数=-0.050　切片=-0.102803　傾き=-0.0524716

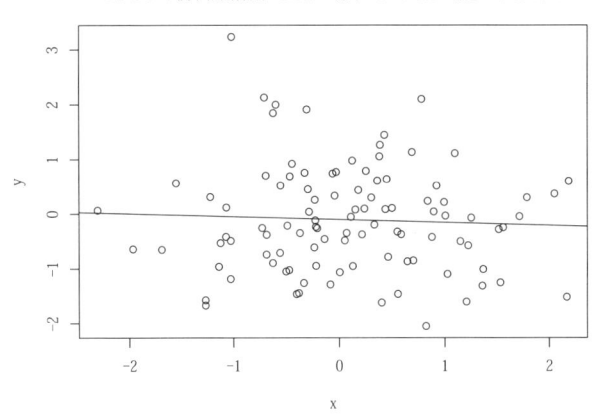

▶ 図 7.3　散布図の例

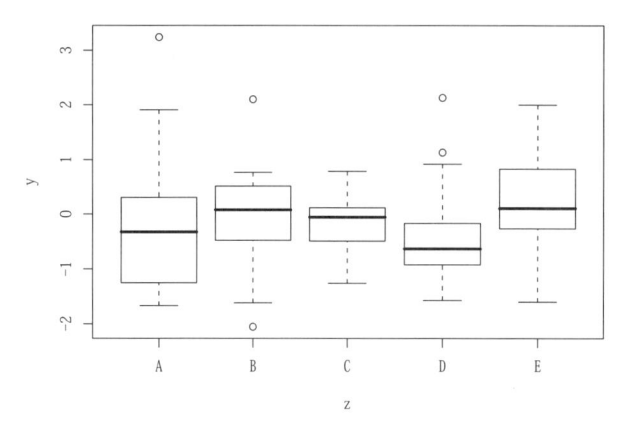

▶ 図 7.4　箱ひげ図の例

## 7.4　クロス集計表を作り検定を行う

本節で説明する cross 関数は，データフレーム上の複数の変数を指定して，二重クロス集計を行い，必要ならば独立性の検定，フィッシャーの正確検定，クラスカル・ウォリス検定のいずれかを行う。

数値変数の場合や，カテゴリー変数を数値データとして用意している場合には，2.8 節（27 ページ），2.9 節（32 ページ）に示したように，事前に factor にしておかねばならない。

### 引数

cross 関数は，以下のような引数を持つ。

```
cross(i, j, df, row=TRUE, latex=TRUE,
      test=c("none", "chisq", "fisher", "kruskal"),
      output="", encoding=getOption("encoding"))
```

i, j　　クロス集計をする二変数が入っている，データフレーム上の列の番号を指定する。i は表側にくる変数，j は表頭にくる変数である。i, j は，ベクトルでもかまわない。i の要素と j の要素のすべての組み合わせでクロス集計を行う。

row　　デフォルトでは行方向の % をとる。列方向の % をとるなら row=FALSE にする。

## 7.4 クロス集計表を作り検定を行う

test　　適用する検定法を指定する。独立性の検定（$\chi^2$ 検定）なら "chisq"，フィッシャーの正確検定なら "fisher"，クラスカル・ウォリス検定なら "kruskal" のいずれかを指定する。デフォルトでは検定をしない。"kruskal" の場合は，row=TRUE の場合には表側の変数 i を群とみなし，表頭の変数 j を順序のあるカテゴリー変数として検定を行う。row=FALSE の場合には表頭の変数 j を群とみなし，表側の変数 i を順序のあるカテゴリー変数として検定を行う。順序のあるカテゴリーであることを指定するには，factor 関数で ordered=TRUE を明示する（28 ページ参照）。整数値や実数値をとる変数も順序があるのでクラスカル・ウォリス検定を行っても差し支えはないが実際にとり得る数値の種類が多いと，クロス集計表を作成するうえでは不都合かもしれない。

**使用例**

データフレーム df に含まれている 2 つのカテゴリー変数 x，y でクロス集計を行う。変数 y には順序が付いている（a<b<c<d<e）ので，クラスカル・ウォリス検定を行う。

```
> set.seed(123)
> x <- factor(sample(1:4, 300, replace=TRUE),
+             levels=1:4,
+             labels=c("春", "夏", "秋", "冬"))
> y <- factor(sample(letters[1:5], 300, replace=TRUE),
+             level=letters[1:5], ordered=TRUE)
> df <- data.frame(x=x, y=y) # 例示のためのデータフレームを作成
> df
    x y
1   夏 d
2   冬 a
3   夏 d
4   冬 d
5   冬 d
6   春 c
 :
> cross(1, 2, df, latex=FALSE, test="kruskal")

表  x:y
        y
x       a      b      c      d      e      合計
春      11     19     12     12     19     73
%       15.1   26.0   16.4   16.4   26.0   100.0
夏      16     19     17     14     16     82
%       19.5   23.2   20.7   17.1   19.5   100.0
秋      16     15     10     17     16     74
%       21.6   20.3   13.5   23.0   21.6   100.0
冬      16     15     17     9      14     71
%       22.5   21.1   23.9   12.7   19.7   100.0
合計    59     68     56     52     65     300
%       19.7   22.7   18.7   17.3   21.7   100.0
カイ二乗値(kw) = 1.321, 自由度 = 3, P 値 = 0.724
```

### LaTeX の出力例

クロス集計表および独立性の検定結果を LaTeX で出力した例を表 7.3 に示す。

▶ 表 7.3 x：y

| x | y | | | | | 合計 |
|---|---|---|---|---|---|---|
| | a | b | c | d | e | |
| 春 | 11 | 19 | 12 | 12 | 19 | 73 |
| % | *15.1* | *26.0* | *16.4* | *16.4* | *26.0* | *100.0* |
| 夏 | 16 | 19 | 17 | 14 | 16 | 82 |
| % | *19.5* | *23.2* | *20.7* | *17.1* | *19.5* | *100.0* |
| 秋 | 16 | 15 | 10 | 17 | 16 | 74 |
| % | *21.6* | *20.3* | *13.5* | *23.0* | *21.6* | *100.0* |
| 冬 | 16 | 15 | 17 | 9 | 14 | 71 |
| % | *22.5* | *21.1* | *23.9* | *12.7* | *19.7* | *100.0* |
| 合計 | 59 | 68 | 56 | 52 | 65 | 300 |
| % | *19.7* | *22.7* | *18.7* | *17.3* | *21.7* | *100.0* |

$\chi^2_{kw}$ 値 = 1.321, 自由度 = 3, $P$ 値 = 0.724

## 7.5 マルチアンサーのクロス集計を行う

マルチアンサーは，「以下の項目のうち，当てはまるものすべてに○を付けてください。1:テレビ，2:ビデオ，3:洗濯機，...，$n$:その他」のような質問から得られる。データとしては各選択肢に対応して $n$ 個の変数を用意し，○が付いていれば 1，付いていなければ 0 としてデータ入力する。例えば，$k$ 種類の属性ごとに回答状況を集計するときに，$n$ 個の「属性（$k$ 水準）と各変数の $k \times 2$ 分割表」を作る代わりに，表 7.4 のような $k \times n$ 分割表として集計するほうがわかりやすいことがある。

本節で説明する ma 関数は，マルチアンサーの集計として，単一のカテゴリー変数と複数の「該当・非該当の応答のある変数」のクロス集計を行う。

### 引数

ma 関数は，以下のような引数を持つ。

```
ma(i, j, df, latex=TRUE, output="", encoding=getOption("encoding"))
```

| | |
|---|---|
| i, j | クロス集計をする二変数が入っているデータフレーム上での列の番号を指定する。該当・非該当により答える項目は i, j のどちらに指定してもよい。<br>注意：データフレーム上で，該当・非該当のデータの定義を間違わないように（使用例参照）。|

**使用例**

第 1 群～第 3 群の識別のための変数 g と，「あり/なし」の二値データを表す x1～x5 の変数についてのデータがあるとする。

```
> set.seed(123)
> g <- factor(sample(3, 100, replace=TRUE), level=1:3,
+             labels=c("第1群", "第2群", "第3群"))
> x1 <- factor(sample(2, 100, replace=TRUE), level=1:2,
+             labels=c("あり", "なし"))
> x2 <- factor(sample(2, 100, replace=TRUE), level=1:2,
+             labels=c("あり", "なし"))
> x3 <- factor(sample(2, 100, replace=TRUE), level=1:2,
+             labels=c("あり", "なし"))
> x4 <- factor(sample(2, 100, replace=TRUE), level=1:2,
+             labels=c("あり", "なし"))
> x5 <- factor(sample(2, 100, replace=TRUE), level=1:2,
+             labels=c("あり", "なし"))
> df <- data.frame(g=g, x1=x1, x2=x2, x3=x3, x4=x4, x5=x5)
> df                                          # データを表示してみる
     g   x1   x2   x3   x4   x5
1  第1群 なし あり なし なし あり
2  第3群 あり なし あり あり あり
3  第2群 あり なし なし なし あり
4  第3群 なし なし なし なし あり
5  第3群 あり あり なし あり あり
6  第1群 なし なし あり あり あり
  ：
```

群別に x1～x5 を集計する。

```
> ma(1, 2:6, df, latex=FALSE)                 # 群別にx1～x5の項目を集計する
```

表　マルチアンサー項目の集計

```
g        x1     x2     x3     x4     x5      該当数
第1群    12     15     19     18     14      33
%        36.4   45.5   57.6   54.5   42.4
第2群    21     17     20     17     17      34
%        61.8   50.0   58.8   50.0   50.0
第3群    17     20     17     19     14      33
%        51.5   60.6   51.5   57.6   42.4
合 計    50     52     56     54     45      100
%        50.0   52.0   56.0   54.0   45.0
```

### LaTeX の出力例

マルチアンサー項目の集計結果を LaTeX で出力した例を表 7.4 に示す。

▶ 表 7.4　マルチアンサー項目の集計

| g | x1 | x2 | x3 | x4 | x5 | 該当数 |
|---|---|---|---|---|---|---|
| 第 1 群 | 12 | 15 | 19 | 18 | 14 | 33 |
| % | 36.4 | 45.5 | 57.6 | 54.5 | 42.4 | |
| 第 2 群 | 21 | 17 | 20 | 17 | 17 | 34 |
| % | 61.8 | 50.0 | 58.8 | 50.0 | 50.0 | |
| 第 3 群 | 17 | 20 | 17 | 19 | 14 | 33 |
| % | 51.5 | 60.6 | 51.5 | 57.6 | 42.4 | |
| 合計 | 50 | 52 | 56 | 54 | 45 | 100 |
| % | 50.0 | 52.0 | 56.0 | 54.0 | 45.0 | |

## 7.6　多元分類の集計を行う

本節で解説する breakdown 関数は，複数のカテゴリー変数に基づいて多元分類を行い，各群のデータ数，平均値，標準偏差（または中央値と四分偏差）を求める。

さらに，一元分類の場合には一元配置分散分析またはクラスカル・ウォリス検定を行うこともできる[*2]。

カテゴリー変数を数値データとして用意している場合には，2.8.1 項（27 ページ）に示したように，事前に factor 関数により factor にしておかねばならない。

### 引数

breakdown 関数は，以下のような引数を持つ。

```
breakdown(i, j, df, latex=TRUE,
          test=c("none", "parametric", "non-parametric"),
          statistics=c("mean", "median"), var.equal=FALSE, digits=3,
          output="", encoding=getOption("encoding"))
```

| | |
|---|---|
| i | 分析対象となる変数が入っているデータフレーム上の列の番号を指定する（複数指定できる）。 |
| j | 群を表す変数 (factor) の列番号を指定する。複数指定できる。その場合にはそれらをすべてを用いて多元分類される。 |

---

[*2] 二群の場合はそれぞれ，二群の平均値の差の検定，マン・ホイットニーの $U$ 検定を行う。

| | |
|---|---|
| test | 検定法を指定する。パラメトリック検定（2群の平均値の差の検定，一元配置分散分析）の場合には "parametric"，ノンパラメトリック検定（マン・ホイットニーの $U$ 検定，クラスカル・ウォリス検定）の場合には "non-parametric" を指定する。デフォルト（"none"）では検定をしない。 |
| statistics | 平均値および標準偏差を集計するときには"mean"，中央値および四分偏差を集計するときには"median"を指定する。デフォルトは"mean"。 |
| var.equal | oneway.test（t.test）の var.equal 引数と同じである。デフォルトは等分散を仮定しないので，等分散を仮定するときには var.equal=TRUE を指定すること。 |
| digits | 平均値および標準偏差（または中央値および四分偏差）を書き出すときに，小数点以下何桁までにするかを指定する。デフォルトでは3である。 |

**使用例**

群を表す二変数（g1，g2）と正規分布に従う二変数（x，y）がデータフレームにあるとする。

```
> set.seed(123)
> g1 <- factor(sample(2, 100, replace=TRUE), level=1:2,
+              labels=c("Hi", "Lo"))
> g2 <- factor(sample(3, 100, replace=TRUE), level=1:3,
+              labels=c("第1群", "第2群", "第3群"))
> x <- rnorm(100, mean=50, sd=10)
> y <- rnorm(100, mean=76, sd=21)
> df <- data.frame(x=x, y=y, g1=g1, g2=g2)   # 例示のためのデータフレーム
> df                                          # データを表示してみる
          x         y g1   g2
1  42.89593 122.17502 Hi 第2群
2  52.56884 103.56067 Lo 第1群
3  47.53308  70.43195 Hi 第2群
4  46.52457  87.40708 Lo 第3群
5  40.48381  67.29886 Lo 第2群
6  49.54972  65.99882 Hi 第3群
     :
```

3，4列目（g1，g2）で群分けし，1，2列目（x，y）の集計を行う。

```
> breakdown(1:2, 3:4, df, latex=FALSE)
```

表　g1, g2別のxの集計
```
         x
g1    g2     データ数        平均値  標準偏差
Hi    第1群       15       48.376   10.696
Lo    第1群       16       48.645    7.220
Hi    第2群       22       48.522   11.912
Lo    第2群       18       50.302    9.609
Hi    第3群       16       50.183   10.507
Lo    第3群       13       47.126    6.814
全体            100       48.925    9.670
```

表　g1, g2別のyの集計
```
           y
g1    g2     データ数       平均値    標準偏差
Hi    第1群    15         76.360   21.479
Lo    第1群    16         87.045   19.912
Hi    第2群    22         74.699   19.106
Lo    第2群    18         83.467   23.625
Hi    第3群    16         74.554   20.487
Lo    第3群    13         75.092    9.736
全体          100         78.530   19.947
```

4列目（g2）で群分けし，1, 2列目（x, y）の集計と一元配置分散分析を行う。

```
> breakdown(1:2, 4, df, latex=FALSE, test="parametric")
```

表　g2別のxの集計
```
          x
g2     データ数       平均値    標準偏差
第1群    31         48.515    8.915
第2群    40         49.323   10.838
第3群    29         48.813    9.024
全体    100         48.925    9.670
F 値 = 0.062, 自由度 = (2, 97.000), P 値 = 0.939
```

表　g2別のyの集計
```
          y
g2     データ数       平均値    標準偏差
第1群    31         81.875   21.048
第2群    40         78.645   21.433
第3群    29         74.795   16.295
全体    100         78.530   19.947
F 値 = 0.944, 自由度 = (2, 97.000), P 値 = 0.393
```

## LaTeX の出力例

多元分類の集計結果と検定結果を LaTeX で出力した例を表 7.5, 7.6 に示す。

▶ 表 7.5　g1, g2 別の x の集計

| g1 | g2 | x |  |  |
|---|---|---|---|---|
|  |  | データ数 | 平均値 | 標準偏差 |
| Hi | 第 1 群 | 15 | 48.376 | 10.696 |
| Lo | 第 1 群 | 16 | 48.645 | 7.220 |
| Hi | 第 2 群 | 22 | 48.522 | 11.912 |
| Lo | 第 2 群 | 18 | 50.302 | 9.609 |
| Hi | 第 3 群 | 16 | 50.183 | 10.507 |
| Lo | 第 3 群 | 13 | 47.126 | 6.814 |
| 全体 |  | 100 | 48.925 | 9.670 |

▶ 表 7.6　g2 別の y の集計

| g2 | y | | |
|---|---|---|---|
| | データ数 | 平均値 | 標準偏差 |
| 第 1 群 | 31 | 81.875 | 21.048 |
| 第 2 群 | 40 | 78.645 | 21.433 |
| 第 3 群 | 29 | 74.795 | 16.295 |
| 全体 | 100 | 78.530 | 19.947 |

$F$ 値 = 0.944, 自由度 = (2, 97.000), $P$ 値 = 0.393

## 7.7　独立 $k$ 標本の検定を行う

本節で説明する indep.sample 関数は，独立 $k$ 標本データに対して，各群ごとのデータ数，平均値，標準偏差を求める。さらに，独立 2 標本の場合には，対象変数が順序尺度，間隔尺度，比尺度の変数ならばマン・ホイットニーの $U$ 検定（ウィルコクソンの順位和検定），対象変数が間隔尺度・比尺度の数値変数ならば平均値の差の検定（$t$ 検定）を行うこともできる。独立 $k$ 標本の場合には，対象変数が順序尺度，間隔尺度，比尺度の変数ならばクラスカル・ウォリス検定，対象変数が間隔尺度，比尺度の数値変数ならば一元配置分散分析を行うこともできる。

カテゴリー変数を数値データとして用意している場合には，2.8.1 項（27 ページ）に示したように，事前に factor 関数により factor にしておかねばならない。

**引数**

indep.sample 関数は，以下のような引数を持つ。

```
indep.sample(i, j, df, latex=TRUE,
             test=c("none", "parametric", "non-parametric"),
             statistics=c("mean", "median"), var.equal=FALSE, digits=3,
             output="", encoding=getOption("encoding"))
```

| i | 分析対象となる変数（順序尺度以上の変数）が入っているデータフレーム上の列の番号を指定する（複数指定できる）。 |
|---|---|
| j | 群を表すカテゴリー変数（factor になっていること）の列番号を指定する。複数指定できるが，多元分類されるのではなく一元分類に用いられる。分析対象となる変数と群を表す変数のすべての組み合わせで分析が行われる。 |
| test | 検定法を指定する。パラメトリック検定（2 群の平均値の差の検定，一元配置分散分析）の場合には "parametric"，ノンパラメトリック検定（マン・ホイットニーの $U$ 検定，クラスカル・ウォリス検定）の場合には "non-parametric" を指定する。デフォルト（"none"）では検定をしない。 |

statistics  平均値および標準偏差を集計するときには"mean"，中央値および四分偏差を集計するときには"median"を指定する．デフォルトは"mean"．

var.equal  oneway.test（t.test）のvar.equal引数と同じである．デフォルトは等分散を仮定しないので，等分散を仮定するときにはvar.equal=TRUEを指定すること．

digits  平均値および標準偏差（または中央値および四分偏差）を書き出すときに，小数点以下何桁までにするかを指定する．デフォルトでは3である．

**使用例**

性別（g）と正規分布に従う二変数（x, y）がデータフレームにある．

```
> set.seed(123)
> g <- factor(sample(2, 100, replace=TRUE),      # カテゴリー変数
+             level=1:2, labels=c("男", "女"))
> x <- rnorm(100, mean=50, sd=10)                # 数値変数
> y <- rnorm(100, mean=76, sd=21)
> df <- data.frame(x=x, y=y, g=g)                # 例示のためのデータフレームを作成
> df                                             # データを表示してみる
         x        y g
1 52.53319 92.54252 男
2 49.71453 92.14989 女
3 49.57130 82.97625 男
4 63.68602 54.82409 女
5 47.74229 73.49150 女
6 65.16471 70.11170 男
  ⋮
```

3列目のグループを表す変数（g）別に，1, 2列目の変数（x, y）を分析する．

```
> indep.sample(1:2, 3, df, latex=FALSE, test="non-parametric")

表   g別のxの集計
        x
g       データ数        平均値    標準偏差
男      53              50.971    9.693
女      47              47.762    9.408
全体    100             49.463    9.647
U = 1486.000, P 値 = 0.097

表   g別のyの集計
        y
g       データ数        平均値    標準偏差
男      53              76.644    19.681
女      47              75.951    19.779
全体    100             76.318    19.630
U = 1268.000, P 値 = 0.879
```

## LaTeX の出力例

集計結果と検定結果を LaTeX で出力した例を表 7.7, 7.8 に示す。

▶ 表 7.7　g 別の x の集計

| g | x |  |  |
|---|---|---|---|
|   | データ数 | 平均値 | 標準偏差 |
| 男 | 53 | 50.971 | 9.693 |
| 女 | 47 | 47.762 | 9.408 |
| 全体 | 100 | 49.463 | 9.647 |

$U = 1486.000, P$ 値 $= 0.097$

▶ 表 7.8　g 別の y の集計

| g | y |  |  |
|---|---|---|---|
|   | データ数 | 平均値 | 標準偏差 |
| 男 | 53 | 76.644 | 19.681 |
| 女 | 47 | 75.951 | 19.779 |
| 全体 | 100 | 76.318 | 19.630 |

$U = 1268.000, P$ 値 $= 0.879$

そのほかのオプションを使用した集計結果と検定結果を LaTeX で出力した例を表 7.9, 7.10, 7.11 に示す。

▶ 表 7.9　性別の測定値 2 の集計

| 性別 | 測定値 2 |  |  |
|---|---|---|---|
|   | データ数 | 平均値 | 標準偏差 |
| 男 | 14 | 143.307 | 29.535 |
| 女 | 16 | 142.838 | 28.217 |
| 全体 | 30 | 143.057 | 28.336 |

$t$ 値 $= 0.044$, 自由度 $= 27.085, P$ 値 $= 0.965$

▶ 表 7.10　性別の測定値 1 の集計

| 性別 | 測定値 1 |  |  |
|---|---|---|---|
|   | データ数 | 平均値 | 標準偏差 |
| 男 | 14 | 96.836 | 15.06 |
| 女 | 16 | 98.8 | 9.969 |
| 全体 | 30 | 97.883 | 12.413 |

$U = 97.000, P$ 値 $= 0.552$

▶ 表 7.11　年代別の測定値の集計

| 年代 | 測定値 | | |
|---|---|---|---|
| | データ数 | 平均値 | 標準偏差 |
| 20 | 102 | 60.873 | 9.397 |
| 30 | 95 | 60.761 | 9.916 |
| 40 | 94 | 60.244 | 10.801 |
| 50 | 109 | 61.233 | 10.102 |
| 全体 | 400 | 60.796 | 10.023 |

$F$ 値 = 0.165, 第 1 自由度 = 3, 第 2 自由度 = 396.000, $P$ 値 = 0.920

## 7.8　相関係数行列の計算と無相関検定を行う

本節で説明する mycor 関数は，複数の変数を指定して相関係数行列を求め，各相関係数について無相関検定を行う。欠損値の処理としてリストワイズ除去とペアワイズ除去の 2 種類，相関係数の種類としてはピアソンの積率相関係数，ケンドールの順位相関係数，スピアマンの順位相関係数の 3 種類から 1 つを選択できる。

### 引数

mycor 関数は，以下のような引数を持つ。

```
mycor(i, df, use=c("all.obs", "complete.obs", "pairwise.complete.obs"),
      method=c("pearson", "kendall", "spearman"), latex=TRUE,
      digits=3, output="", encoding=getOption("encoding"))
```

i　　　　　相関係数を計算する変数が入っているデータフレーム上での列の番号を指定する（ベクトルにより複数指定することができる）。

use　　　　欠損値の処理法の指定をする。
"all.obs", "complete.obs" は，i で指定した変数のうち 1 つでも欠損値があるデータは除外（リストワイズ除去）する。
"pairwise.complete.obs" は，1 個の相関係数を算出するとき，二変数のいずれか一方，または両方が欠損値のときにそのデータを除外する。

method　　　"pearson", "kendall", "spearman" のいずれかを指定する。それぞれ，ピアソンの積率相関係数，ケンドールの順位相関係数，スピアマンの順位相関係数を計算する。順位相関係数を計算する変数は factor 関数で ordered=TRUE を指定したものか数値データを持つものでなければならない。ピアソンの積率相関係数を求める変数は数値データを持つものでなければならない。

digits　　　相関係数，$P$ 値を書き出すときに，小数点以下何桁までにするかを指定する。デフォルトでは 3 である。

## 7.8 相関係数行列の計算と無相関検定を行う

**使用例**

正規乱数からなる 20 行 5 列の行列をデータフレームにし，若干の欠損値を埋め込む。結果としてできる 5 変数を含むデータフレームを対象として相関係数行列を求める。

```
> set.seed(123)
> df <- round(data.frame(matrix(rnorm(100), 20)), 3)
> for (i in 1:20) {  # 例示のために若干の欠損値を含ませる
+     df[sample(20, 1, replace=TRUE), sample(5, 1, replace=TRUE)]
+         <- NA
+ }
> df                    # データを表示してみる
      X1     X2     X3     X4     X5
1 -0.560 -1.068 -0.695  0.380  0.006
2 -0.230 -0.218     NA -0.502  0.385
3  1.559 -1.026 -1.265 -0.333 -0.371
4     NA -0.729  2.169 -1.019  0.644
5  0.129 -0.625  1.208 -1.072 -0.220
6  1.715     NA     NA  0.304  0.332
  ⋮
```

リストワイズ除去によりピアソンの積率相関係数行列を求める。

```
> mycor(1:5, df, latex=FALSE)
```

表　ピアソンの積率相関係数行列（欠損値はリストワイズ除去，n=7）

```
         (001)   (002)   (003)   (004)   (005)
(001)X1  1.000  -0.022   0.184  -0.184  -0.586
P 値        NA   0.963   0.692   0.694   0.167
(002)X2 -0.022   1.000   0.303   0.772   0.599
P 値     0.963      NA   0.509   0.042   0.155
(003)X3  0.184   0.303   1.000  -0.016  -0.313
P 値     0.692   0.509      NA   0.974   0.495
(004)X4 -0.184   0.772  -0.016   1.000   0.519
P 値     0.694   0.042   0.974      NA   0.232
(005)X5 -0.586   0.599  -0.313   0.519   1.000
P 値     0.167   0.155   0.495   0.232      NA
```

欠損値をペアワイズ除去して，ケンドールの順位相関係数行列を求める。

```
> mycor(1:5, df, use="pairwise", method="kendall",
+       latex=FALSE)
```

表　ケンドールの順位相関係数行列（欠損値はペアワイズ除去）

```
         (001)   (002)   (003)   (004)   (005)
(001)X1  1.000   0.000   0.030   0.182  -0.067
P 値        NA   1.000   0.891   0.411   0.729
n           16      12      12      12      15
(002)X2  0.000   1.000  -0.061   0.359   0.297
P 値     1.000      NA   0.784   0.088   0.139
n           12      15      12      13      14
(003)X3  0.030  -0.061   1.000   0.000  -0.276
P 値     0.891   0.784      NA   1.000   0.151
n           12      12      16      12      15
```

```
(004)X4 0.182    0.359    0.000    1.000    -0.167
P 値    0.411    0.088    1.000    NA       0.368
n       12       13       12       16       16
(005)X5 -0.067   0.297    -0.276   -0.167   1.000
P 値    0.729    0.139    0.151    0.368    NA
n       15       14       15       16       19
```

### LaTeX の出力例

相関係数行列と検定結果を LaTeX で出力した例を表 7.12，7.13 に示す。

▶ 表 7.12　ピアソンの積率相関係数行列（欠損値はリストワイズ除去，$n=7$）

|        | (001)  | (002)  | (003)  | (004)  | (005)  |
|--------|--------|--------|--------|--------|--------|
| (001)X1 | 1.000  | −0.022 | 0.184  | −0.184 | −0.586 |
| P 値   | NA     | 0.963  | 0.692  | 0.694  | 0.167  |
| (002)X2 | −0.022 | 1.000  | 0.303  | 0.772  | 0.599  |
| P 値   | 0.963  | NA     | 0.509  | 0.042  | 0.155  |
| (003)X3 | 0.184  | 0.303  | 1.000  | −0.016 | −0.313 |
| P 値   | 0.692  | 0.509  | NA     | 0.974  | 0.495  |
| (004)X4 | −0.184 | 0.772  | −0.016 | 1.000  | 0.519  |
| P 値   | 0.694  | 0.042  | 0.974  | NA     | 0.232  |
| (005)X5 | −0.586 | 0.599  | −0.313 | 0.519  | 1.000  |
| P 値   | 0.167  | 0.155  | 0.495  | 0.232  | NA     |

▶ 表 7.13　ケンドールの順位相関係数行列（欠損値はペアワイズ除去）

|        | (001)  | (002)  | (003)  | (004)  | (005)  |
|--------|--------|--------|--------|--------|--------|
| (001)X1 | 1.000  | 0.000  | 0.030  | 0.182  | −0.067 |
| P 値   | NA     | 1.000  | 0.891  | 0.411  | 0.729  |
| $n$    | 16     | 12     | 12     | 12     | 15     |
| (002)X2 | 0.000  | 1.000  | −0.061 | 0.359  | 0.297  |
| P 値   | 1.000  | NA     | 0.784  | 0.088  | 0.139  |
| $n$    | 12     | 15     | 12     | 13     | 14     |
| (003)X3 | 0.030  | −0.061 | 1.000  | 0.000  | −0.276 |
| P 値   | 0.891  | 0.784  | NA     | 1.000  | 0.151  |
| $n$    | 12     | 12     | 16     | 12     | 15     |
| (004)X4 | 0.182  | 0.359  | 0.000  | 1.000  | −0.167 |
| P 値   | 0.411  | 0.088  | 1.000  | NA     | 0.368  |
| $n$    | 12     | 13     | 12     | 16     | 16     |
| (005)X5 | −0.067 | 0.297  | −0.276 | −0.167 | 1.000  |
| P 値   | 0.729  | 0.139  | 0.151  | 0.368  | NA     |
| $n$    | 15     | 14     | 15     | 16     | 19     |

第 8 章

# データ解析の実例

データ解析の一般的な流れは，まず一変量解析を行うことから始まる．データに層や群があるなら，単に各変数の度数分布（平均値，標準偏差など）を把握するだけでなく，それらを区分することでデータに違いがあるのかないのかを確認する必要もある．図として表示したり，検定によって偶然の誤差なのか本質的な差なのかを検討することが必要である．

本章では，R に用意されている iris データセットを取り上げ，第 7 章で紹介した関数を使いながらデータ解析を行う実例を示す．

iris データセットは以下に示すようなデータフレームである．

- 5 個の変数を含む．
- Sepal.Length, Sepal.Width, Petal.Length, Petal.Width は計測値である．
- Species は, setosa, versicolor, virginica の 3 群を識別する factor 変数である．
- 各群は 50 個体ずつのデータで，全部で 150 個体のデータである．

```
> iris # iris データセット（データフレーム）
    Sepal.Length Sepal.Width Petal.Length Petal.Width   Species
1            5.1         3.5          1.4         0.2    setosa
2            4.9         3.0          1.4         0.2    setosa
3            4.7         3.2          1.3         0.2    setosa
4            4.6         3.1          1.5         0.2    setosa
5            5.0         3.6          1.4         0.2    setosa
⋮              ⋮           ⋮            ⋮           ⋮
149          6.2         3.4          5.4         2.3 virginica
150          5.9         3.0          5.1         1.8 virginica
```

## 8.1 各変数の度数分布

iris[1:4] の, Sepal.Length, Sepal.Width, Petal.Length, Petal.Width の分布を確認する。まずは，iris[5] の Species を考慮せず，全体を 1 つの群として基本統計量と度数分布を求める。

最初に summary 関数で要約統計量を求めよう。この段階での基本統計量が与える情報は多くはないが，欠損値はあるのか，外れ値はないか，どのような範囲の値をとっているのかなど，今後の分析の土台や参考になるものである。

```
> summary(iris)            # 要約統計量を計算する
  Sepal.Length    Sepal.Width     Petal.Length    Petal.Width
 Min.   :4.300   Min.   :2.000   Min.   :1.000   Min.   :0.100
 1st Qu.:5.100   1st Qu.:2.800   1st Qu.:1.600   1st Qu.:0.300
 Median :5.800   Median :3.000   Median :4.350   Median :1.300
 Mean   :5.843   Mean   :3.057   Mean   :3.758   Mean   :1.199
 3rd Qu.:6.400   3rd Qu.:3.300   3rd Qu.:5.100   3rd Qu.:1.800
 Max.   :7.900   Max.   :4.400   Max.   :6.900   Max.   :2.500
       Species
 setosa    :50             # 3種，各50個体ずつ
 versicolor:50             # 欠損値はない
 virginica :50

> sapply(iris[1:4], sd) # 標準偏差を計算する
Sepal.Length  Sepal.Width Petal.Length  Petal.Width
   0.8280661    0.4358663    1.7652982    0.7622377
```

次に，7.2 節に示した frequency 関数で，各変数の度数分布表とヒストグラムを求める。

```
> frequency(1:4, iris, output="iris-frequency.tex", encoding="euc-jp",
+           plot="iris-frequency", width=400, height=300)
```

表 8.1〜8.4，図 8.1〜8.4 に出力結果をまとめる。

表 8.1 および図 8.1 を見ると，Sepal.Length は一峰性ではあるが平均値の周りがなだらかな丘状の分布である。これは後の分析（図 8.5）でわかることであるが，3 つの群の分布が部分的に重なっているためである。

表 8.2 および図 8.2 を見ると，Sepal.width も一峰性ではあるが，Sepal.Length とは異なり，平均値付近に突出したピークを持つ分布である。また，右裾が長いことも特徴である。これも後の分析（図 8.6）でわかることであるが，setosa が他の 2 群よりやや大きい値を持つためである。

表 8.3 および図 8.3 を見ると，Petal.Length は二峰性の分布を示している。setosa はほかの 2 群から離れて存在していることがわかる。

表 8.4 および図 8.4 を見ると，Petal.Width は三峰性の分布を示している。setosa はほかの 2 群から離れて存在しており，versicolor と virginica も分布に違いがあることがわかる。

▶ 表 8.1 Sepal.Length の度数分布

| 階級 | 度数 | 相対度数 | 累積度数 | 累積相対度数 |
|---|---|---|---|---|
| 4.0〜 | 4 | 2.7 | 4 | 2.7 |
| 4.5〜 | 18 | 12.0 | 22 | 14.7 |
| 5.0〜 | 30 | 20.0 | 52 | 34.7 |
| 5.5〜 | 31 | 20.7 | 83 | 55.3 |
| 6.0〜 | 32 | 21.3 | 115 | 76.7 |
| 6.5〜 | 22 | 14.7 | 137 | 91.3 |
| 7.0〜 | 7 | 4.7 | 144 | 96.0 |
| 7.5〜 | 6 | 4.0 | 150 | 100.0 |
| 合計 | 150 | 100.0 | | |

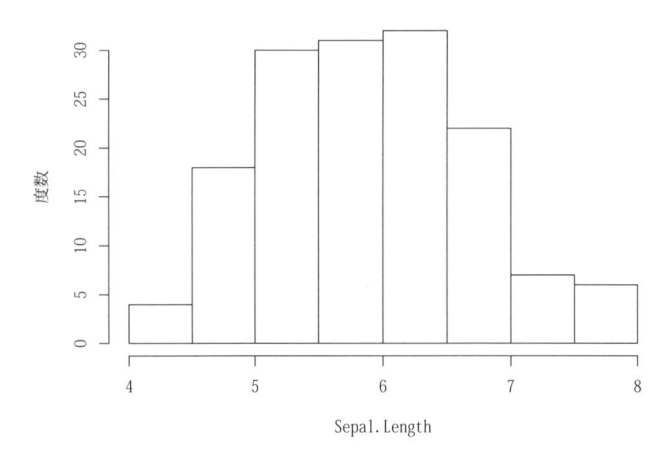

▶ 図 8.1 Sepal.Length のヒストグラム

▶ 表 8.2　Sepal.Width の度数分布

| 階級 | 度数 | 相対度数 | 累積度数 | 累積相対度数 |
|---|---|---|---|---|
| 2.0〜 | 1 | 0.7 | 1 | 0.7 |
| 2.2〜 | 7 | 4.7 | 8 | 5.3 |
| 2.4〜 | 11 | 7.3 | 19 | 12.7 |
| 2.6〜 | 14 | 9.3 | 33 | 22.0 |
| 2.8〜 | 24 | 16.0 | 57 | 38.0 |
| 3.0〜 | 37 | 24.7 | 94 | 62.7 |
| 3.2〜 | 19 | 12.7 | 113 | 75.3 |
| 3.4〜 | 18 | 12.0 | 131 | 87.3 |
| 3.6〜 | 7 | 4.7 | 138 | 92.0 |
| 3.8〜 | 8 | 5.3 | 146 | 97.3 |
| 4.0〜 | 2 | 1.3 | 148 | 98.7 |
| 4.2〜 | 1 | 0.7 | 149 | 99.3 |
| 4.4〜 | 1 | 0.7 | 150 | 100.0 |
| 合計 | 150 | 100.0 | | |

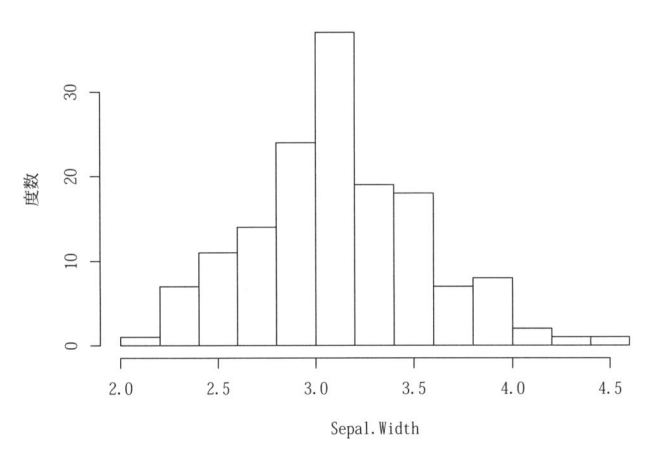

▶ 図 8.2　Sepal.Width のヒストグラム

▶ 表 8.3　Petal.Length の度数分布

| 階級 | 度数 | 相対度数 | 累積度数 | 累積相対度数 |
|---|---|---|---|---|
| 1.0〜 | 24 | 16.0 | 24 | 16.0 |
| 1.5〜 | 26 | 17.3 | 50 | 33.3 |
| 2.0〜 | 0 | 0.0 | 50 | 33.3 |
| 2.5〜 | 0 | 0.0 | 50 | 33.3 |
| 3.0〜 | 3 | 2.0 | 53 | 35.3 |
| 3.5〜 | 8 | 5.3 | 61 | 40.7 |
| 4.0〜 | 18 | 12.0 | 79 | 52.7 |
| 4.5〜 | 25 | 16.7 | 104 | 69.3 |
| 5.0〜 | 18 | 12.0 | 122 | 81.3 |
| 5.5〜 | 17 | 11.3 | 139 | 92.7 |
| 6.0〜 | 7 | 4.7 | 146 | 97.3 |
| 6.5〜 | 4 | 2.7 | 150 | 100.0 |
| 合計 | 150 | 100.0 | | |

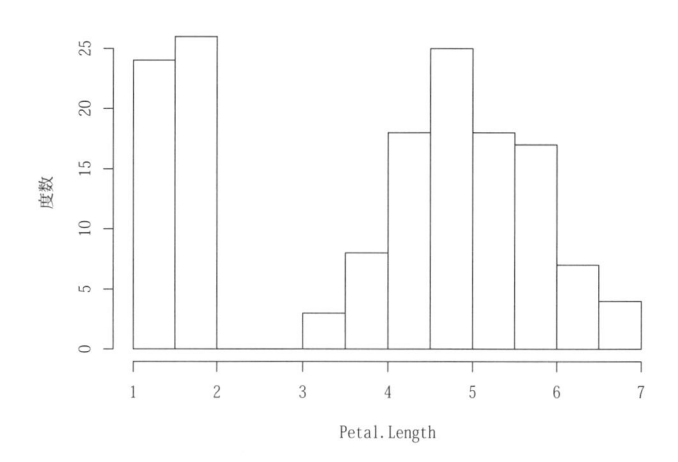

▶ 図 8.3　Petal.Length のヒストグラム

▶ 表 8.4 Petal.Width の度数分布

| 階級 | 度数 | 相対度数 | 累積度数 | 累積相対度数 |
|---|---|---|---|---|
| 0.0〜 | 5 | 3.3 | 5 | 3.3 |
| 0.2〜 | 36 | 24.0 | 41 | 27.3 |
| 0.4〜 | 8 | 5.3 | 49 | 32.7 |
| 0.6〜 | 1 | 0.7 | 50 | 33.3 |
| 0.8〜 | 0 | 0.0 | 50 | 33.3 |
| 1.0〜 | 10 | 6.7 | 60 | 40.0 |
| 1.2〜 | 18 | 12.0 | 78 | 52.0 |
| 1.4〜 | 20 | 13.3 | 98 | 65.3 |
| 1.6〜 | 6 | 4.0 | 104 | 69.3 |
| 1.8〜 | 17 | 11.3 | 121 | 80.7 |
| 2.0〜 | 12 | 8.0 | 133 | 88.7 |
| 2.2〜 | 11 | 7.3 | 144 | 96.0 |
| 2.4〜 | 6 | 4.0 | 150 | 100.0 |
| 合計 | 150 | 100.0 | | |

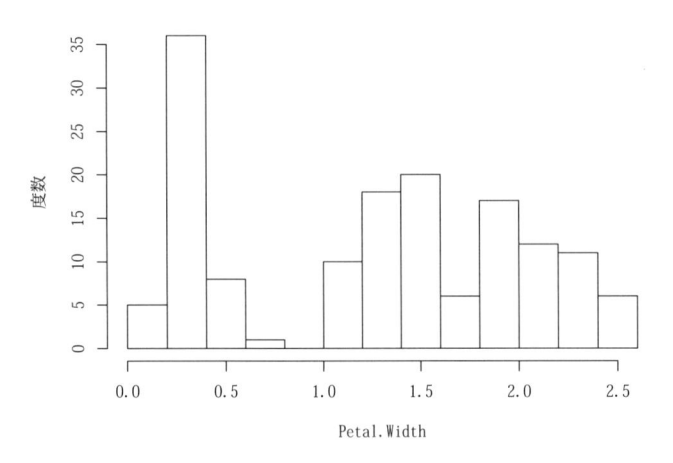

▶ 図 8.4 Petal.Width のヒストグラム

## 8.2 群による各変数の分布の違い

Petal.Length と Petal.Width が特に Species により違いがあることがわかったので，次はそれを明らかにするための分析を行う。

グラフとして表現する方法はいくつかあるが，ここでは箱ひげ図を用いて表すことにする。boxplot 関数を直接使うこともできるが，7.3 節の twodim.plot 関数を使う。

```
> twodim.plot(5, 1:4, iris, plot="iris-twodim.plot",
+             width=400, height=300)
```

結果は図 8.5〜8.8 のようになる。

図 8.6 のように，Sepal.Width は setosa がいちばん大きく，ほかの 3 変数では setosa がいちばん小さい。

Petal.Length と Petal.Width では setosa がほかの 2 群とはきわだって小さい。2 番目に小さい versicolor とも，データ分布に重なりがない。

4 つの変数すべてにおいて，versicolor は virginica に比べて小さいが，データの分布は重なっている。

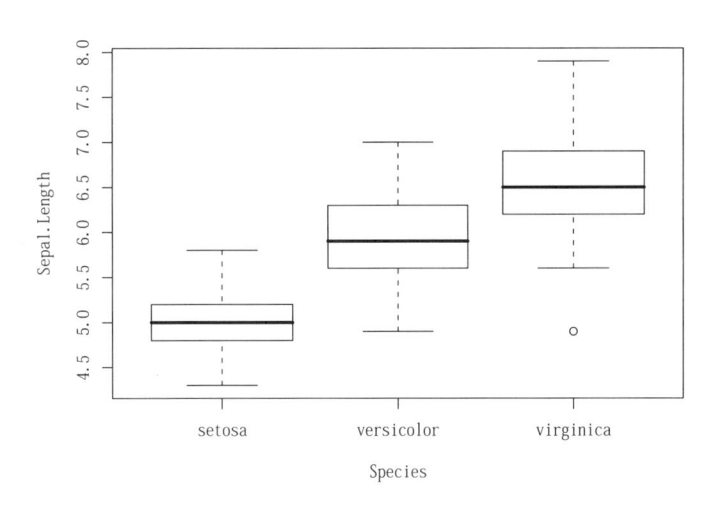

▶ 図 8.5 Sepal.Length の箱ひげ図

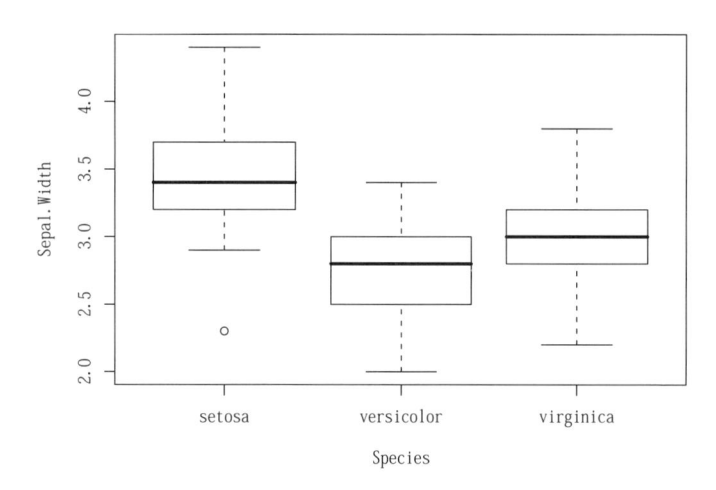

▶ 図 8.6　Sepal.Width の箱ひげ図

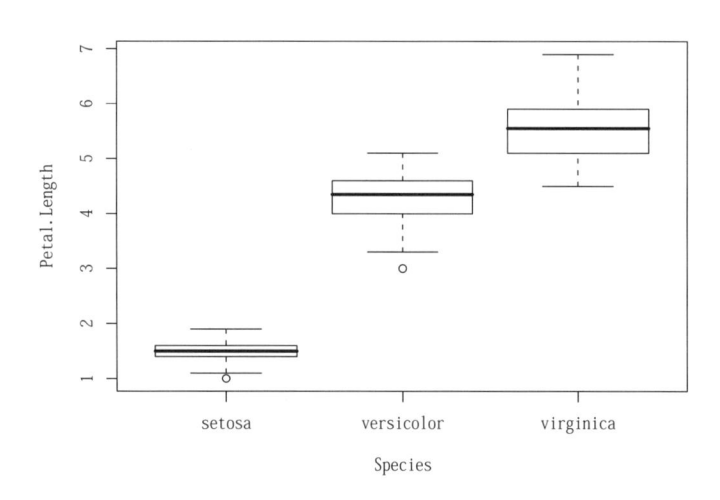

▶ 図 8.7　Petal.Length の箱ひげ図

## 8.2 群による各変数の分布の違い　265

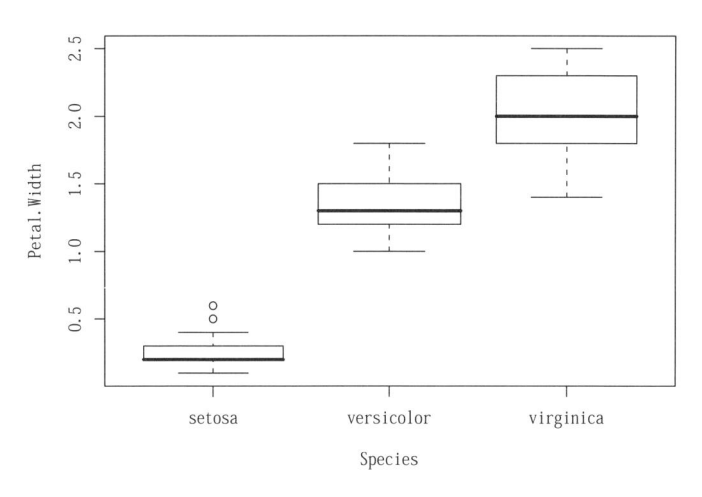

▶ 図 8.8　Petal.Width の箱ひげ図

　分布の違いを数値的に表すためには，by 関数によって，群別の要約統計量を求めることができる。検定も同時に行う場合には，次節（8.3 節）も参照のこと。

```
> for (i in 1:4) {
+   print(colnames(iris)[i])
+   print(by(iris[,i], iris[,5], summary))
+   print(by(iris[,i], iris[,5], sd))
+ }
[1] "Sepal.Length"   # 3群別のSepal.Lengthの要約統計量
iris[, 5]: setosa
   Min. 1st Qu.  Median    Mean 3rd Qu.    Max.
  4.300   4.800   5.000   5.006   5.200   5.800
--------------------------------------------------------
iris[, 5]: versicolor
   Min. 1st Qu.  Median    Mean 3rd Qu.    Max.
  4.900   5.600   5.900   5.936   6.300   7.000
--------------------------------------------------------
iris[, 5]: virginica
   Min. 1st Qu.  Median    Mean 3rd Qu.    Max.
  4.900   6.225   6.500   6.588   6.900   7.900

iris[, 5]: setosa     # 3群別のSepal.Lengthの標準偏差
[1] 0.3524897
--------------------------------------------------------
iris[, 5]: versicolor
[1] 0.5161711
--------------------------------------------------------
iris[, 5]: virginica
[1] 0.6358796

[1] "Sepal.Width"    # 3群別のSepal.Widthの要約統計量
iris[, 5]: setosa
   Min. 1st Qu.  Median    Mean 3rd Qu.    Max.
  2.300   3.200   3.400   3.428   3.675   4.400
```

```
---------------------------------------------------------
iris[, 5]: versicolor
   Min. 1st Qu.  Median    Mean 3rd Qu.    Max.
  2.000   2.525   2.800   2.770   3.000   3.400
---------------------------------------------------------
iris[, 5]: virginica
   Min. 1st Qu.  Median    Mean 3rd Qu.    Max.
  2.200   2.800   3.000   2.974   3.175   3.800

iris[, 5]: setosa    # 3群別のSepal.Widthの標準偏差
[1] 0.3790644
---------------------------------------------------------
iris[, 5]: versicolor
[1] 0.3137983
---------------------------------------------------------
iris[, 5]: virginica
[1] 0.3224966

[1] "Petal.Length"  # 3群別のPetal.Lengthの要約統計量
iris[, 5]: setosa
   Min. 1st Qu.  Median    Mean 3rd Qu.    Max.
  1.000   1.400   1.500   1.462   1.575   1.900
---------------------------------------------------------
iris[, 5]: versicolor
   Min. 1st Qu.  Median    Mean 3rd Qu.    Max.
   3.00    4.00    4.35    4.26    4.60    5.10
---------------------------------------------------------
iris[, 5]: virginica
   Min. 1st Qu.  Median    Mean 3rd Qu.    Max.
  4.500   5.100   5.550   5.552   5.875   6.900

iris[, 5]: setosa    # 3群別のPetal.Lengthの標準偏差
[1] 0.173664
---------------------------------------------------------
iris[, 5]: versicolor
[1] 0.469911
---------------------------------------------------------
iris[, 5]: virginica
[1] 0.5518947

[1] "Petal.Width"   # 3群別のPetal.Widthの要約統計量
iris[, 5]: setosa
   Min. 1st Qu.  Median    Mean 3rd Qu.    Max.
  0.100   0.200   0.200   0.246   0.300   0.600
---------------------------------------------------------
iris[, 5]: versicolor
   Min. 1st Qu.  Median    Mean 3rd Qu.    Max.
  1.000   1.200   1.300   1.326   1.500   1.800
---------------------------------------------------------
iris[, 5]: virginica
   Min. 1st Qu.  Median    Mean 3rd Qu.    Max.
  1.400   1.800   2.000   2.026   2.300   2.500

iris[, 5]: setosa    # 3群別のPetal.Widthの標準偏差
[1] 0.1053856
---------------------------------------------------------
iris[, 5]: versicolor
[1] 0.1977527
---------------------------------------------------------
iris[, 5]: virginica
[1] 0.2746501
```

なお，複雑ではあるが，次のようにすると結果に分析対象の変数名，群の名前，結果の名前が付記されるので，見やすいかもしれない。

```
> lapply(iris[1:4], function(i) tapply(i, iris[5],
+         function(j) return(list(Summary=summary(j), SD=sd(j)))))
$Sepal.Length
$Sepal.Length$setosa
$Sepal.Length$setosa$Summary
   Min. 1st Qu.  Median    Mean 3rd Qu.    Max.
  4.300   4.800   5.000   5.006   5.200   5.800

$Sepal.Length$setosa$SD
[1] 0.3524897

$Sepal.Length$versicolor
$Sepal.Length$versicolor$Summary
   Min. 1st Qu.  Median    Mean 3rd Qu.    Max.
  4.900   5.600   5.900   5.936   6.300   7.000

$Sepal.Length$versicolor$SD
[1] 0.5161711
   ︙
```

## 8.3 群による各変数の位置の母数の検定

各群により位置の母数（平均値や中央値）の違いがあるといえるかどうか検定を行う。本来は，理論分布を考えて，パラメトリック検定かノンパラメトリック検定のいずれかのみの検定を行うべきであるが，ここでは例示のために両方の検定について行う。

7.6 節（248 ページ）で示した breakdown 関数または 7.7 節（251 ページ）で示した indep.sample 関数を用いる。

### ● パラメトリック検定（一元配置分散分析）

breakdown 関数を使った一元配置分散分析の結果は表 8.5 のようになる。

setosa は，Sepal.Width の平均値はほかの 2 種より大きいが，Sepal.Length, Petal.Length, Petal.Width はほかの 2 種より小さい。特に，Petal.Length, Petal.Width では標準偏差も小さく，ほかの 2 種とは離れた位置にこぢんまりと分布しているようだ。一元配置分散分析によれば，どの変数も 3 つの群の平均値には差があるという結果であった。

```
> breakdown(1:4, 5, iris, test="parametric",
+           output="iris-breakdown.tex", encoding="euc-jp")
```

▶ 表 8.5　Species 別の基本統計量と一元配置分散分析

|  | Sepal.Length | | |
|---|---|---|---|
| Species | データ数 | 平均値 | 標準偏差 |
| setosa | 50 | 5.006 | 0.352 |
| versicolor | 50 | 5.936 | 0.516 |
| virginica | 50 | 6.588 | 0.636 |
| 全体 | 150 | 5.843 | 0.828 |

$F$ 値 = 138.908, 自由度 = (2, 92.211), $P$ 値 = 0.000

|  | Sepal.Width | | |
|---|---|---|---|
| Species | データ数 | 平均値 | 標準偏差 |
| setosa | 50 | 3.428 | 0.379 |
| versicolor | 50 | 2.770 | 0.314 |
| virginica | 50 | 2.974 | 0.322 |
| 全体 | 150 | 3.057 | 0.436 |

$F$ 値 = 45.012, 自由度 = (2, 97.402), $P$ 値 = 0.000

|  | Petal.Length | | |
|---|---|---|---|
| Species | データ数 | 平均値 | 標準偏差 |
| setosa | 50 | 1.462 | 0.174 |
| versicolor | 50 | 4.260 | 0.470 |
| virginica | 50 | 5.552 | 0.552 |
| 全体 | 150 | 3.758 | 1.765 |

$F$ 値 = 1828.092, 自由度 = (2, 78.073), $P$ 値 = 0.000

|  | Petal.Width | | |
|---|---|---|---|
| Species | データ数 | 平均値 | 標準偏差 |
| setosa | 50 | 0.246 | 0.105 |
| versicolor | 50 | 1.326 | 0.198 |
| virginica | 50 | 2.026 | 0.275 |
| 全体 | 150 | 1.199 | 0.762 |

$F$ 値 = 1276.885, 自由度 = (2, 84.951), $P$ 値 = 0.000

breakdown 関数や indep.sample 関数を使わない場合には，lapply 関数を用いて以下のようにすれば一括して検定を行うことができる．

```
> lapply(iris[1:4], function(x) oneway.test(x ~ iris[,5]))
$Sepal.Length

One-way analysis of means (not assuming equal variances)

data:  x and iris[, 5]
F = 138.9083, num df = 2.000, denom df = 92.211, p-value < 2.2e-16

$Sepal.Width

One-way analysis of means (not assuming equal variances)

data:  x and iris[, 5]
F = 45.012, num df = 2.000, denom df = 97.402, p-value = 1.433e-14

$Petal.Length

One-way analysis of means (not assuming equal variances)

data:  x and iris[, 5]
F = 1828.092, num df = 2.000, denom df = 78.073, p-value < 2.2e-16

$Petal.Width

One-way analysis of means (not assuming equal variances)

data:  x and iris[, 5]
F = 1276.885, num df = 2.000, denom df = 84.951, p-value < 2.2e-16
```

● **ノンパラメトリック検定（クラスカル・ウォリス検定）**

前項ではパラメトリック検定を行い，分析結果の表記にも平均値と標準偏差を使用した．

ここでは，位置母数の差のノンパラメトリック検定を行うために，breakdown 関数の引数として test="non-parametric" を使用する．統計量としては中央値，四分偏差（四分領域）のほうが好ましいので，statistics="median" を指定する．

```
> breakdown(1:4, 5, iris, test="non-parametric", statistics="median",
+           output="iris-kruskal.tex", encoding="euc-jp")
```

クラスカル・ウォリス検定の結果は表 8.6 のようになり，いずれの変数も群の中央値に有意な差が認められる．

▶ 表 8.6 Species 別の基本統計量とクラスカル・ウォリス検定

| Species | Sepal.Length | | |
|---|---|---|---|
| | データ数 | 中央値 | 四分偏差 |
| setosa | 50 | 5.000 | 0.400 |
| versicolor | 50 | 5.900 | 0.700 |
| virginica | 50 | 6.500 | 0.700 |
| 全体 | 150 | 5.800 | 1.300 |

$\chi^2_{kw}$ 値 = 96.937, 自由度 = 2, $P$ 値 = 0.000

| Species | Sepal.Width | | |
|---|---|---|---|
| | データ数 | 中央値 | 四分偏差 |
| setosa | 50 | 3.400 | 0.500 |
| versicolor | 50 | 2.800 | 0.500 |
| virginica | 50 | 3.000 | 0.400 |
| 全体 | 150 | 3.000 | 0.500 |

$\chi^2_{kw}$ 値 = 63.571, 自由度 = 2, $P$ 値 = 0.000

| Species | Petal.Length | | |
|---|---|---|---|
| | データ数 | 中央値 | 四分偏差 |
| setosa | 50 | 1.500 | 0.200 |
| versicolor | 50 | 4.350 | 0.600 |
| virginica | 50 | 5.550 | 0.800 |
| 全体 | 150 | 4.350 | 3.500 |

$\chi^2_{kw}$ 値 = 130.411, 自由度 = 2, $P$ 値 = 0.000

| Species | Petal.Width | | |
|---|---|---|---|
| | データ数 | 中央値 | 四分偏差 |
| setosa | 50 | 0.200 | 0.100 |
| versicolor | 50 | 1.300 | 0.300 |
| virginica | 50 | 2.000 | 0.500 |
| 全体 | 150 | 1.300 | 1.500 |

$\chi^2_{kw}$ 値 = 131.185, 自由度 = 2, $P$ 値 = 0.000

breakdown 関数や indep.sample 関数を使わない場合には，lapply 関数を用いて以下のようにすれば一括して検定を行うことができる．

```
> lapply(iris[1:4], function(x) kruskal.test(x ~ iris[,5]))
$Sepal.Length

    Kruskal-Wallis rank sum test

data:  x by iris[, 5]
Kruskal-Wallis chi-squared = 96.9374, df = 2, p-value < 2.2e-16

$Sepal.Width

    Kruskal-Wallis rank sum test

data:  x by iris[, 5]
Kruskal-Wallis chi-squared = 63.5711, df = 2, p-value = 1.569e-14

$Petal.Length

    Kruskal-Wallis rank sum test

data:  x by iris[, 5]
Kruskal-Wallis chi-squared = 130.411, df = 2, p-value < 2.2e-16

$Petal.Width

    Kruskal-Wallis rank sum test

data:  x by iris[, 5]
Kruskal-Wallis chi-squared = 131.1854, df = 2, p-value < 2.2e-16
```

## 8.4 変数間の相関関係

　変数間の相関関係を見るときに，まずはすべての変数の組み合わせによる散布図を描くとよい．これは，plot 関数を1回使うだけで描くことができる．plot 関数を使えば，群ごとに記号や色を変えて散布図を描くこともできる．

　群により平均値や中央値に差が見られたことから，変数間の相関関係も群によって異なっているだろうと予想できたが，以下のようにして図 8.9 のような散布図を描けばそれが実際に確認できる．

```
> pdf("plot.pdf", width=800/72, height=600/72)
> plot(iris[,1:4], pch=as.integer(iris[,5]))
> dev.off()
```

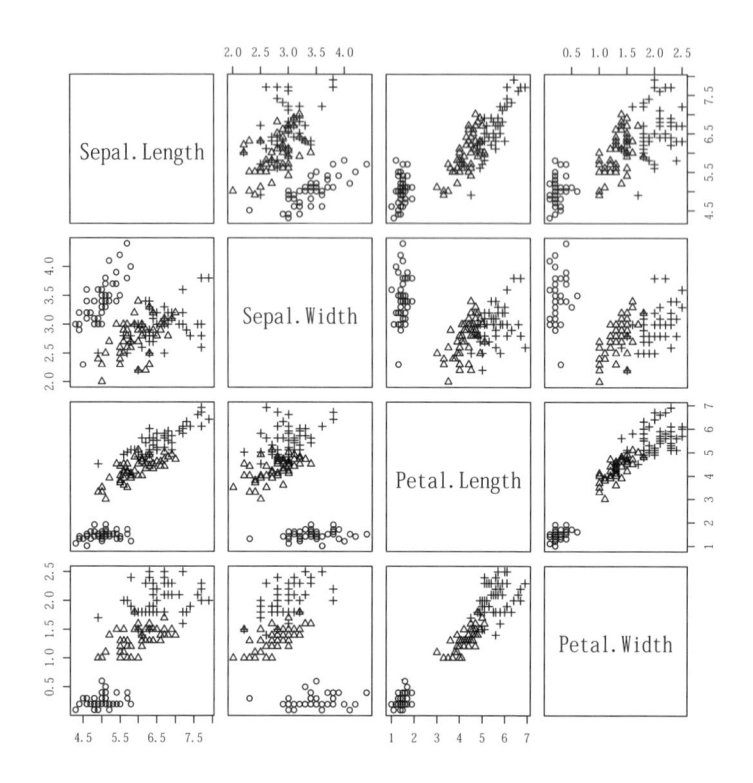

▶ 図 8.9　群ごとに記号を変えたすべての変数の組み合わせに対する散布図-1

特定の変数の組み合わせによる散布図の場合には，7.3 節（241 ページ）で示した twodim.plot 関数を用いればよい。

layout 関数を使えば，複数の散布図をまとめて描画することもできる。以下は，図 8.9 と同等の散布図（図 8.10）を描く例である。

```
> pdf("twodim-plot.pdf", width=800/72, height=600/72)
> layout(matrix(1:12, 3))        # 12枚のグラフを3×4に配置する
> par(mar=c(5, 5, 1, 1))         # グラフ間の余白を確保する
> twodim.plot(1:4, 1:4, iris, 5) # すべての組み合わせで散布図を描く
> dev.off()
```

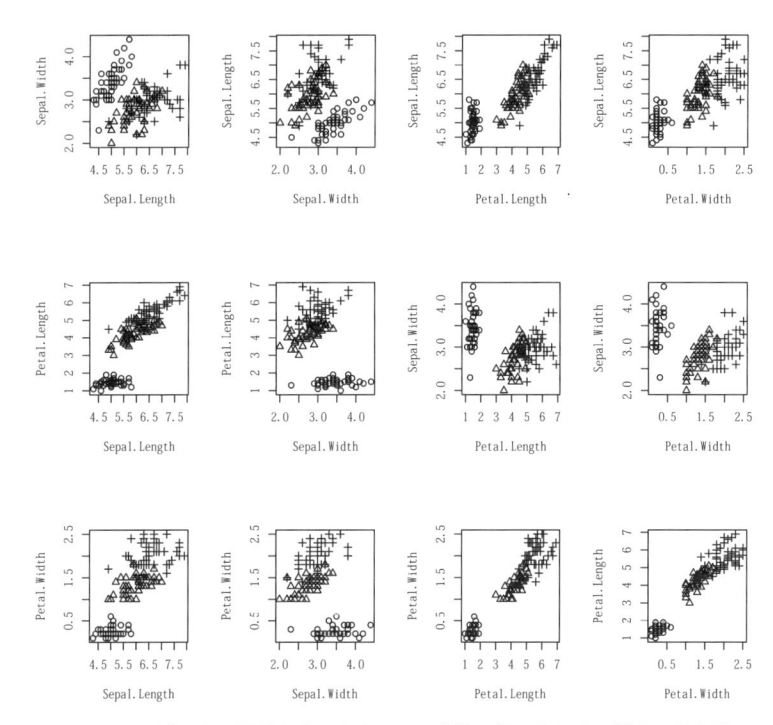

▶ 図 8.10 群ごとに記号を変えたすべての変数の組み合わせに対する散布図-2

たくさんの変数の相関係数を求める場合であっても，全体の相関係数行列はcor 関数を 1 回使うだけで計算できる．

Sepal.Width はほかの 3 変数と負の相関を持っていることがわかる．だとすれば，Sepal.Width が大きい個体では，Petal.Length は小さくなるのだろうか．図8.9 や図 8.10 をよく見ればそうではないことがわかる．

```
> cor(iris[1:4])              # 相関係数行列を求める
             Sepal.Length Sepal.Width Petal.Length Petal.Width
Sepal.Length    1.0000000  -0.1175698    0.8717538   0.8179411
Sepal.Width    -0.1175698   1.0000000   -0.4284401  -0.3661259
Petal.Length    0.8717538  -0.4284401    1.0000000   0.9628654
Petal.Width     0.8179411  -0.3661259    0.9628654   1.0000000
```

問題に答えるために，群ごとに相関係数を求めてみよう．

```
> by(iris[,1:4], iris[,5], cor)    # 群変数の水準ごとにcorを適用
iris[, 5]: setosa                  # setosa での相関係数行列
             Sepal.Length Sepal.Width Petal.Length Petal.Width
Sepal.Length    1.0000000   0.7425467    0.2671758   0.2780984
Sepal.Width     0.7425467   1.0000000    0.1777000   0.2327520
Petal.Length    0.2671758   0.1777000    1.0000000   0.3316300
Petal.Width     0.2780984   0.2327520    0.3316300   1.0000000
```

```
-----------------------------------------------
iris[, 5]: versicolor              # versicolorでの相関係数行列
             Sepal.Length Sepal.Width Petal.Length Petal.Width
Sepal.Length    1.0000000   0.5259107    0.7540490   0.5464611
Sepal.Width     0.5259107   1.0000000    0.5605221   0.6639987
Petal.Length    0.7540490   0.5605221    1.0000000   0.7866681
Petal.Width     0.5464611   0.6639987    0.7866681   1.0000000
-----------------------------------------------
iris[, 5]: virginica               # virginica での相関係数行列
             Sepal.Length Sepal.Width Petal.Length Petal.Width
Sepal.Length    1.0000000   0.4572278    0.8642247   0.2811077
Sepal.Width     0.4572278   1.0000000    0.4010446   0.5377280
Petal.Length    0.8642247   0.4010446    1.0000000   0.3221082
Petal.Width     0.2811077   0.5377280    0.3221082   1.0000000
```

群を考慮しない場合には Sepal.Width と Petal.Length の相関係数は $-0.428$ で負の相関を示している．しかし，3 つの群それぞれにおける Sepal.Width と Petal.Length の相関係数は 0.178, 0.561, 0.401 であり，いずれも正の相関を示している．このようなことがなぜ起きるかは，図 8.11 の散布図を見ればわかる．同じようなことが，Sepal.Width と Petal.Width, Sepal.Length と Sepal.Width の間にも起こっている．

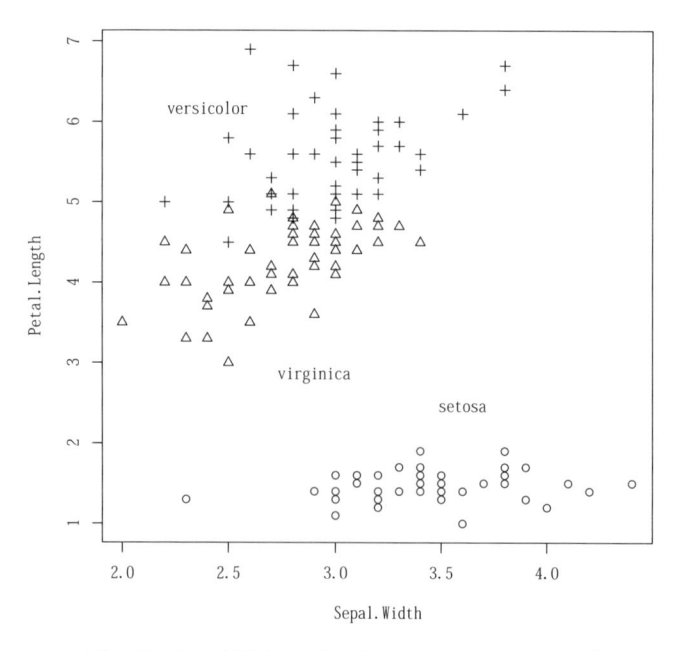

▶ 図 8.11 Sepal.Width と Petal.Length の Species 別の散布図

## 8.5 グループの判別

さて，iris データセットの解析例の最終目的として，3 つのグループを判別するにはどのようにすればよいかを考えてみよう。

iris データセットには各データがどの種のものであるかという情報があるので，実際には 3 群の判別分析をすればよい（191 ページに示したように lda で正準判別分析をする）。しかし，ここでは個々のデータがどの種に属するかわからないと仮定して分析してみよう。

まず，図 8.9 や図 8.10 のような全変数分の二変数ごとの散布図を眺める代わりに，少数個の合成変数で全体のデータの分布状況を把握するために主成分分析を行い，主成分得点を散布図に描くことを考えてみよう。

iris データセットの最初の 4 変数に対して主成分分析を適用する（199 ページの prcomp3）。

```
> ans <- prcomp3(iris[1:4])
    ⋮
> ans$eigenvalues
[1] 2.91849782 0.91403047 0.14675688 0.02071484
```

第 1 主成分と第 2 主成分に対応する固有値は 2.918 と 0.914 であり，それらを合わせると全情報の 96% を説明することがわかる。

そこで，第 1 主成分得点と第 2 主成分得点のみを用いて Species ごとに記号を変えた散布図を描画すれば，全変数を使った散布図とほとんど同じ情報を持つといえる。その散布図が図 8.12 である。図 6.18（193 ページ）や図 8.11 とよく似ていることがわかる。

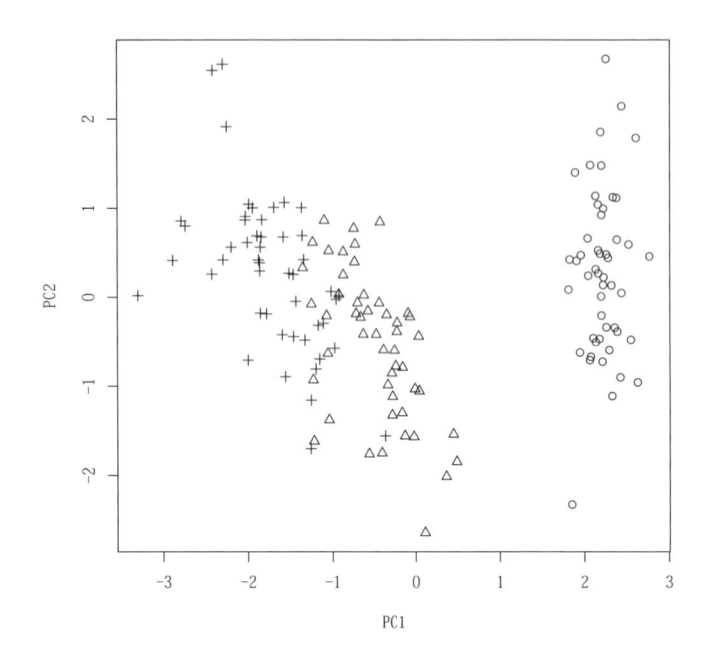

▶ 図 8.12　第 1，第 2 主成分得点の Species 別の散布図

次に，第 1 主成分得点と第 2 主成分得点だけを用いて，k-means 法によるクラスター分析をしてみよう。

クラスターが 3 個であるとして分析してみると，以下のように versicolor と verginica の判別がよくない。やはり餅は餅屋というように，正準判別分析を行うほうがよい。

```
> ans2 <- kmeans(ans$x[,1:2], 3, nstart=100)
> xtabs(~iris[,5]+ans2$cluster)
             ans2$cluster
iris[, 5]      1  2  3
  setosa      50  0  0
  versicolor   0 39 11
  virginica    0 14 36
```

試みにクラスター数を 4，5 と順に変えて分析を続けてみると，クラスター数を 7 と仮定した分析では判別結果がよくなる。少しの違いに基づいてより細かく分けようというのであるから，当然の結果ではある。以下のようにして分類結果図 (図 8.13) を描くことにより，例えば setosa は縦軸方向にかなり広い範囲に散らばっているが，これが 3 つのサブグループに分かれるということになれば，そのサブグループを特徴付けるデータの有無を検討するきっかけになるであろう。

## 8.5 グループの判別

```
> ans7 <- kmeans(ans$x[,1:2], 7, nstart=100)
> print(sum(ans7$withinss))
[1] 47.3823
> xtabs(~iris[,5]+ans7$cluster)
           ans7$cluster
iris[, 5]    1  2  3  4  5  6  7
  setosa     0  0 12  0 17 21  0
  versicolor 26 20  0  4  0  0  0
  virginica  8  1  0 14  0  0 27
```

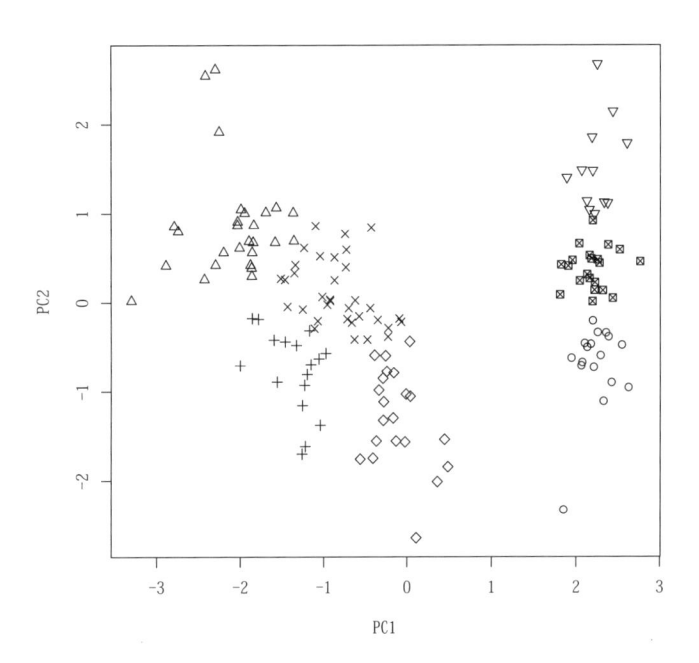

▶ 図 8.13　第 1, 第 2 主成分得点を用いた k-means 法によるクラスター分析の結果

付録 A

# Rの概要

付録としてRの基本的な使用法について簡単にまとめる。関連図書もたくさん刊行されているので、より詳しくはそれらを参考にしていただきたい。

本書の実行例で、行頭にある「>」はプロンプトを示す。それに続く太字がキーボードからコンソールへの入力である。入力が複数行にわたる場合、2行目以降には行頭に「+」が表示される。

「#」から行末までは注釈であり、何が書かれていてもRは無視する。本書では、この注釈を使い、実行例に対する簡単な補足を行っている。

各行の入力の最後には [return] キーを押す。入力に対する結果があれば、次の行以降に表示される。結果の行頭に出力される「[1]」などは、結果の一部ではなく、その次に表示されるものが結果の何番目の要素であるかを示している。

## A.1 データの種類

Rで使えるデータの主な種類は、スカラー、ベクトル、行列、データフレーム、リストである[*1]。

データの内容としては、数値データ、factor データ（カテゴリーデータ）、文字データなどがある。

### A.1.1 スカラー

スカラーは1個のデータである。

```
> 1                     # スカラー（数値データ）
[1] 1
> "Japan"               # スカラー（文字データ）
[1] "Japan"
```

スカラーを含め、本節で示すようなデータは、変数（オブジェクト）に付値（代入）して後から呼び出して使うことができる。変数名は、英字で始まり、英数字およびピリオドで構成される。以下の例では、x, foo.bar3 などが変数名である。変数名の直後の「<-」は付値を意味し、それに続くものを直前の変数に代入することを表す。

---

[*1] Rでは、スカラーは長さ1のベクトル、行列は次元属性を持つベクトルとして扱われる。

変数への付値によって表示される結果は何もない。付値した後に，付値された変数を入力すれば，結果が表示される。付値すると同時に付値された結果を表示したい場合は，式の前後を「( )」（丸括弧）でくくるとよい。

```
> (foo.bar3 <- 5.234)       # 括弧でくくると，付値された結果が表示される
[1] 5.234
> x <- 6
> x                         # 付値された数値を引用できる
[1] 6
> x+foo.bar3                # 付値された数値を使って計算する
[1] 11.234
```

## A.1.2　ベクトル

ベクトルは複数個の同種のデータの集まりである。ベクトルは c 関数を用いて作る。

```
> c(1, 4, 8, 21)            # 4つの要素を持つベクトル
[1]  1  4  8 21
```

連続する整数の範囲の始まりと終わりを「:」でつなげることで，連続する整数からなるベクトルが指定できる。

```
> 11:15                     # 5つの要素を持つベクトル
[1] 11 12 13 14 15
```

必ずしも連続するわけではない等差数列のようなベクトルは，seq 関数を用いて作ることができる。最初の 2 つの引数は，数列の最初と最後の数値である。by 引数によって公差を指定するか，length.out 引数によって数列の長さを指定するという 2 通りの使用法がある。

```
> seq(3.5, 5.9, by=0.1)      # 3.5〜5.9まで0.1刻みのベクトル
 [1] 3.5 3.6 3.7 3.8 3.9 4.0 4.1 4.2 4.3 4.4 4.5 4.6 4.7 4.8 4.9 5.0
[17] 5.1 5.2 5.3 5.4 5.5 5.6 5.7 5.8 5.9
> seq(3.5, 5.9, length.out=5) # 3.5〜5.9の範囲で要素数が5のベクトル
[1] 3.5 4.1 4.7 5.3 5.9
```

ベクトルの要素を参照するときは，以下のように，「[ ]」内に何番目の要素であるかを表す添え字（数値）を指定する。

```
> x <- c(2, 4, 6, 1, 8)     # 5つの要素を持つベクトル
> x[3]                      # xの3番目の要素
[1] 6
```

添え字は，定数だけでなく，変数や式を使っても指定できる。ベクトルの要素の指定法には，このほかにも A.2 節に示すような様々な参照方法がある。

## A.1.3 行列

行列は同じ種類のデータを行方向と列方向に並べたものである。行列は matrix 関数で作ることができる。

R の行列は，C や Java の行列と異なり，列優先で値が割り当てられる。1 から 6 の要素を 2 行 3 列の行列にすると，以下のように割り振られる。

```
> matrix(1:6, nrow=2, ncol=3)   # デフォルトの2×3行列
     [,1] [,2] [,3]
[1,]    1    3    5
[2,]    2    4    6
```

C や Java のように行優先で割り振るには，以下のように byrow=TRUE を指定すればよい。

```
> matrix(1:6, nrow=2, ncol=3, byrow=TRUE)  # 行優先の2×3行列
     [,1] [,2] [,3]
[1,]    1    2    3
[2,]    4    5    6
```

行列は，行ベクトルまたは列ベクトルをそれぞれ rbind 関数，cbind 関数で束ねることによっても作成できる。

```
> r1 <- c(1, 2, 3)            # r1 <- 1:3 と同じこと
> r2 <- c(4, 5, 6)            # r2 <- 4:6 と同じこと
> rbind(r1, r2)               # 2つのベクトルを行ベクトルに束ねる
   [,1] [,2] [,3]
r1    1    2    3
r2    4    5    6
> c1 <- c(1, 4)
> c2 <- c(2, 5)
> c3 <- c(3, 6)
> cbind(c1, c2, c3)           # 3つのベクトルを列ベクトルに束ねる
     c1 c2 c3
[1,]  1  2  3
[2,]  4  5  6
```

行列の要素は，以下のように参照する。

```
> m <- matrix(1:6, nrow=2, ncol=3)
> m                           # オブジェクト名では全体が参照される
     [,1] [,2] [,3]
[1,]    1    3    5
[2,]    2    4    6
> m[2, 3]                     # [行番号，列番号] の形式で参照
[1] 6                         # 結果はスカラー
> m[2,]                       # [行番号 ,] の形式で行全体を参照
[1] 2 4 6                     # 結果はベクトル
> m[,3]                       # [ ,列番号] の形式で列全体を参照
[1] 5 6                       # 結果はベクトル
```

行列の要素の指定法には，このほかにも A.2 節に示すような様々な参照方法がある。

## A.1.4 データフレーム

Rで最もよく使うデータはデータフレームであろう。データフレームの列は変数を表し，名前が付けられる。

```
> data.frame(x=c(1, 4, 8, 21), y=c(3, 2, 1, 5))
   x y
1  1 3
2  4 2
3  8 1
4 21 5
```

行列は，行列の全部の要素が同じデータ型であるが（例えば数値データ行列），データフレームは列が違えば別のデータ型をとることができる。列のなかでは同じデータ型の値しかとれない。これは，統計データにおいては当たり前の性質だといえる。以下の例では，変数 x は数値データであるが，z に付値されている性別は factor データ（カテゴリーデータ）になっている。

```
> data.frame(x=c(1, 4, 8, 21),
+            z=c("male", "female", "male", "U.K."))
   x      z
1  1   male
2  4 female
3  8   male
4 21   U.K.
```

データフレームは上の例のようにベクトルから作ることもあるが，データファイルから read.table 関数で読み込むことによって作るのが普通である。

```
> df <- read.table("idol.dat", header=TRUE)  # ファイルからデータを読む
> head(df)                                   # 先頭部分を表示するhead関数
  Height Weight BloodType
1    159     45         B
2    160     45         A
3    167     NA         B
4    160     45         O
5    155     45         O
6    162     43         O
```

場合によっては，data.frame 関数によって，行列からデータフレームに変換することもある。

```
> m <- matrix(1:6, nrow=2, ncol=3)
> m                              # 2×3行列
     [,1] [,2] [,3]
[1,]    1    3    5
[2,]    2    4    6
> df <- data.frame(m)            # データフレームに変換する
> df                             # 3変数からなるデータフレーム
  X1 X2 X3
1  1  3  5
2  2  4  6
```

A.1 データの種類　283

　逆に，データフレームを行列に変換する data.matrix 関数もある。
　データフレームが複数のデータ型を含む場合には注意が必要である。以下の例において，データフレーム df2 の 1 列目は文字列のように見えるが，factor を表す。これを行列に変換すると，m2 の 1 列目は数値データになる。

```
> df2 <- data.frame(a=c("foo", "bar", "baz"),
+                   b=c(3.2, 5.3, 6.5))
> df2                          # 2変数からなるデータフレーム
    a   b                      # 1列目はfactor
1 foo 3.2
2 bar 5.3
3 baz 6.5
> m2 <- data.matrix(df2)       # 行列に変換する
> m2                           # 1列目は数値データになる
  a   b
1 3 3.2
2 1 5.3
3 2 6.5
```

　データフレームの要素は，行列の場合の要素の参照法に加えて，A.2 節に示すようなデータフレーム特有の方法でも参照できる。

## A.1.5　リスト

　リストは，いくつかのデータのまとまりを名前を付けて記憶しているデータ型である。R の関数が結果として返すオブジェクトの表現形として使われることが多い。リストは list 関数によって作られる。リストの各要素は変数名$要素名として参照する。

```
> l <- list(a=c(1, 4, 8, 21), b=c("red", "blue", "green"), c=1.3)
> l                            # リスト全体の表示
$a                             # aという名前の要素
[1]  1  4  8 21                # 内容は数値ベクトル

$b                             # bという名前の要素
[1] "red"   "blue"   "green"   # 内容は文字列ベクトル

$c                             # cという名前の要素
[1] 1.3                        # 内容はスカラー

> l$a                          # リストの要素の参照
[1]  1  4  8 21
> l$b[2]                       # リストの要素のベクトルの要素
[1] "blue"
```

　リストがどのような名前の要素を持つかは names 関数で調べる。さらにどのような要素であるかの情報（内部構造）は str 関数で調べることができる。

```
> names(l)                     # どのような名前の要素を持つか
[1] "a" "b" "c"                # a, b, cという名前の3つの要素を持つ
```

```
> str(l)                          # リストの内部構造を調べる
List of 3                         # 3つの要素を持つ
 $ a: num [1:4] 1 4 8 21           # 数値ベクトル
 $ b: chr [1:3] "red" "blue" "green"  # 文字列ベクトル
 $ c: num 1.3                      # 数値（スカラー）
```

## A.2 ベクトルや行列やデータフレームの要素の指定法

ベクトルも行列も，その要素を指定するには（A.1）のように添え字を使う。添え字は整数定数だけでなく，式を計算した結果が整数になるようなものでもよい（計算結果が整数でない実数になる場合は，整数部分が添え字として使われる）。

| | | |
|---|---|---|
| ベクトル： | 変数名 [順番を表す添え字式] | |
| 行列： | 変数名 [行の添え字式, 列の添え字式] | (A.1) |
| データフレーム： | 変数名 [行の添え字式, 列の添え字式] | |

Rの特徴として，負の値を持つ添え字は「該当する要素を除いた残りの要素全部」を意味する。また，要素数が同じ論理ベクトルが添え字として使われた場合には，論理ベクトルの要素が真（TRUE）に対応する要素が選択される。

### A.2.1 ベクトルの要素の指定例

以下にベクトルの要素を指定する様々な方法の例を示す。

```
> x <- c(3, 2, 5, 4, 1)
> x                              # ベクトル全体
[1] 3 2 5 4 1
> x[2]                           # 2番目の要素
[1] 2
> x[3:5]                         # 3～5番目の要素
[1] 5 4 1
> x[-c(1, 3, 5)]                 # 1, 3, 5番目を除いた残りの要素
[1] 2 4
> x[c(2, 4)]                     # 2, 4番目の要素
[1] 2 4
> x[-1]                          # 1番目を除いた残りの要素
[1] 2 5 4 1
> x[c(TRUE, FALSE, FALSE, TRUE, TRUE)]
[1] 3 4 1
> x[x > 3]                       # 3より大きい要素
[1] 5 4
> x > 3                          # 上の例を説明するために
[1] FALSE FALSE  TRUE  TRUE FALSE
```

## A.2.2 行列,データフレームの要素の指定例

行列とデータフレームの要素は,2個の添え字(行の添え字と列の添え字)を使って指定する。それぞれの添え字の指定方法は,前述のベクトルの要素の指定方法と同じである。

```
> z <- matrix(1:24, 4, 6)
> z                             # 行列全体
     [,1] [,2] [,3] [,4] [,5] [,6]
[1,]    1    5    9   13   17   21
[2,]    2    6   10   14   18   22
[3,]    3    7   11   15   19   23
[4,]    4    8   12   16   20   24
> z[2, 4]                       # 2行4列目の要素
[1] 14
> z[3,]                         # 3行目(ベクトルになる)
[1]  3  7 11 15 19 23
> z[3, , drop=FALSE]            # 1行6列の行列
     [,1] [,2] [,3] [,4] [,5] [,6]
[1,]    3    7   11   15   19   23
> z[1:3,]                       # 1~3行
     [,1] [,2] [,3] [,4] [,5] [,6]
[1,]    1    5    9   13   17   21
[2,]    2    6   10   14   18   22
[3,]    3    7   11   15   19   23
> z[-4,]                        # 4行を除く残り
     [,1] [,2] [,3] [,4] [,5] [,6]
[1,]    1    5    9   13   17   21
[2,]    2    6   10   14   18   22
[3,]    3    7   11   15   19   23
> z[c(1, 3),]                   # 1行と3行
     [,1] [,2] [,3] [,4] [,5] [,6]
[1,]    1    5    9   13   17   21
[2,]    3    7   11   15   19   23
> z[,4]                         # 4列(ベクトルになる)
[1] 13 14 15 16
> z[, 4, drop=FALSE]            # 4行1列の行列
     [,1]
[1,]   13
[2,]   14
[3,]   15
[4,]   16
> z[,3:5]                       # 3~5列
     [,1] [,2] [,3]
[1,]    9   13   17
[2,]   10   14   18
[3,]   11   15   19
[4,]   12   16   20
> z[,-c(1, 2, 6)]               # 1, 2, 6列を除く残り
     [,1] [,2] [,3]
[1,]    9   13   17
[2,]   10   14   18
[3,]   11   15   19
[4,]   12   16   20
> z[1:2, 2:5]                   # 1, 2行と2~5列
     [,1] [,2] [,3] [,4]
[1,]    5    9   13   17
[2,]    6   10   14   18
> z[2, -5]                      # 2行で5列を除いたもの
[1]  2  6 10 14 22
```

```
> z[2, -5, drop=FALSE]            # 2行で5列を除いたもの
     [,1] [,2] [,3] [,4] [,5]     # drop=FALSEに意味がある
[1,]    2    6   10   14   22
> z[-c(3, 4), -5]                 # 3, 4行と5列を除いた残り
     [,1] [,2] [,3] [,4] [,5]
[1,]    1    5    9   13   21
[2,]    2    6   10   14   22
```

### A.2.3 データフレームならではの要素の指定例

データフレームには，列が変数を表し，列に変数の名前が付いているという特徴がある．例えば，Rに用意されている iris という5列のデータフレームには，それぞれの列に"Sepal.Length", "Sepal.Width", "Petal.Length", "Petal.Width", "Species"という名前が付いている．データフレームの要素はこの名前を使っても指定できる．

```
> iris[,"Species"]                # カンマがあるとベクトル
 [1] setosa    setosa    setosa    setosa    setosa    setosa
 [7] setosa    setosa    setosa    setosa    setosa    setosa
  :
> iris["Sepal.Width"]             # カンマがないとデータフレーム
  Sepal.Width
1         3.5
2         3.0
3         3.2
4         3.1
5         3.6
  :
```

実はデータフレームは各列を要素とするリストなので，オブジェクト名$要素名として列を取り出せる．

```
> iris$Sepal.Width                # Sepal.Widthという名前の列（変数）
 [1] 3.5 3.0 3.2 3.1 3.6 3.9 3.4 3.4 2.9 3.1 3.7 3.4 3.0 3.0 4.0 4.4
[17] 3.9 3.5 3.8 3.8 3.4 3.7 3.6 3.3 3.4 3.0 3.4 3.5 3.4 3.2 3.1 3.4
  :
> iris[,2]                        # 2列目がSepal.Width（上と同じもの）
 [1] 3.5 3.0 3.2 3.1 3.6 3.9 3.4 3.4 2.9 3.1 3.7 3.4 3.0 3.0 4.0 4.4
[17] 3.9 3.5 3.8 3.8 3.4 3.7 3.6 3.3 3.4 3.0 3.4 3.5 3.4 3.2 3.1 3.4
  :
> iris[2]                         # iris[,2]と似ているが，これはデータフレーム
  Sepal.Width
1         3.5
2         3.0
3         3.2
4         3.1
5         3.6
  :
> class(iris[,2])                 # 確かにこれはベクトル
[1] "numeric"
> class(iris[2])                  # これはデータフレーム
[1] "data.frame"
```

## A.3 演算

数値間では四則演算をはじめとする通常の演算ができる．ベクトルや行列やデータフレームやリストも，その要素が数値のものは演算の対象になる．

スカラーとベクトル・行列・データフレーム・リストとの間の演算，ベクトルと行列・データフレーム・リストとの間の演算，行列と行列との間の演算，データフレームとデータフレームとの間の演算もある．

### A.3.1 四則演算など

```
> 4+5                       # 足し算
[1] 9
> 6-2                       # 引き算
[1] 4
> 5*3                       # 掛け算
[1] 15
> 5/3                       # 割り算
[1] 1.666667
> 5%/%3                     # 割り算の商の整数部分
[1] 1
> 5%%3                      # 割り算の余り
[1] 2
> 2^3                       # べき乗
[1] 8
> 27^(1/3)                  # べき乗（3乗根）
[1] 3
```

### A.3.2 関数

統計学でよく使われる数学関数は以下のような sqrt, exp, log であろう．

```
> sqrt(23.456)              # 平方根
[1] 4.843139
> exp(3.4567)               # 指数関数
[1] 31.71215
> log(exp(3.4567))          # 対数はデフォルトでは自然対数
[1] 3.4567
> log(100, base=10)         # 底を指定できる
[1] 2
> log10(100)                # 常用対数関数もある
[1] 2
> log(16, base=2)
[1] 4
> log2(16)                  # 底が2の対数関数
[1] 4
```

R は統計学のためのプログラムであるから，多くの統計学関数も含まれている．統計学関数とは何かという定義にもよるが，R には標準正規分布（norm），$\chi^2$ 分布（chisq），$t$ 分布（t），$F$ 分布（f）などがある．さらに，それらの密度，確率，分位点，乱数に関する関数群もあり，それぞれ関数名の先頭に d, p, q, r を付けた

ものが関数名になっている。

分布関数としては，そのほかにも，一様分布（*unif），指数分布（*exp），対数正規分布（*lnorm），二項分布（*binom），ポアソン分布（*pois）など，全部で22種類の分布関数が用意されている。特に，それぞれの分布に従う乱数が容易に発生できるので，シミュレーションも簡単に行うことができる。

```
> pnorm(1.96, lower.tail=FALSE)          # 標準正規分布の上側確率
[1] 0.02499790
> pchisq(3.8416, 1, lower.tail=FALSE)    # χ²分布の上側確率
[1] 0.04999579
> pt(1.96, 2500, lower.tail=FALSE)       # t分布の上側確率
[1] 0.02505336
> pf(1, 5, 20, lower.tail=FALSE)         # F分布の上側確率
[1] 0.4430252
> dnorm(0)                               # 標準正規分布でZ=0のときの高さf(Z)
[1] 0.3989423
> qnorm(0.05)                            # 標準正規分布で下側確率が5%のZ値
[1] -1.644854
> rnorm(100)                             # 標準正規乱数を100個生成する
  [1]  0.11764660 -0.94747461 -0.49055744 -0.25609219  1.84386201
  [6] -0.65194990  0.23538657  0.07796085 -0.96185663 -0.07130809
  ⋮
```

### A.3.3　2つのデータの間の演算

異なるデータ型を含まない限り，データフレームは行列と同じように扱えるので，以下では，ベクトルと行列についてのみ例示する。

● **スカラーとベクトル，行列，データフレーム間の演算**

スカラーとベクトル，行列，データフレーム間の演算は，ベクトル，行列，データフレームの各要素とスカラーの間で演算が行われる。また，スカラーデータを対象にするsqrtやlogなどの関数も各要素に対して適用される。

```
> (x <- c(2, 5, 9))
[1] 2 5 9
> x+4                                    # xの各要素に4を加える
[1]  6  9 13
> x-2                                    # xの各要素から4を引く
[1] 0 3 7
> x/3                                    # xの各要素を3で割る
[1] 0.6666667 1.6666667 3.0000000
> m <- matrix(c(2, 3, 5, 7, 4, 1), 2, 3)
> m                                      # 2×3行列
     [,1] [,2] [,3]
[1,]    2    5    4
[2,]    3    7    1
> 3*m                                    # mの各要素に3を掛ける
     [,1] [,2] [,3]
[1,]    6   15   12
[2,]    9   21    3
```

```
> m^2                               # mの各要素を二乗する
     [,1] [,2] [,3]
[1,]    4   25   16
[2,]    9   49    1
> sqrt(m)                           # mの各要素の平方根をとる
         [,1]     [,2] [,3]
[1,] 1.414214 2.236068    2
[2,] 1.732051 2.645751    1
```

- **ベクトルとベクトル，行列，データフレーム間の演算**

ベクトルとベクトルの演算もそれぞれ対応する要素間で演算が行われる．

```
> (x <- 1:4)
[1] 1 2 3 4
> (y <- c(2, 4, 1, 5))
[1] 2 4 1 5
> x+y                               # 各要素間の和
[1] 3 6 4 9
> x-y                               # 各要素間の差
[1] -1 -2  2 -1
> x*y                               # 各要素間の積
[1]  2  8  3 20
> x/y                               # 各要素間の商
[1] 0.5 0.5 3.0 0.8
> x^y                               # xの要素をyの要素のべき乗
[1]    1   16    3 1024
```

Rで特徴的なのは，要素数の異なるベクトルどうしの演算である．このときは，短いほうのベクトルは，先頭に戻って再利用される（リサイクルされる）．以下の例では，xは要素数6，yは要素数3なので，x[4]と足し算されるのはyの先頭に戻ってy[1]になる．さらにx[5]はy[2]，x[6]はy[3]と足されることになる．このように，長いほうのベクトルの要素数が短いほうのベクトルの要素数の倍数であれば問題なく処理が行われる．しかし，倍数になっていない場合には問題が生じる．以下の例ではzの要素数は4なので，xの長さに対してリサイクルしようとしても余ってしまう．通常このようなことは何らかの間違いである可能性が高いので，Rは警告メッセージを出す．

```
> (x <- 1:6)
[1] 1 2 3 4 5 6
> (y <- c(2, 3, 5))
[1] 2 3 5
> x+y
[1]  3  5  8  6  8 11
> z <- c(1, 3, 9, 10)
> x+z
[1]  2  5 12 14  6  9
Warning message:
In x + z :
  長いオブジェクトの長さが短いオブジェクトの長さの倍数になっていません
```

リサイクルにより，以下のように行ごとに一定の数を加減乗除するような場合に，ベクトルと行列の演算で便利な記述ができる．前述のようにRの行列は列優先なので，xとの演算の対象となるのはm[1, 1], m[2, 1], m[3, 1], m[1, 2], m[2, 2]の順である．m[1, 2]と演算を行うときにxは使い果たされているのでxの先頭に戻ってx[1]が使われ，m[2, 2]はx[2]と演算される．このようなことが繰り返され，結果としてmの1行目にはすべてx[1]が加えられ，2行目にはx[2]，3行目にはx[3]が加えられる．

```
> (m <- matrix(1:12, 3, 4))
     [,1] [,2] [,3] [,4]
[1,]    1    4    7   10
[2,]    2    5    8   11
[3,]    3    6    9   12
> x <- c(2, 4, 7)
> x+m
     [,1] [,2] [,3] [,4]
[1,]    3    6    9   12
[2,]    6    9   12   15
[3,]   10   13   16   19
```

先ほどの行列mにおいて，第1列に3，第2列に4，第3列に6，第4列に9を掛けたい場合（つまり列ごとに一定の数を加減乗除したい場合）にはどのようにしたらよいだろうか．

まず，行列を転置するt関数（A.4.1項）を使い，ベクトルと転置行列の間で演算を行ってから，結果をもう一度転置すればよい．

```
> (m <- matrix(1:12, 3, 4))
     [,1] [,2] [,3] [,4]
[1,]    1    4    7   10
[2,]    2    5    8   11
[3,]    3    6    9   12
> t(m)                              # 転置する
     [,1] [,2] [,3]
[1,]    1    2    3
[2,]    4    5    6
[3,]    7    8    9
[4,]   10   11   12
> y <- c(3, 4, 6, 9)
> y*t(m)                            # 中間結果
     [,1] [,2] [,3]
[1,]    3    6    9
[2,]   16   20   24
[3,]   42   48   54
[4,]   90   99  108
> t(y*t(m))                         # 結果をもう一度転置する
     [,1] [,2] [,3] [,4]
[1,]    3   16   42   90
[2,]    6   20   48   99
[3,]    9   24   54  108
```

● **行列と行列の間の演算**

サイズが同じ2つの行列の間での演算も，要素ごとに行われる．行列どうしの演算においては，行列のサイズが異なるときにはリサイクルされずエラーになる．

```
> (m <- matrix(1:12, nrow=3, ncol=4))
     [,1] [,2] [,3] [,4]
[1,]    1    4    7   10
[2,]    2    5    8   11
[3,]    3    6    9   12
> (n <- matrix(c(2, 1, 3, 2, 3, 4, 5, 1, 2, 3, 4, 5), nrow=3, ncol=4))
     [,1] [,2] [,3] [,4]
[1,]    2    2    5    3
[2,]    1    3    1    4
[3,]    3    4    2    5
> m*n                           # ともに3行4列の行列の要素ごとの演算
     [,1] [,2] [,3] [,4]
[1,]    2    8   35   30
[2,]    2   15    8   44
[3,]    9   24   18   60
```

# A.4 行列ならではの操作

A.3節のような行列の要素ごとの演算のほかに，行列特有の演算がある．

## A.4.1 転置行列

行と列を入れ替えたものは，元の行列の転置行列と呼ぶ．本書では行列 $A$ の転置行列を右肩にプライムを付けて $A'$ と表す．

```
> (m <- matrix(1:12, nrow=3, ncol=4))
     [,1] [,2] [,3] [,4]
[1,]    1    4    7   10
[2,]    2    5    8   11
[3,]    3    6    9   12
> t(m)                          # 転置する
     [,1] [,2] [,3]
[1,]    1    2    3
[2,]    4    5    6
[3,]    7    8    9
[4,]   10   11   12
```

## A.4.2 対角行列と単位行列

対角要素が0以外の値で，対角以外の要素が0である正方行列を，対角行列と呼ぶ．

対角要素が1の対角行列を単位行列 $I$ と呼ぶ．

Rではいずれも diag 関数で作ることができる．

```
> diag(c(2, 4, 8))             # 対角要素を指定すると対角行列ができる
     [,1] [,2] [,3]
[1,]    2    0    0
[2,]    0    4    0
[3,]    0    0    8
> diag(3)                      # サイズだけを指定すると単位行列ができる
     [,1] [,2] [,3]
[1,]    1    0    0
[2,]    0    1    0
[3,]    0    0    1
```

### A.4.3　三角行列

対角要素よりも下の要素が 0 である正方行列を上三角行列，対角要素よりも上の要素が 0 である正方行列を下三角行列と呼ぶ。

R では，それぞれ upper.tri, lower.tri 関数を使って作る。また，対角要素を含めるか含めないかを指定することができる。

```
> (x <- matrix(1:9, 3, 3))
     [,1] [,2] [,3]
[1,]    1    4    7
[2,]    2    5    8
[3,]    3    6    9
> x[upper.tri(x)] <- 0         # 上三角行列を0にする
> x
     [,1] [,2] [,3]
[1,]    1    0    0
[2,]    2    5    0
[3,]    3    6    9
> (y <- matrix(c(1, 2, 4, 3, 6, 5, 4, 6, 8), 3, 3))
     [,1] [,2] [,3]
[1,]    1    3    4
[2,]    2    6    6
[3,]    4    5    8
> y[lower.tri(y, diag=TRUE)] <- 0 # 対角を含み下三角行列を0にする
> y
     [,1] [,2] [,3]
[1,]    0    3    4
[2,]    0    0    6
[3,]    0    0    0
```

### A.4.4　行列式

正方行列の行列式を求める関数は det である。

正方行列の行列式が 0 であるときには「行列は特異である」という。行列式が 0 でないときには「行列は正則である」という。

```
> (w <- matrix(c(3, 2, 3, 4, 5, 4, 3, 1, 6), 3, 3))
     [,1] [,2] [,3]
[1,]    3    4    3
[2,]    2    5    1
[3,]    3    4    6
> det(w)
[1] 21
```

## A.4.5　行列積

$a \times b$ 行列と $b \times c$ 行列をこの順で掛けるときのみ，行列の積が定義できる．行列積は (A.2) のように定義され，結果は $a \times c$ 行列になる．R での演算記号は %*% である．

$$\boldsymbol{X}\,\boldsymbol{Y} = \begin{pmatrix} x_{11} & x_{12} & x_{13} \\ x_{21} & x_{22} & x_{23} \\ x_{31} & x_{32} & x_{33} \\ x_{41} & x_{42} & x_{43} \end{pmatrix} \times \begin{pmatrix} y_{11} & y_{12} \\ y_{21} & y_{22} \\ y_{31} & y_{32} \end{pmatrix} \tag{A.2}$$

$$= \begin{pmatrix} x_{11}\,y_{11} + x_{12}\,y_{21} + x_{13}\,y_{31} & x_{11}\,y_{12} + x_{12}\,y_{22} + x_{13}\,y_{32} \\ x_{21}\,y_{11} + x_{22}\,y_{21} + x_{23}\,y_{31} & x_{21}\,y_{12} + x_{22}\,y_{22} + x_{23}\,y_{32} \\ x_{31}\,y_{11} + x_{32}\,y_{21} + x_{33}\,y_{31} & x_{31}\,y_{12} + x_{32}\,y_{22} + x_{33}\,y_{32} \\ x_{41}\,y_{11} + x_{42}\,y_{21} + x_{43}\,y_{31} & x_{41}\,y_{12} + x_{42}\,y_{22} + x_{43}\,y_{32} \end{pmatrix}$$

```
> (A <- matrix(c(1, 3, 2, 3, 2, 1), 3, 2))
     [,1] [,2]
[1,]    1    3
[2,]    3    2
[3,]    2    1
> (B <- matrix(c(3, 2, 1, 4, 3, 2, 5, 7), 2, 4))
     [,1] [,2] [,3] [,4]
[1,]    3    1    3    5
[2,]    2    4    2    7
> A%*%B                          # 行列の積
     [,1] [,2] [,3] [,4]
[1,]    9   13    9   26
[2,]   13   11   13   29
[3,]    8    6    8   17
```

## A.4.6　逆行列

行列 $\boldsymbol{A}$ に行列 $\boldsymbol{B}$ を掛けた結果が単位行列になるとき，$\boldsymbol{B}$ を行列 $\boldsymbol{A}$ の逆行列 $\boldsymbol{B} = \boldsymbol{A}^{-1}$ という．特異行列に逆行列はない．

R で逆行列を求める関数は solve である．

```
> (w <- matrix(c(3, 2, 3, 4, 5, 4, 3, 1, 6), 3, 3))
     [,1] [,2] [,3]
[1,]    3    4    3
[2,]    2    5    1
[3,]    3    4    6

> (v <- solve(w))               # 逆行列を求める
            [,1]       [,2]       [,3]
[1,]  1.2380952 -0.5714286 -0.5238095
[2,] -0.4285714  0.4285714  0.1428571
[3,] -0.3333333  0.0000000  0.3333333

> w%*%v                         # 元の行列と逆行列の行列積は単位行列になる
             [,1] [,2]         [,3]
[1,] 1.000000e+00    0 2.220446e-16
[2,] 1.665335e-16    1 5.551115e-17
[3,] 0.000000e+00    0 1.000000e+00
```

## A.4.7 固有値と固有ベクトル

行列 $A$ を実対称行列，列ベクトルを $x$, $\lambda$ を定数値とする。

$$A x = \lambda I x$$

の関係が成り立つとき，$\lambda$ を固有値，$x$ をその固有値に対応する固有ベクトルと呼ぶ。

R では固有値と固有ベクトルを eigen 関数で求めることができる。eigen 関数は，固有値（要素名 values）と固有ベクトル（要素名 vectors）の 2 つの要素からなるリストとして返す。固有ベクトルは，列ベクトルが個々の固有ベクトルであるような行列として返される。

```
> (w <- matrix(c(13, 4, 3, 4, 5, 1, 3, 1, 6), 3, 3))
     [,1] [,2] [,3]
[1,]   13    4    3
[2,]    4    5    1
[3,]    3    1    6
> a <- eigen(w)                # 固有値，固有ベクトルを求める
> str(a)                       # 結果の内部構造を見てみる
List of 2                      # 結果はリストで返される
 $ values : num [1:3] 15.68 5.00 3.32
 $ vectors: num [1:3, 1:3] 0.881 0.359 0.310 -0.236 ...
> a                            # 結果を表示する
$values                        # 固有値
[1] 15.684658  5.000000  3.315342

$vectors                       # 固有ベクトル（列ベクトル単位）
          [,1]       [,2]       [,3]
[1,] 0.8805633 -0.2357023  0.4111602
[2,] 0.3586504 -0.2357023 -0.9032244
[3,] 0.3098034  0.9428090 -0.1230161

> (w-a$values[2]*diag(3))%*%a$vectors[,2]
              [,1]
[1,] -8.881784e-16
[2,] -2.220446e-16
[3,]  2.664535e-15
```

## A.4.8 特異値分解

任意の $n \times m$ 行列 $A$ は，その階数を $r$ とすると，(A.3) のように分解できる。

$$\underset{n \times m}{A} = \underset{n \times r}{U} \; \underset{r \times r}{D} \; \underset{r \times m}{V'} \tag{A.3}$$

ここで $U$, $V$ は正規直交ベクトルを列ベクトルとする行列 ($U'U = V'V = I$) であり，$D$ は $\lambda_1, \lambda_2, \ldots, \lambda_r$ ($\lambda_1 \geqq \lambda_2 \geqq \cdots \geqq \lambda_r > 0$) を対角要素とする対角行列である。

(A.3) より, 以下のように表される。

$$A'A = (UDV')'(UDV') = VD^2V' \tag{A.4}$$
$$AA' = (UDV')(UDV')' = UD^2U' \tag{A.5}$$

(A.4) は行列 $A'A$, (A.5) は行列 $AA'$ のスペクトル分解（固有値，固有ベクトル分解）を表す。これにより，$\lambda_1^2, \lambda_2^2, \ldots, \lambda_r^2$ は $A'A$ と $AA'$ の共通の固有値を表し，$V$ の列ベクトルは $A'A$ の固有ベクトル，$U$ の列ベクトルは $AA'$ の固有ベクトルであることがわかる。

また，$U = (u_1, u_2, \ldots, u_r)$, $V = (v_1, v_2, \ldots, v_r)$ とすると，(A.6) のように表すこともできる。

$$A = \lambda_1 u_1 v_1' + \lambda_2 u_2 v_2' + \cdots + \lambda_r u_r v_r' \tag{A.6}$$

(A.3) は行列 $A$ の特異値分解，$\lambda_1 \geq \lambda_2 \geq \cdots \geq \lambda_r$ は特異値，$u_1, u_2, \ldots, u_r$ および $v_1, v_2, \ldots, v_r$ は，左特異ベクトルおよび右特異ベクトルと呼ばれる。

(A.6) において，$\lambda_{m+1}$ 以降の値が小さいときには，(A.7) のような近似式が成り立つ。

$$A_m = \lambda_1 u_1 v_1' + \lambda_2 u_2 v_2' + \cdots + \lambda_m u_m v_m' = U_m D_m V_m' \tag{A.7}$$

ここで，$U_m$, $V_m$ はそれぞれ $U$, $V$ のはじめの $m$ 列からなる行列，$D_m$ は $D$ の左上の $q \times q$ 行列とする。

R で特異値分解を行う関数は svd である。

```
> A <- matrix(c(36, 64, 59, 18, 72,
+               57, 28, 54, 29, 82,
+               46, 48, 39, 30, 88), nrow=5, ncol=3)
> A
     [,1] [,2] [,3]
[1,]   36   57   46
[2,]   64   28   48
[3,]   59   54   39
[4,]   18   29   30
[5,]   72   82   88
> ans <- svd(A)                          # 特異値分解
> (U <- ans$u)
           [,1]       [,2]       [,3]
[1,] -0.3910170 -0.4478403 -0.1883293
[2,] -0.3931531  0.7978237  0.2830433
[3,] -0.4266747  0.1922097 -0.8261713
[4,] -0.2168148 -0.2605565  0.2170691
[5,] -0.6807910 -0.2410023  0.3933707
> (V <- ans$v)
           [,1]       [,2]       [,3]
[1,] -0.5713251  0.7636848 -0.3006212
[2,] -0.5767658 -0.6341864 -0.5149261
[3,] -0.5838911 -0.1208021  0.8027939
```

```
> (D <- diag(ans$d))
          [,1]     [,2]     [,3]
[1,] 205.3679  0.00000  0.00000
[2,]   0.0000 31.73647  0.00000
[3,]   0.0000  0.00000 17.22851
> t(U) %*% U                                    # U' U = I
                [,1]          [,2]          [,3]
[1,] 1.000000e+00  1.387779e-16  1.110223e-16
[2,] 1.387779e-16  1.000000e+00 -6.938894e-17
[3,] 1.110223e-16 -6.938894e-17  1.000000e+00
> t(V) %*% V                                    # V' V = I
                 [,1]          [,2]          [,3]
[1,]  1.000000e+00  5.551115e-17 -5.551115e-17
[2,]  5.551115e-17  1.000000e+00 -9.714451e-17
[3,] -5.551115e-17 -9.714451e-17  1.000000e+00
> t(A) %*% A                                    # (A.3)の確認
      [,1]  [,2]  [,3]
[1,] 14381 13456 13905
[2,] 13456 14514 14158
[3,] 13905 14158 14585
> t(U%*%D%*%t(V))%*%(U%*%D%*%t(V))
      [,1]  [,2]  [,3]
[1,] 14381 13456 13905
[2,] 13456 14514 14158
[3,] 13905 14158 14585
> V %*% D^2 %*% t(V)
      [,1]  [,2]  [,3]
[1,] 14381 13456 13905
[2,] 13456 14514 14158
[3,] 13905 14158 14585
> A%*%t(A)                                      # (A.4)の確認
      [,1]  [,2]  [,3] [,4]  [,5]
[1,]  6661  6108  6996 3681 11314
[2,]  6108  7184  7160 3404 11128
[3,]  6996  7160  7918 3798 12108
[4,]  3681  3404  3798 2065  6314
[5,] 11314 11128 12108 6314 19652
> (U%*%D%*%t(V))%*%t(U%*%D%*%t(V))
      [,1]  [,2]  [,3] [,4]  [,5]
[1,]  6661  6108  6996 3681 11314
[2,]  6108  7184  7160 3404 11128
[3,]  6996  7160  7918 3798 12108
[4,]  3681  3404  3798 2065  6314
[5,] 11314 11128 12108 6314 19652
> U%*%D^2%*%t(U)
      [,1]  [,2]  [,3] [,4]  [,5]
[1,]  6661  6108  6996 3681 11314
[2,]  6108  7184  7160 3404 11128
[3,]  6996  7160  7918 3798 12108
[4,]  3681  3404  3798 2065  6314
[5,] 11314 11128 12108 6314 19652
> U[,1:2]%*%D[1:2, 1:2]%*%t(V[,1:2])            # (A.6)を使って，2次元で近似
         [,1]     [,2]     [,3]
[1,] 35.02459 55.32925 48.60477
[2,] 65.46595 30.51099 44.08524
[3,] 54.72105 46.67070 50.42673
[4,] 19.12426 30.92571 26.99773
[5,] 74.03737 85.48975 82.55931
```

## A.5 apply 一族

行列，データフレームやリストなどの要素を対象にして一定の処理を行う関数群がある。繰り返し同じことを行うプログラムは for 文などを使って書くことができるが，R には apply, lapply, sapply, tapply, mapply があり，これらを使うほうがよい。また，tapply を使いやすくした by もある。これらは for 文を使って書くのと速度的にはあまり違わないことが多いが，簡潔にわかりやすく書くという点では優れている。

### A.5.1 apply 関数

apply 関数は（A.8）のようにして使う。

```
apply(行列，計算方向の指定，関数，関数の追加引数)                          (A.8)
```

apply 関数は，行列から行ベクトルまたは列ベクトルを順に取り出し，第 3 引数で指定された関数に順番に渡す。1 行ずつ取り出すときは計算方向の指定には 1，1 列ずつ取り出すときは 2 を指定する[*2]。第 4 引数以降には，第 3 引数の関数に渡す引数を指定する。

```
> (x <- matrix(1:12, 3, 4))      # 3×4行列
     [,1] [,2] [,3] [,4]
[1,]    1    4    7   10
[2,]    2    5    8   11
[3,]    3    6    9   12
> apply(x, 1, sum)               # 行ベクトルにsum関数
[1] 22 26 30                     # 結果は各行の和
> apply(x, 2, mean)              # 列ベクトルにmean関数
[1]  2  5  8 11                  # 結果は各列の平均値
```

行の平均や列の平均のように，繰り返し処理が必要な操作のなかでもよく使うものについては，以下のような特別な関数が用意されている。

```
> x <- matrix(1:12, 3, 4)
> apply(x, 1, mean)              # 行の平均
[1] 5.5 6.5 7.5
> rowMeans(x)                    # こちらがお勧め
[1] 5.5 6.5 7.5
> apply(x, 1, sum)               # 行和
[1] 22 26 30
> rowSums(x)                     # こちらがお勧め
[1] 22 26 30
```

---

[*2] 本書の範囲を越えるが，第 1 引数は一般的には配列，第 2 引数も一般的にはベクトルである。

```
> apply(x, 2, mean)           # 列の平均
[1]  2  5  8 11
> colMeans(x)                 # こちらがお勧め
[1]  2  5  8 11
> apply(x, 2, sum)            # 列和
[1]  6 15 24 33
> colSums(x)                  # こちらがお勧め
[1]  6 15 24 33
```

2つ以上の要素を持つベクトルを返す関数の場合は，返された結果は列になり，apply関数の結果は行列になる．

```
> x <- matrix(1:12, 3, 4)
> apply(x, 1, range) # 結果の第1列はmin(1,4,7,10)とmax(1,4,7,10)
     [,1] [,2] [,3]
[1,]    1    2    3
[2,]   10   11   12
> apply(x, 2, range) # 結果の第1列はmin(1, 2, 3)とmax(1, 2, 3)
     [,1] [,2] [,3] [,4]
[1,]    1    4    7   10
[2,]    3    6    9   12
```

第3引数に指定する関数はユーザ定義の関数でよい．事前に定義した関数でもよいし，apply関数のなかで名前を持たない関数（無名関数）として定義してもよい．関数記述の長さや行数にも制限はない．

```
> x <- matrix(1:12, 3, 4)
> apply(x, 1, mean)           # 基準とする使用法
[1] 5.5 6.5 7.5

> # 事前に定義したmy.meanを使う
> my.mean <- function(x) return(sum(x)/length(x))
> apply(x, 1, my.mean)
[1] 5.5 6.5 7.5

> # apply関数のなかで定義した無名関数を使う
> apply(x, 1, function(x) sum(x)/length(x))
[1] 5.5 6.5 7.5

> # apply関数のなかで定義する関数は長くてもよい
> apply(x, 1, function(x) {
+   s <- sum(x, na.rm=TRUE)
+   n <- sum(!is.na(x))
+   return(s/n)
+   })
[1] 5.5 6.5 7.5
```

## A.5.2 lapply関数とsapply関数

lapply関数とsapply関数は（A.9）のようにして使う．

```
lapply(リスト, 関数, 関数の追加引数)
sapply(リスト, 関数, 関数の追加引数)
```
(A.9)

第 1 引数（データフレームのことが多い）の要素ごとに第 2 引数の関数を作用させて結果を返す。

lapply の場合にはリストとして返すが，sapply の場合には可能な限りベクトルや行列として結果を返す（結果の形が違うだけで，内容は lapply と同じである）。

```
> df <- data.frame(x=1:5,      # データフレーム
+                  y=c(2, 3, 1, NA, 4))
> df
  x y
1 1 2
2 2 3
3 3 1
4 4 NA
5 5 4
```

1 個の数値を返す関数のとき，lapply では，データフレームの列ごとに関数を作用させた結果がリストで返される。

```
> lapply(df, mean, na.rm=TRUE)
$x                  # mean(1:5, na.rm=TRUE) の結果
[1] 3

$y                  # mean(c(2, 3, 1, NA, 4), na.rm=TRUE) の結果
[1] 2.5
```

sapply では，データフレームの列ごとに関数を作用させた結果がベクトルで返される。以下に述べる，2 個以上の結果を返す関数を使う場合を踏まえると，データフレームの列数を $m$ とすれば，実はベクトルが返されるのではなく 1 行 $m$ 列の行列が返されることがわかる。

```
> sapply(df, mean, na.rm=TRUE)
  x   y             # 第1要素はmean(1:5, na.rm=TRUE) の結果
3.0 2.5             # 第2要素はmean(c(2, 3, 1, NA, 4), na.rm=TRUE)の結果
```

2 個の数値を返す関数のとき，lapply では，データフレームの列ごとに関数を作用させた結果がリストで返される。

```
> lapply(df, range, na.rm=TRUE)
$x                  # 各要素が2個の数値を持つリストになる
[1] 1 5

$y
[1] 1 4
```

sapply では，データフレームの列ごとに関数を作用させた 2 個の結果が列になり，全体としては 2 行 $m$ 列の行列になる。

```
> sapply(df, range, na.rm=TRUE)
     x y                        # 1列に2個の数値を持つ行列になる
[1,] 1 1
[2,] 5 4
```

3個以上の結果を返す関数によって得られる結果は，2個の結果を返す関数の場合から容易に推定できる．以下に，無名関数を使う場合の例を示しておこう．

```
> lapply(df, function(x) return(x^2))
$x
[1]  1  4  9 16 25

$y
[1]  4  9  1 NA 16
> sapply(df, function(x) return(x^2))
      x  y
[1,]  1  4
[2,]  4  9
[3,]  9  1
[4,] 16 NA
[5,] 25 16
```

第1引数はリストだけでなくて，ベクトルや行列でもよい．

```
> sapply(1:4, sin)              # sin(1), sin(2), sin(3), sin(4)
[1]  0.8414710  0.9092974  0.1411200 -0.7568025
> sin(1:4)                      # 普通はこう書く
[1]  0.8414710  0.9092974  0.1411200 -0.7568025
> sapply(1:4, "^", 2)           # 関数は"^"べき乗，2はべき乗の引数
[1]  1  4  9 16
> (1:4)^2                       # 普通はこう書く（1:4^2 とは違う）
[1]  1  4  9 16
> ( x <- matrix(1:6, 2, 3) )    # 行列
     [,1] [,2] [,3]
[1,]    1    3    5
[2,]    2    4    6
> sapply(x, function(i) return(sum(1:i))) # 1からiまでの和を返す関数
[1]  1  3  6 10 15 21           # 要素ごとに関数に渡した結果
```

### A.5.3 tapply関数とby関数

tapply関数とby関数は，(A.10)のようにして使う．

```
tapply(ベクトル, インデックス, 関数, 関数の追加引数)
by(データフレーム, インデックス, 関数, 関数の追加引数)
```
(A.10)

tapplyの第1引数はベクトルである．第2引数はfactorまたはfactorにできるオブジェクトである．第2引数のとる値の種類別に第1引数を関数により処理する．

byの第1引数はデータフレームまたは行列である．第1引数の各列についてtapplyのときと同じように処理をする．

```
> x <- 1:6
> y <- c(2, 1, 2, 3, 5, 1)
> g <- c("a", "a", "b", "a", "b", "a")
> tapply(x, g, sum)
 a  b                              # 第1要素は1+2+4+6
13  8                              # 第2要素は3+5
> by(x, g, sum)
g: a                               # 1+2+4+6
[1] 13
-----------------------------------------------------
g: b                               # 3+5
[1] 8

> (df <- data.frame(x=x, y=y, g=g))
  x y g
1 1 2 a
2 2 1 a
3 3 2 b
4 4 3 a
5 5 5 b
6 6 1 a
> tapply(df[,1:2], g, colMeans)    # エラーになる
 以下にエラー tapply(df[, 1:2], g, colMeans) :
    引数は同じ長さでなければなりません
> by(df[,1:2], g, colMeans)        # 各変数ごとに結果が出る
g: a
   x    y
3.25 1.75
-----------------------------------------------------
g: b
  x   y
4.0 3.5
```

インデックスとする変数が複数個ある場合には (A.11) のようにそれらをリストにして使用する。

$$
\begin{array}{l}
\text{tapply(ベクトル, list(インデックス 1, ..., インデックス n),} \\
\quad \text{関数, 関数の追加引数)} \\
\text{by(データフレーム, list(インデックス 1, ..., インデックス n),} \\
\quad \text{関数, 関数の追加引数)}
\end{array}
\tag{A.11}
$$

iris データセットにおいて, Sepal.Width と Sepal.Length の2変数それぞれが中央値以下とそれ以外の2区分されているとき, それぞれの組み合わせの4グループごとに Petal.Width の平均値を求めてみよう。

```
> sw <- iris$Sepal.Width > median(iris$Sepal.Width)
> sw <- factor(sw, levels=c(FALSE, TRUE),
+              label=c("sw.Lo", "sw.Hi"))
> sl <- iris$Sepal.Length > median(iris$Sepal.Length)
> sl <- factor(sl, levels=c(FALSE, TRUE),
+              label=c("sl.Lo", "sl.Hi"))
> tapply(iris$Petal.Width, list(sw, sl), length)
      sl.Lo sl.Hi
sw.Lo    38    45
sw.Hi    42    25
```

```
> by(iris$Petal.Width, list(sw, sl), mean)
: sw.Lo
: sl.Lo
[1] 1.115789
------------------------------------------------
: sw.Hi
: sl.Lo
[1] 0.2547619
------------------------------------------------
: sw.Lo
: sl.Hi
[1] 1.704444
------------------------------------------------
: sw.Hi
: sl.Hi
[1] 2.004
```

### A.5.4 mapply関数

mapply関数は，sapply関数の多変量版である．使用法は (A.12) のようになる．

$$
\begin{array}{l}
\texttt{mapply(関数, 引数1, 引数2, ..., 引数n,}^{*3} \\
\qquad \texttt{MoreArgs=list(関数の追加引数))}
\end{array}
\tag{A.12}
$$

mapply関数を使わなくても書ける場合もあるが，mapply関数を使えばよりわかりやすく書ける場合がある．

```
> sapply(1:4, function(i) rep(i, 5-i))  # わかりにくい
[[1]]
[1] 1 1 1 1

[[2]]
[1] 2 2 2

[[3]]
[1] 3 3

[[4]]
[1] 4

> mapply(rep, 1:4, 4:1)                 # わかりやすい
[[1]]
[1] 1 1 1 1                             # rep(1, 4)

[[2]]
[1] 2 2 2                               # rep(2, 3)

[[3]]
[1] 3 3                                 # rep(3, 2)

[[4]]
[1] 4                                   # rep(4, 1)
```

---

[*3] 引数1, 引数2, ..., 引数nはリストまたはベクトル．

以下のような行列を作る際は，mapply が最も簡単であろう．

```
> month <- list(a=month.name[1:4], b=month.abb[1:4],
+               c=c("睦月", "如月", "弥生", "卯月"))
> number <- list(n1=c(19, 32, 15, 36),
+                n2=c(125, 156, 324, 654),
+                n3=c(236, 348, 213, 359))
> mapply(paste, month, number, sep="-")
     a              b           c
[1,] "January-19"   "Jan-125"   "睦月-236"
[2,] "February-32"  "Feb-156"   "如月-348"
[3,] "March-15"     "Mar-324"   "弥生-213"
[4,] "April-36"     "Apr-654"   "卯月-359"
```

## A.6 制御構文

ここでは，R でプログラムを書くときに必要な制御構文についてまとめておく．

### A.6.1 if, if-else, if-elseif-else

条件分岐には if 文を使う．(A.13) のような構文では，論理式が真の場合に式 1 が実行され，偽の場合には実行されない．式 1 は複数個あってもかまわない．式 1 が 1 つの場合には「{ }」で囲まなくてもよいが，囲むように習慣付けておくとよい．

```
if (論理式) {
    式 1                                                      (A.13)
}
```

```
> a <- c(5, 2)                # 小さいほうを求める
> minimum <- a[1]             # 仮に，a[1]が最小値とする
> if (a[2] < minimum) {       # もしminimum < a[2]ならば
+     minimum <- a[2]         # a[2]を最小値とする
+ }
> minimum                     # 結果はどちらか？
[1] 2
```

(A.14) のような構文では，論理式が真の場合に式 1 が実行され，偽の場合に式 2 が実行される．式 1，式 2 は複数個あってもかまわない．なお，コンソールに直接記述しているような場合には if の後の{に対応する}と else は同じ行に書かなければならない．つまり，} else {のようにしなければならない．

```
if (論理式) {
    式1
}
else {
    式2
}
```
(A.14)

```
> a <- 5                      # aを5にする
> if (a > 4) {                # もしa > 4ならば
+     x <- TRUE               # xをTRUEにする
+ } else {                    # さもなければ (a > 4でなければ)
+     x <- FALSE              # xをFALSEにする
+ }
> x                           # xを表示する
[1] TRUE
```

(A.14) は式の一部として使われることもある。

```
> a <- 5
> b <- if (a > 4) TRUE else FALSE # a > 4は真
> b
[1] TRUE
> a <- 1
> b <- if (a > 4) TRUE else FALSE # a > 4は偽
> b
[1] FALSE
```

(A.15) では，論理式1が真の場合に式1が実行され，論理式2が真の場合に式2が実行され，偽の場合に式3が実行される。式1，式2，式3は複数個あってもかまわない。else if (論理式i) は複数個あってもよい。最後の else { 式i } はなくてもよい。

```
if (論理式1) {
    式1
}
else if (論理式2) {
    式2
}
else {
    式3
}
```
(A.15)

点数（score）に応じて成績を表す文字を出力する例を以下に示す．

```
> score <- 65
> if (score >= 80) {
+     print("優")
+ } else if (score >= 70) {    # コンソールへ入力するときは
+     print("良")              #   }とelse ifを同じ行に書く
+ } else if (score >= 60) {
+     print("可")
+ } else {                     # コンソールへ入力するときは
+     print("不可")            #   }とelseを同じ行に書く
+ }
[1] "可"
```

### A.6.2 for

for 文は（A.16）のように使用する．変数が集合の個々の値をとりながら式が繰り返し実行される．式は複数個あってもよい．

```
for (変数 in 集合) {
    式
}
```
(A.16)

```
> a <- 0
> for (i in 1:10) {           # forループはi=1, i=2, ..., i=10で10回まわる
+     a <- a+i
+ }
> a                           # 結果は55になっている
[1] 55
```

### A.6.3 while

while 文は（A.17）のように使用する．条件式が真である間，式が繰り返し実行される．式は複数個あってもよい．論理式は式の部分でいつかは偽になるようにプログラムしなければならない．そのようにしておかないと，永久に繰り返されプログラムが終わらなくなってしまう．

```
while (条件式) {
    式
}
```
(A.17)

```
> a <- 0
> while (a < 30) {            # whileループはaが30より小さい間まわる
+     a <- a+1
+ }
> a                           # 結果は30になっている
[1] 30
```

## A.6.4 repeat

repeat 文は（A.18）のように使用する。式が繰り返し実行される。式 1 は複数個あってもよい。式 2 はなくてもよい。論理式を評価し，真になったら break で繰り返しを終えるようにプログラムする。

$$
\begin{aligned}
&\texttt{repeat \{} \\
&\quad \text{式 1} \\
&\quad \texttt{if (論理式) \{} \\
&\quad\quad \text{式 2} \\
&\quad\quad \texttt{break} \\
&\quad \texttt{\}} \\
&\texttt{\}}
\end{aligned} \tag{A.18}
$$

```
> a <- 0
> repeat{                   # repeatループは無限回まわるが
+     if (a == 30) {        # aが30になると，ループから抜ける
+         break
+     }
+     a <- a+1
+ }
> a                         # 結果は30になっている
[1] 30
```

## A.6.5 break と next

break と next は以下のように使用する。break は，for や while や repeat で作られるループ（実行の繰り返し）を中断する（抜け出す）ためのものである。if と組み合わせて利用する。

```
> a <- 0
> for (i in 1:5) {          # forループは5回まわるが
+     if (i == 3) {         # iが3になると，ループから抜ける
+         break
+     }
+     a <- a+1
+ }
> a                 # a <- a+1 は2回しか実行されないので，結果は2である
[1] 2
```

next は，for や while や repeat で作られるループ（実行の繰り返し）のその時点以降の繰り返し部分をパスし，次の繰り返しを開始するためのものである。if と組み合わせて利用する。

```
> a <- 0
> for (i in 1:5) {              # forループは5回まわるが
+     if (i == 3) {              # iが3のときは，a <- a+1は実行されず，
+         next                   # iを4にしてループ部分の実行を始める
+     }
+     a <- a+1
+ }
> a                             # a <- a+1 は4回しか実行されないので，結果は4になっている
[1] 4
```

## A.7 関数の作成

関数は（A.19）のような形式で作る。

```
関数名 <- function(引数1, 引数2, ..., 引数n) {
    関数の定義
}
```
(A.19)

数値ベクトルに格納されているデータを受け取って，平均値を計算して返す関数は，以下のような定義になるであろう[4]。

```
▶ 平均値を計算する関数の例
heikinchi <- function(x)
{
    result <- 0                 # 合計値を計算するための変数
    n <- length(x)              # データの個数を数える
    for (i in 1:n) {            # n個のデータに対し以下を繰り返す
        result <- result+x[i]   # i番目のデータを加える
    }
    return(result/n)            # 合計値をデータの個数で割った値を
}                               # 持って，呼び出したところへ帰る
```

このように定義された関数を heikinchi.R というファイルに保存する。heikinchi 関数を利用するためには，source 関数により R に読み込む。ファイルの文字コードと OS が仮定する文字コードが違う場合には，encoding 引数で文字コードを指定しなければならない。

heikinchi 関数は，様々なデータ（引数）を持って呼ばれる。

```
> source("heikinchi.R", encoding="euc-jp")  # 関数の定義を読み込む
> heikinchi(1:10)                           # 1〜10の整数値の平均値
[1] 5.5
> heikinchi(iris[,1])                       # irisデータの1列目の平均値
[1] 5.843333
> sapply(iris[1:4], heikinchi)              # irisデータの1〜4列の平均値
Sepal.Length  Sepal.Width Petal.Length  Petal.Width
    5.843333     3.057333     3.758000     1.199333
```

---

[4] ここでは for を使って書いたが，実際には関数の本体は return(sum(x)/length(x)) だけで十分である。

付録 B
# Rの参考図書など

## B.1 参考図書

1. 中澤 港：R による統計解析の基礎，ピアソンエデュケーション (2003/10)
2. 間瀬 茂：工学のためのデータサイエンス入門 — フリーな統計環境 R を用いたデータ解析，数理工学社 (2004/04)
3. 岡田 昌史：The R Book — データ解析環境 R の活用事例集，九天社 (2004/05)
4. 舟尾 暢男：The R Tips — データ解析環境 R の基本技・グラフィックス活用集，九天社 (2005/02)
5. 牧 厚志他：経済・経営のための統計学，有斐閣 (2005/03)
6. 荒木 孝治：フリーソフトウェア R による統計的品質管理入門，日科技連出版社 (2005/06)
7. 渡辺 利夫：フレッシュマンから大学院生までのデータ解析・R 言語，ナカニシヤ出版 (2005/09)
8. 竹内 俊彦：はじめての S–PLUS/R 言語プログラミング — 例題で学ぶ S–PLUS/R 言語の基本，オーム社 (2005/11)
9. 舟尾 暢男：データ解析環境「R」— 定番フリーソフトの基本操作からグラフィックス、統計解析まで，工学社 (2005/12)
10. 垂水 共之, 飯塚 誠也：R/S–PLUS による統計解析入門，共立出版 (2006/04)
11. 赤間 世紀, 山口 喜博：R による統計入門，技報堂出版 (2006/09)
12. U. リゲス著, 石田 基広訳：R の基礎とプログラミング技法，シュプリンガー・ジャパン (2006/10)
13. Peter Dalgaard 著, 岡田 昌史監訳：R による医療統計学，丸善 (2007/01)
14. 熊谷 悦生, 舟尾 暢男：R で学ぶデータマイニング I — データ解析編，オーム社 (2008/11)
 (R で学ぶデータマイニング — I データ解析の視点から，九天社 (2007/05))
15. B. エヴェリット著, 石田 基広他訳：R と S–PLUS による多変量解析，シュプリンガー・ジャパン (2007/06)
16. 荒川 和晴他訳：R と Bioconductor を用いたバイオインフォマティクス，シュプリンガー・ジャパン (2007/07)

17. 舟尾 暢男：R Commander ハンドブック，オーム社 (2008/11)
    (R Commander ハンドブック — A Basic–Statistics GUI for R，九天社 (2007/08))
18. 樋口 千洋，石井 一夫：統計解析環境 R によるバイオインフォマティクスデータ解析 — Bioconductor を用いたゲノムスケールのデータマイニング，共立出版 (2007/09)
19. 熊谷 悦生，舟尾 暢男：R で学ぶデータマイニング II — シミュレーション編，オーム社 (2008/11)
    (R で学ぶデータマイニング — II シミュレーションの視点から，九天社 (2007/10))
20. 金 明哲：R によるデータサイエンス — データ解析の基礎から最新手法まで，森北出版 (2007/10)
21. 荒木 孝治：R と R コマンダーで始める多変量解析，日科技連出版社 (2007/10)
22. 間瀬 茂：R プログラミングマニュアル，数理工学社 (2007/11)
23. 新納 浩幸：R で学ぶクラスタ解析，オーム社 (2007/11)
24. 中澤 港：R による保健医療データ解析演習 — An R Workbook for Health and Medical Data Analysis，ピアソンエデュケーション (2007/12)
25. 長畑 秀和，大橋 和正：R で学ぶ経営工学の手法，共立出版 (2008/01)
26. 山田 剛史，杉澤 武俊，村井 潤一郎：R によるやさしい統計学，オーム社 (2008/01)
27. Michael J. Crawley 著，野間口 謙太郎，菊池 泰樹訳：統計学：R を用いた入門書，共立出版 (2008/05)
28. 高階 知巳：プログラミング R — 基礎からグラフィックスまで，オーム社 (2008/11)
    (R プログラミング&グラフィックス，九天社 (2008/04))
29. 朝野 熙彦：R によるマーケティング・シミュレーション，同友館 (2008/04)
30. 田中 孝文：R による時系列分析入門，シーエーピー出版 (2008/06)
31. 古谷 知之：ベイズ統計データ分析 — R & WinBUGS，朝倉書店 (2008/09)
32. P. スペクター著，石田 基広，石田 和枝訳：R データ自由自在，シュプリンガー・ジャパン (2008/10)
33. 石田 基広：R によるテキストマイニング入門，森北出版 (2008/12)
34. 秋山 裕：R による計量経済学，オーム社 (2008/12)
35. 豊田 秀樹：データマイニング入門 — R で学ぶ最新データ解析，東京図書 (2008/12)
36. 神田 範明 監修，石川 朋雄，小久保 雄介，池畑 政志：商品企画のための統計分析 — R によるヒット商品開発手法，オーム社 (2009/03)

## B.2 Webサイト

1. 青木繁伸：Rによる統計処理
   http://aoki2.si.gunma-u.ac.jp/R/index.html
2. 石田 基広：RとLinuxと…
   http://rmecab.jp/wiki/index.php
3. 岡田 昌史：RjpWiki
   http://www.okada.jp.org/RWiki/index.php
4. 奥村 泰之：無料統計ソフトRで心理学 — Passepied —
   http://blue.zero.jp/yokumura/R.html
5. 加藤 悦史：Rを利用する
   http://hosho.ees.hokudai.ac.jp/%7ekato/unix/R.html
6. 金 明哲：R言語とWEKAなど
   http://www1.doshisha.ac.jp/%7emjin/R/index.html
7. 久保 拓弥：生態学のデータ解析 — 統計学授業
   http://hosho.ees.hokudai.ac.jp/%7ekubo/ce/EesLecture.html
8. 里村 卓也：R de Marketing Science
   https://sites.google.com/site/rdemarketingscience/
9. 下平 英寿：データ解析
   http://www.is.titech.ac.jp/%7eshimo/class/data2007/index.html
10. 竹内 昌平：R on Windows
    http://plaza.umin.ac.jp/%7etakeshou/R/
11. 竹澤 邦夫：〈R〉によるノンパラメトリック回帰
    http://cse.niaes.affrc.go.jp/minaka/R/R-NonparaRegression.pdf
12. 立川 察理：R言語による医学統計
    http://akimichi.homeunix.net/%7emile/aki/html/medical/Stat/
13. 田畑 智司：統計解析言語Rで多変量解析を行う
    http://www.lang.osaka-u.ac.jp/%7etabata/JAECS2004/multi.html
14. 中澤 港：統計処理ソフトウェアRについてのTips
    http://minato.sip21c.org/swtips/R.html
15. 舟尾 暢男：続・わしの頁
    http://cwoweb2.bai.ne.jp/%7ejgb11101/
16. 間瀬 茂：オープンソース統計解析システムRについて
    http://www.is.titech.ac.jp/%7emase/R.html

17. 松井 孝雄：言語 R による分散分析
    http://mat.isc.chubu.ac.jp/R/tech.html
18. 三中 信宏：租界 R の門前にて — 統計言語「R」との極私的格闘記録
    http://cse.niaes.affrc.go.jp/minaka/R/R-top.html
19. 森 厚：R の日本語文章
    http://buran.u-gakugei.ac.jp/%7emori/LEARN/R
20. 山本 義郎：R — 統計解析とグラフィックスの環境
    http://stat.sm.u-tokai.ac.jp/%7eyama/R/
21. 和田 康彦：統計パッケージ R
    http://genome.ag.saga-u.ac.jp/R/
22. メディアラボ株式会社：Linux で科学しよう！ — R
    http://www.mlb.co.jp/linux/science/R/

# 関数一覧

## 記号

| | |
|---|---|
| ? | 8 |
| *binom( ) | 288 |
| *chisq( ) | 287 |
| *exp( ) | 288 |
| *f( ) | 287 |
| *lnorm( ) | 288 |
| *norm( ) | 287 |
| *pois( ) | 288 |
| *t( ) | 287 |
| *unif( ) | 288 |

## A

| | |
|---|---|
| addmargins( ) | 97 |
| aggregate( ) | 80 |
| AIC( ) | 147 |
| anova( ) | 144 |
| aov( ) | 123, 125 |
| apply( ) | 297 |
| apropos( ) | 8 |
| as.dist( ) | 232 |
| as.matrix( ) | 130,142 |
| as.vector( ) | 62 |

## B

| | |
|---|---|
| barplot( ) | 86,91 |
| bartlett.test( ) | 132 |
| biplot( ) | 205 |
| boxplot( ) | 93,263 |
| breakdown( ) | 81,248, 267 |
| by( ) | 72, 265,300 |

## C

| | |
|---|---|
| c( ) | 12, 237,280 |
| cancor( ) | 184 |
| cancor2( ) | 187 |
| cat( ) | 10 |
| cbind( ) | 13,281 |
| chisq.test( ) | 119 |
| close( ) | 19 |
| coefficients( ) | 143 |
| colMeans( ) | 77,297 |
| colSums( ) | 77 |
| complete.cases( ) | 42 |
| confint( ) | 143 |
| cor( ) | 12,106, 273 |
| cor.test( ) | 103,133 |
| corresp( ) | 223 |
| count( ) | 75 |
| cross( ) | 244 |
| cross.tab( ) | 99 |
| cut( ) | 32, 81 |
| cutree( ) | 231 |

## D

| | |
|---|---|
| data.frame( ) | 14,48, 58, 282 |
| data.matrix( ) | 283 |
| dbinom( ) | 288 |
| dchisq( ) | 288 |
| decompose( ) | 149 |
| det( ) | 292 |
| dev.off( ) | 87 |
| dexp( ) | 288 |
| df( ) | 288 |
| diag( ) | 291 |
| dim( ) | 99 |
| dimnames( ) | 99 |
| dist( ) | 227 |
| dlnorm( ) | 288 |
| dnorm( ) | 288 |
| dosuu.bunpu( ) | 83 |
| dosuu.bunpu2( ) | 84 |
| dosuu.bunpu3( ) | 85 |
| dosuu.bunpuzu( ) | 89 |
| dpois( ) | 288 |
| dt( ) | 288 |
| dudi.pca( ) | 197 |
| dunif( ) | 288 |

## E

| | |
|---|---|
| eigen( ) | 294 |
| exp( ) | 287 |
| extractAIC( ) | 147 |

## F

| | |
|---|---|
| factanal( ) | 207 |
| factor( ) | 27,216, 283 |
| factor.pa( ) | 207 |
| file( ) | 19 |
| fisher.test( ) | 120 |
| fitted.values( ) | 143 |
| fix( ) | 26 |
| frequency( ) | 238,258 |
| friedman.test( ) | 130 |

## G

| | |
|---|---|
| getwd( ) | 9 |
| ginv( ) | 8 |
| glm( ) | 180, 182 |

## H

| | |
|---|---|
| hclust( ) | 228 |
| head( ) | 282 |
| help( ) | 8 |
| hist( ) | 83, 86 |

## I

```
I( ) .................................................. 154
indep.sample( ) ....................... 251,267
invisible( ) ........................................ 85
is.ordered( ) ..................................... 34
```

## J

```
jitter( ) ........................................... 94
```

## K

```
kmeans( ) ........................................ 234
kruskal.test( ) ............................. 128
```

## L

```
lapply( ) ............................ 108,136, 298
layout( ) ................................... 90,272
lda( ) ............................... 188,191, 219
lda2( ) ........................................... 190
leaps( ) ......................................... 149
legend( ) ........................................ 111
length( ) ......................................... 12
library( ) ........................................... 8
list( ) ..................................... 44, 283
lm( ) ....................................... 140, 215
lm2( ) ............................................ 145
load( ) ............................................ 69
log( ) ............................................ 287
lower.tri( ) ................................... 292
```

## M

```
ma( ) ............................................. 246
make.dummy( ) ................................. 225
mapply( ) .................................. 136,302
matrix( ) .................................. 8,281
max( ) ............................................. 75
max2( ) ........................................... 75
mean( ) ...................................... 12, 75
mean2( ) .......................................... 75
median( ) ........................................ 75
median2( ) ....................................... 75
merge( ) .......................................... 49
min( ) ............................................. 75
min2( ) ........................................... 75
mvrnorm( ) .................................... 62,63
mycor( ) ........................................ 254
```

## N

```
na.omit( ) ........................................ 43
names( ) ........................................ 283
```

## O

```
oneway.test( ) ................................ 123
order( ) .......................................... 50
```

## P

```
pbinom( ) ....................................... 288
pchisq( ) ....................................... 288
pdf( ) ...................................... 87, 110
pexp( ) ......................................... 288
pf( ) ........................................... 288
plnorm( ) ...................................... 288
plot( ) ........................ 12,110, 114, 271
pnorm( ) ....................................... 288
ppois( ) ....................................... 288
prcomp( ) ...................................... 196
prcomp3( ) ..................................... 198
predict( ) ................... 188,191, 194, 218
princomp( ) .................................... 196
prop.test( ) .................................. 117
pt( ) ........................................... 288
punif( ) ....................................... 288
```

## Q

```
qbinom( ) ...................................... 288
qchisq( ) ...................................... 288
qda( ) ......................................... 194
qda2( ) ........................................ 195
qexp( ) ........................................ 288
qf( ) .......................................... 288
qlnorm( ) ..................................... 288
qnorm( ) ....................................... 288
qpois( ) ....................................... 288
qt( ) .......................................... 288
quant2( ) ...................................... 221
qunif( ) ....................................... 288
```

## R

```
randblk( ) ..................................... 125
range( ) ........................................ 75
range2( ) ....................................... 75
rbind( ) .................................... 47,281
rbinom( ) ...................................... 288
rchisq( ) ...................................... 288
read.fwf( ) ..................................... 21
read.spss( ) .................................... 17
read.table( ) ................. 17,67, 68, 282
read.xls( ) ..................................... 16
regsubsets( ) ................................. 149
reshape( ) ...................................... 55
residuals( ) .................................. 143
rexp( ) ........................................ 288
rf( ) .......................................... 288
rlnorm( ) ..................................... 288
rnorm( ) .................................... 61,288
round( ) ..................................... 26, 38
rowMeans( ) ................................... 297
rowSums( ) .................................... 297
rpois( ) ....................................... 288
rt( ) .......................................... 288
runif( ) ....................................... 288
```

## S

```
sample( ) ....................................... 36, 98
sapply( ) ............................. 75, 136, 298
save( ) ................................................ 69
screeplot( ) ................................... 201
sd( ) ............................................. 12, 75
sd2( ) ................................................ 75
seq( ) ....................................... 35, 280
set.seed( ) ..................................... 36
setwd( ) ............................................. 9
sink( ) ............................................. 10
solve( ) ......................................... 293
sort.loadings( ) ........................ 213
source( ) .................................. 83, 307
split( ) ............................. 44, 91, 108
sqrt( ) ........................................... 287
SSasymp( ) ..................................... 169
SSgompertz( ) ................................ 177
SSlogis( ) ..................................... 175
stack( ) .................................... 52, 53
stepAIC( ) ..................................... 146
str( ) .................................... 105, 283
subset( ) ........................................ 42
sum( ) ............................................. 75
summary( ) ......................... 71, 140, 258
svd( ) ............................................ 295
```

## T

```
t( ) ................................................ 290
t.test( ) ............................... 121, 124
table( ) ......................... 58, 81, 97, 100
tapply( ) .................................. 72, 300
transform( ) ................................... 37
twodim.plot( ) .............. 242, 263, 272
```

## U

```
unclass( ) ....................................... 29
unstack( ) ................................. 52, 54
upper.tri( ) ................................. 292
```

## V

```
var( ) .............................................. 75
var.test( ) .................................. 131
var2( ) ........................................... 75
```

## W

```
wilcox.exact( ) ........................... 126
wilcox.test( ) ...................... 126, 128
Wilks.test( ) ............................... 231
write.table( ) ......................... 67, 68
```

## X

```
xtabs( ) ............................. 58, 98, 100
```

# 索引

## 記号

```
#............................................279
( )..........................................280
+.......................................12, 279
-Inf..........................................33
.Rprofile......................................2
:...........................................280
<-......................................12, 279
>........................................4, 279
[ ].........................................280
[1].........................................279
{ }..........................................83
```

## A

```
ade4 パッケージ..............................197
AIC.........................................146
AirPassengers データセット..................149
airquality データセット..................77,135
```

## B

```
break.......................................306
```

## C

```
cp932...................................19, 237
CSV ファイル.................................15
```

## E

```
else........................................303
exactRankTests パッケージ..................126
```

## F

```
factor.......................................27
for.....................................24, 305
foreign パッケージ........................15,17
```

## G

```
gdata パッケージ.............................16
GUI...........................................3
```

## H

```
HairEyeColor データセット....................59
```

## I

```
idol.dat.....................................17
if..........................................303
Inf..........................................33
iris データセット...........................257
```

## L

```
LaTeX.......................................237
leaps パッケージ............................149
```

## M

```
MASS パッケージ.....147,188, 191, 194, 219, 223
McQuitty 法.................................229
```

## N

```
NA......................................16, 74
na.rm.......................................74
next........................................306
```

## P

```
pressure データセット.......................157
psych パッケージ............................207
```

## R

```
repeat......................................306
rrcov パッケージ............................231
```

## T

```
Titanic データセット.........................60
```

## U

```
utf-8...................................19, 237
```

## V

```
VIF.........................................143
```

## W

```
Welch の方法............................121, 123
while.......................................305
```

## ア

アイテムデータ行列.....................223,224

## イ

一元配置分散分析.....................123,248, 251
位置の母数..................................267
因子間相関係数..............................214
因子軸の回転................................207
因子負荷量..................................207
因子分析....................................207
インストール.................................2

## ウ

ウィルコクソンの順位和検定 .................. 126, 251
ウィルコクソンの符号付順位和検定 ............ 128
上三角行列 .................................................. 292
ウェルチの方法 ................................. 121, 123
ウォード法 .................................................. 229

## エ

エディタ ....................................................... 10
エンコーディング ....................................... 237

## オ

オブジェクト ............................................... 11
オンラインヘルプ .......................................... 8

## カ

カーソル ........................................................ 4
回帰直線 ..................................................... 241
カイ二乗検定 ............................................. 119
階数 ............................................................ 294
カテゴリー化 ............................................... 32
カテゴリースコア ...................................... 219
カテゴリーデータ ........................................ 27
　　順序の付いた〜 .................................... 30
カテゴリーデータ行列 .............................. 223
カテゴリー変数 ............................... 27, 71, 215
関数 .................................................... 12, 287
　　〜の作成 ............................................. 307
関数の定義方法 ................................... 77, 83

## キ

基本統計量 .......................................... 74, 258
逆行列 ........................................................ 293
共通因子 .................................................... 207
共通性 ........................................................ 207
行列 .................................................... 13, 281
行列式 ........................................................ 292
行列積 ........................................................ 293
行列の要素の指定 ..................................... 285
寄与率 ........................................................ 206

## ク

区間推定 .................................................... 103
クラスカル・ウォリス検定 ..... 128, 244, 248, 251
クラスター .................................................. 226
クラスター分析 ......................................... 226
　　階層的〜 ............................................. 226
　　非階層的〜 ......................................... 233
　　変数の〜 ............................................. 232
クロス集計 ................................................ 244
クロス集計表 ...................................... 97, 244

## ケ

欠損値 ...................................... 16, 18, 38, 71
決定係数 .................................................... 141

ケンドールの順位相関係数 ............ 103, 241, 254

## コ

合成変数 .................................................... 139
固有値 ................................................ 196, 197, 294
固有ベクトル ..................................... 196, 197, 294
コレスポンデンス分析 .............................. 223
コンソール .................................................... 4
ゴンペルツ曲線 ......................................... 177

## サ

最大値 .......................................................... 71
最短距離法 ................................................ 229
最長距離法 ................................................ 229
作業ディレクトリ ........................................ 9
三角行列 .................................................... 292
散布図 ................................................ 110, 241

## シ

次元の減少
　　〜を伴う判別分析 ............................. 191
指数モデル ................................................ 161
　　〜の多変量版 .................................... 166
システムファイル
　　SPSS の〜 ............................................ 17
四則演算 .................................................... 287
下三角行列 ................................................ 292
重回帰分析 ................................................ 139
重心法 ........................................................ 229
重相関係数の二乗 ..................................... 141
　　自由度調整済みの〜 ........................ 141
従属変数 .................................................... 139
樹状図 ........................................................ 226
主成分 ........................................................ 196
主成分得点 ................................................ 202
主成分負荷量 ............................................ 196
主成分分析 ................................................ 196
順序尺度変数 .............................................. 27
情報の縮約 ................................................ 196

## ス

水準 .............................................................. 28
数値データ .................................................. 14
数値変数 ...................................................... 71
数量化 I 類 ................................................. 215
数量化 II 類 ............................................... 219
数量化 III 類 ............................................. 223
スカラー .................................................... 279
スクリープロット ..................................... 201
ステップワイズ変数選択 ......................... 146
スピアマンの順位相関係数 ............ 103, 241, 254

## セ

正規直交ベクトル ..................................... 294
制御構文 .................................................... 303
正準相関係数 ............................................ 184

索引

| | |
|---|---|
| 正準相関分析 | 184 |
| 正準判別分析 | 191 |
| 正則 | 292 |
| 漸近指数曲線 | 168 |
| 線形重回帰分析 | 139 |
| 線形判別分析 | 188 |

## ソ

| | |
|---|---|
| 総当たり法 | 149 |
| 相関関係 | 271 |
| 相関係数 | 103 |
| 〜の検定 | 133 |

## タ

| | |
|---|---|
| 第1四分位数 | 71 |
| 第3四分位数 | 71 |
| 対応のある場合の $t$ 検定 | 124 |
| 対応分析 | 223 |
| 対角行列 | 291 |
| ダウンロード | 1 |
| 多元分類 | 248 |
| 多項式回帰分析 | 154 |
| 多重共線性 | 143 |
| ダミー変数 | 149, 215,219 |
| 単位行列 | 291 |
| 単回帰 | 139 |

## チ

| | |
|---|---|
| 中央値 | 71 |
| 直線回帰 | 139, 241 |

## テ

| | |
|---|---|
| データ行列 | 13 |
| データセット | |
|   AirPassengers | 149 |
|   airquality | 77,135 |
|   HairEyeColor | 59 |
|   iris | 257 |
|   pressure | 157 |
|   Titanic | 60 |
| データの要約 | 71 |
| データファイル | 15 |
| データフレーム | 14, 282 |
| データフレームの要素の指定 | 285 |
| テキストファイル | 15 |
| 転置行列 | 291 |
| デンドログラム | 226 |

## ト

| | |
|---|---|
| 統計関数 | 74 |
| 等分散性の検定 | 131 |
| 特異 | 292 |
| 特異値 | 295 |
| 特異値分解 | 197, 294 |
| 特異ベクトル | 295 |
| 独自因子 | 207 |

| | |
|---|---|
| 特殊因子 | 207 |
| 独立性の検定 | 119, 244 |
| 独立変数 | 139 |
| 度数分布 | 258 |
| 度数分布図 | 238 |
| 度数分布表 | 81, 238 |
| トレランス | 143 |

## ニ

| | |
|---|---|
| 二次の判別分析 | 194 |

## ノ

| | |
|---|---|
| ノンパラメトリック検定 | 269 |

## ハ

| | |
|---|---|
| バートレットの検定 | 132 |
| バイプロット | 205 |
| 箱ひげ図 | 93, 241 |
| パッケージ | 7 |
|   ade4 | 197 |
|   exactRankTests | 126 |
|   foreign | 15,17 |
|   gdata | 16 |
|   leaps | 149 |
|   MASS | 147,188, 191, 194, 219, 223 |
|   psych | 207 |
|   rrcov | 231 |
| パラメトリック検定 | 267 |
| バリマックス解 | 208 |
| バリマックス回転 | 208 |
| 判別分析 | 188 |
|   次元の減少を伴う〜 | 191 |
|   正準〜 | 191 |
|   線形〜 | 188 |
|   二次の〜 | 194 |

## ヒ

| | |
|---|---|
| ピアソンの積率相関係数 | 103,241, 254 |
| 比較演算 | 40 |
| 引数 | 12 |
| ヒストグラム | 86, 238 |
| 非線形回帰分析 | 156 |
| 標準化偏回帰係数 | 142 |
| 比率の差の検定 | 117 |

## フ

| | |
|---|---|
| フィッシャーの正確検定 | 120,244 |
| 付値 | 11 |
| フリードマンの検定 | 130 |
| プロビット回帰分析 | 182 |
| プロマックス解 | 212 |
| プロマックス回転 | 208 |
| プロンプト | 4, 12 |
| 分散拡大要因 | 143 |
| 分散分析 | |
|   一元配置〜 | 123, 248,251 |

## ヘ

ペアワイズ除去 ..... 254
平均値 ..... 71
平均値の差の検定 ..... 121, 251
ベクトル ..... 11, 12, 280
ベクトル要素の指定 ..... 284
偏 $F$ 値 ..... 146
偏回帰係数 ..... 139
変数選択 ..... 146

## ホ

棒グラフ ..... 86, 238
母比率の検定 ..... 117

## マ

マルチアンサーの集計 ..... 246
マルチバイト文字列 ..... 18
マン・ホイットニーの $U$ 検定 ..... 126, 251

## ム

無相関検定 ..... 103, 133, 254
無名関数 ..... 298

## メ

名義尺度変数 ..... 27
メディアン法 ..... 229

## モ

文字コード ..... 18
文字データ ..... 14
文字化け ..... 18
モデル式 ..... 140

## ユ

ユークリッド距離 ..... 226
有効データ数 ..... 75

## ラ

乱塊法 ..... 125

## リ

リサイクル ..... 289
リスト ..... 283
リストワイズ除去 ..... 254

## ル

累乗モデル ..... 158
〜の多変量版 ..... 164

回帰の〜 ..... 141, 144

## ロ

ロジスティック回帰分析 ..... 60, 180
ロジスティック曲線 ..... 175
論理演算 ..... 41
論理式 ..... 303

## ワ

ワークシートファイル
 Excel の〜 ..... 16
ワークスペースのイメージファイル ..... 5

著者

**青木繁伸（あおきしげのぶ）**

1974 年 3 月　東京大学医学部保健学科卒業
1976 年 3 月　東京大学大学院医学系研究科修士課程修了（疫学専攻）
1979 年 3 月　東京大学大学院医学系研究科博士課程修了（疫学専攻）
1979 年 4 月　日本学術振興会 奨励研究員
1980 年 4 月　東京大学医学部助手（疫学）
1984 年 4 月　群馬大学医学部講師（公衆衛生学）
1988 年 4 月　群馬大学医学部助教授（公衆衛生学）
1993 年 10 月～現在　群馬大学社会情報学部教授（社会統計学）

- 本書の内容に関する質問は、オーム社書籍編集局「(書名を明記)」係宛に、書状またはFAX(03-3293-2824)、E-mail (shoseki@ohmsha.co.jp)にてお願いします。お受けできる質問は本書で紹介した内容に限らせていただきます。なお、電話での質問にはお答えできませんので、あらかじめご了承ください。
- 万一、落丁・乱丁の場合は、送料当社負担でお取替えいたします。当社販売課宛にお送りください。
- 本書の一部の複写複製を希望される場合は、本書扉裏を参照してください。
  [JCOPY] <(社)出版者著作権管理機構 委託出版物>

## Rによる統計解析

平成 21 年 4 月 15 日　第 1 版第 1 刷発行
平成 28 年 2 月 20 日　第 1 版第 9 刷発行

著　者　青木繁伸
発行者　村上和夫
発行所　株式会社 オーム社
　　　　郵便番号　101-8460
　　　　東京都千代田区神田錦町3-1
　　　　電話　03(3233)0641(代表)
　　　　URL　http://www.ohmsha.co.jp/

© 青木繁伸 2009

印刷・製本　廣済堂
ISBN978-4-274-06757-0　Printed in Japan

## 好評関連書籍

### Rによる統計的検定と推定

内田 治・西澤英子 共著

A5判 208頁 本体2800円【税別】
ISBN 978-4-274-06878-2

### Rによる計算機統計学

Maria L. Rizzo 著
石井一夫・村田真樹 共訳

A5判 464頁 本体4700円【税別】
ISBN 978-4-274-06830-0

### プログラミングのための確率統計

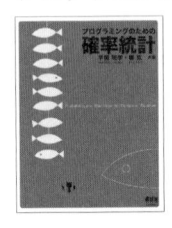

平岡和幸・堀 玄 共著

B5変判 384頁 本体3000円【税別】
ISBN 978-4-274-06775-4

### プログラミングのための線形代数

平岡和幸・堀 玄 共著

B5変判 384頁 本体3000円【税別】
ISBN 4-274-06578-2

### 入門 統計学
検定から多変量解析・実験計画法まで

栗原伸一 著

A5判 336頁 本体2400円【税別】
ISBN 978-4-274-06855-3

### マンガでわかる統計学

高橋 信 著
トレンド・プロ マンガ制作

B5変判 224頁 本体2000円【税別】
ISBN 4-274-06570-7

### 7つの言語 7つの世界

Bruce A. Tate 著
まつもとゆきひろ 監訳
田和 勝 訳

A5判 304頁 本体3200円【税別】
ISBN 978-4-274-06857-7

### 7つのデータベース 7つの世界

Eric Redmond and
Jim R. Wilson 著
角 征典 訳

A5判 328頁 本体2800円【税別】
ISBN 978-4-274-06908-6

◎本体価格の変更、品切れが生じる場合もございますので、ご了承ください。
◎書店に商品がない場合または直接ご注文の場合は下記宛にご連絡ください。
TEL.03-3233-0643 FAX.03-3233-3440 http://www.ohmsha.co.jp/